Design, Installation, O&M of
Distributed Photovoltaic Systems

分布式光伏电站
设计、建设与运维

王 东 张增辉 江祥华 编著

化学工业出版社
·北京·

本书共分为7章。分别为光伏政策和分布式发电模式分析，分布式光伏电站系统，分布式光伏电站开发前期工作，分布式光伏电站的商业模式及融资模式，分布式光伏电站的设计与施工，分布式光伏电站的运营与维护，关于分布式光伏电站其他问题的讨论。

本书着重于介绍分布式光伏电站最新政策动态、设计标准、施工管理、商务模式等，并以实例说明分布式光伏电站开发运营过程中的关键性问题；将分布式光伏电站开发建设中的共性需求总结成表格、清单、模板、地图等工具，希望能够对分布式光伏电站感兴趣的读者起到参考作用。

本书可供对分布式光伏电站感兴趣的人群，包括项目经理、工程师、项目前期开发人员、后期运维人员等阅读参考。

图书在版编目（CIP）数据

分布式光伏电站设计、建设与运维/王东，张增辉，江祥华编著. —北京：化学工业出版社，2018.2（2023.7重印）
ISBN 978-7-122-31346-1

Ⅰ. ①分… Ⅱ. ①王…②张…③田… Ⅲ. ①光伏电站-施工设计②光伏电站-运行③光伏电站-维修 Ⅳ. ①TM615

中国版本图书馆 CIP 数据核字（2018）第 009969 号

责任编辑：戴燕红　　　　　　　　装帧设计：韩　飞
责任校对：宋　玮

出版发行：化学工业出版社（北京市东城区青年湖南街 13 号　邮政编码 100011）
印　　装：高教社（天津）印务有限公司
787mm×1092mm　1/16　印张21　字数526千字　2023 年 7 月北京第 1 版第10次印刷

购书咨询：010-64518888　　　　　　售后服务：010-64518899
网　　址：http://www.cip.com.cn
凡购买本书，如有缺损质量问题，本社销售中心负责调换。

定　　价：98.00 元　　　　　　　　　　　　　　版权所有　违者必究

光伏（Photovoltaic）发电技术就是利用半导体材料因光照而产生伏特（电压）的效应，将光能直接转化为电能的技术。光伏技术已经在各领域得到广泛的应用，除了在日用消费品中嵌入太阳能发电装置（如太阳能灯具、便携式充电器等），以及建设大型地面光伏电站外，太阳能光伏发电系统也被广泛地应用于与建筑结合的领域，例如幕墙玻璃、屋顶等，即我们通常所说的分布式光伏发电系统。关于分布式发电的电网公司的更严格定义，读者可参见本书第1章。

我国东南沿海经济发达地区，尤其是人口稠密的大型城市，虽然供电紧张但土地资源稀缺，建设大规模光伏电站不可行，而从西部荒漠地区引电入东部，也由于长距离输电的显著电损和建设特高压线路而导致成本提高。因此在城市地区建筑屋顶推广光伏发电系统，通过自发自用补偿建筑公共用电，既不占用额外土地，通过短距离输电缓解了用电紧张状况，又有显著的减排生态效益，建筑拥有者及房地产开发商也同时得到了低碳、生态的宣传效果与物业无形价值的提升。根据美国的一项房地产市场调查（www. GreenHomeGuide. com）显示：尽管在2008年经济危机的背景下，美国房地产市场严重萎缩，但是绿色房屋的销售却大幅增长了30%，同时绿色房屋建造量也在迅速增长。美国加州能源署（www. energy. ca. gov）的调查报告（New Solar Homes Partnership New Construction Home Buyers Market Research Report）也显示，74%的加州居民认为屋顶光伏发电系统应该成为新建房屋的标准配置。

中国国内经过十年的光伏应用端市场的开拓与磨合，从政府到电网公司、从光伏企业到个人用户都已经认识到分布式光伏发电是最符合中国国情的新能源应用模式。总的来说分布式光伏电站的优势如下：

1. 局部天气变化会造成光伏发电量的波动，因此与大型地面光伏电站相比，广泛地域内分散分布的多个小型分布式电站对电网稳定性与安全性更有利。

2. 分布式光伏系统对能源安全与独立具有一定意义，在突发自然灾害、战争、电网大规模故障时，仍可为民生提供一定量基本用电。

3. 分布式电站在一定程度上从用户侧缓解了对电网供电的压力，可以促使电网公司降低对传统输电线路的投入，转而更多的投入到能够对多种电量来源进行管理的智能电网。

4. 幕墙或屋顶电站可以更大程度地帮助建筑物保温，从而在提供清洁电力的同时达到更大的节能效果。

5. 自发自用的分布式光伏电力抵充了用户的工、商业电价，相当于比集中式光伏、化石能源发电、水力发电的度电收益更高，因此在光伏系统成本持续走低的情况下，分布式光伏电站的经济效益越来越明显。

本书着重于介绍分布式光伏电站最新政策动态、设计标准、施工管理、商务模式等，并以实例说明分布式光伏电站开发运营过程中的关键性问题；将分布式光伏电站开发建设中的共性需求总结成表格、清单、模板、地图等工具，希望能够对分布式光伏电站感兴趣的读者起到参考作用。

编者
2017. 11

目 录

第1章

光伏政策和分布式发电模式分析

引言

经过近二十年的发展，中国光伏应用市场经历了从无到有，从小到大，从大到强的发展历程，截止到 2016 年底，我国光伏发电新增装机容量 3454 万千瓦，累计装机容量 7742 万千瓦，新增和累计装机容量均为全球第一。电站的开发建设模式从最初的示范性项目开始，到现在形成了地面光伏电站、光伏扶贫项目、分布式光伏电站、户用光伏发电等的多元化应用市场，这里面除了光伏发电产业和技术自身的发展外，光伏政策的支持和引导也起到了关键性的作用。

本章将重点阐述国内光伏政策的演变，分析目前主推的分布式光伏发电模式的优劣、总结各省市针对分布式光伏发电的一些配套政策。

1.1 国内光伏政策演变与分析

从 1958 年，中国研制出首块硅单晶，10 年后的 1968 年中科院半导体所开始为"实践 1 号卫星"研制和生产硅太阳能电池板，1969 年中国电子科技集团公司第 18 研究所接替半导体所为东方红二号、三号、四号系列地球同步轨道卫星研制生产太阳能电池，直到 1975 年，太阳能电池主要还是以空间应用为主。

1975 年宁波、开封等地先后成立太阳能电池厂，电池制造工艺模仿早期生产空间电池的工艺，太阳能电池的应用开始从空间降落到地面。太阳能电池开始有了少量的商业化应用和政府及政策支持的离网项目。

1998 年，中国政府开始关注太阳能发电，拟建第一套 3MW 多晶硅电池及应用系统示范项目，成为中国太阳能产业的第一个项目。2003 到 2005 年，在欧洲特别是德国市场的拉动下，中国太阳能电池的产量迅速增长，截止到 2007 年，我国成为生产太阳能光伏电池最多的国家。与太阳能电池生产的快速增长形成鲜明对比的是，这一时期，我国太阳能电池的应用市场主要依赖于国际援助和国内扶贫项目的支持，光伏发电项目市场化程度很低，尚处于初期示范阶段，先后实施了"西藏无电县建设"、"中国光明工程"、"西藏阿里光电计划"、"送电到乡工程"、"无电地区电力建设"等国家计划，例如，2002 年由国家计委启动的"西部省区无电乡通电计划"，通过光伏和小型风力发电解决西部 7 省 700 多个无电乡的用电问题，截至 2005 年，光伏用量达到 15.5MW；2004 年 8 月建成发电的"建筑并网光伏发电尝试——深圳园博园 1MW 光伏发电并网系统",成为国内首座大型的兆瓦级光伏并网电站,也是亚洲最大的并网太阳能光伏电站。2005 年 8 月,地面光伏电站雏形——西藏羊八井高压并网光伏电站,中国第一座直接与高压并网的 100kW 光伏电站并网运行,开创中国光伏发电系统与电力系统高压并网的先河。

2007 年后,中国光伏行业开始进入产业化建设阶段。为促进我国太阳能光伏发电产业的发展,2007 年 11 月国家发改委办公厅出台了《国家发展改革委办公厅关于开展大型并网光伏示范电站建设有关要求的通知》(发改办能源 [2007] 2898 号)。针对光伏行业的配套政策也陆续出台。2006 年起我国开始实施《可再生能源法》,该法规定:从销售电价中征收可再生能源电价附加作为可再生能源发展基金。从 2007 年开始正式征收可再生能源附加,征收标准为 2 厘/kW·h,根据当时全国的用电量,大约每年可筹集资金约 56 亿元,这一政策为光伏项目长期、可持续的获得补贴提供了保障。随着光伏装机容量的提升和社会环保意识的提高,可再生能源附加的征收标准逐渐提高到了 2016 年的 1.9 分/kW·h,可再生能源附加征收的演变如图 1-1 所示。

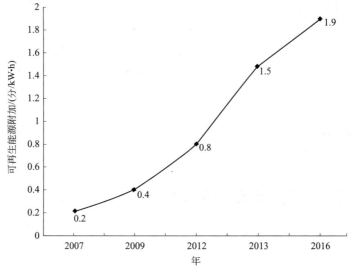

图 1-1 可再生能源附加征收的演变

在 2007~2008 年间,共 4 个并网光伏项目(上海 2 个,内蒙古和宁夏各 1 个)获得批复,上网标杆电价均为 4 元/kW·h。

2008 年全球金融危机之后,中国已经跃居为世界第一大太阳能电池生产国,形成具有规模化、国际化、专业化的产业链条,作为中国光伏产品主要市场的欧洲各国受金融危机影响纷纷消减光伏补贴,产业投入急剧紧缩,导致当时以出口为主的我国光伏产业面临出口受阻、产品滞销的困境,国内市场启动迫在眉睫,在这样的背景下,2009 年 3 月,财政部、住房和城乡建设部推出《关于加快推进太阳能光电建筑应用的实施意见》(财建 [2009] 第 128 号),采取示范工程的方式,实施我国"太阳能屋顶计划",对示范工程项目给予初始投资补贴,从而激活市场供求,启动国内应用市场。同年 7 月财政部、科学技术部、能源部联合出台《财政部、科学技术部、能源部关于实施金太阳示范工程的通知》(财建 [2009] 第 397 号),决定综合采取财政补助、科技支持和市场拉动方式,加快国内光伏发电的产业化和规模化发展。

　　从市场反应来看，"金太阳工程"和"光电建筑应用示范"项目的推出极大地刺激了分布式光伏市场。在 2009 年金太阳第一期示范工程中包含了 329 个项目，设计总装机容量 642MW，随后几年，金太阳装机容量逐年攀升，2011 年装机容量 600MW，2012 年"金太阳"装机总规模达到 4544MW，是之前国内光伏装机容量的总和，规模占据国内光伏应用市场的半壁江山。

　　在光伏组件价格高企，光伏并网为电网所排斥，国内对光伏应用缺乏认识的大环境下推出的"金太阳项目"，起到了国内光伏应用市场的示范、探索作用，为推动产业创新、加速业内和行业间配套、材料及设备国产化、大幅降低应用产品成本等进行了有益探索，但因政策本身存在缺陷，属于一次性补贴，政府拨付给企业补助资金后，对项目后续的监管不到位、查处惩罚力度不强，导致"金太阳工程"暴露了很多问题，主要有：①光伏组件以次充好，组件亏瓦严重，虚报装机容量；②编造虚假申报资料，骗取、套取资金；③挤占、挪用资金用于生产经营、业务经费支出；④以"报大建小"，重复申报等方式违规获得资金；⑤跑项目，转手卖给第三方。正是"金太阳工程"暴露的诸多问题，在 2012 年"金太阳项目"项目实施第四批后停止了"金太阳项目"的审批。

　　经过特许权项目招标、光伏发电示范项目、实施"金太阳示范"工程等一系列多元化的尝试，国内光伏市场快速启动，产业服务体系日渐完善，在此背景下，能源局于 2012 年 7 月出台《国家能源局关于印发太阳能发电发展"十二五"规划的通知》（国能新能 [2012] 194 号）文件，提出了在"十二五"期间太阳能发电发展的总体目标和发展规模：通过市场竞争机制和规模化发展促进成本持续降低，提高经济性上的竞争力，尽早实现太阳能发电用户侧"平价上网"；到 2015 年底，太阳能发电装机容量达到 2100 万千瓦以上，年发电量达到 250 亿千瓦时。重点在中东部地区建设与建筑结合的分布式光伏发电系统，建成分布式光伏发电总装机容量 1000 万千瓦。

　　2013 年 7 月国务院发布了具有里程碑式意义的文件《关于促进光伏产业健康发展的若干意见》（国发 [2013] 24 号），各省各市县的落实政策纷纷出台，光伏发展规划提上各地方政府的重要日程，从而调动了各类投资主体的积极性，光伏产业进入了产品制造和市场应用协调发展的新阶段。2013 年 8 月，国家能源局发布《关于发挥价格杠杆作用促进光伏产业健康发展的通知》（发改价格 [2013] 1638 号）文件，明确规定 2013 年 9 月后将统一采用度电补贴的方式，分布式补 0.42 元/kW·h，初始投资补贴逐渐淡出，只被少量地方补贴采用。但由于分布式电站规模较小、成本较高，初始投资补贴改为度电补贴后，融资等相关配套政策不健全，导致分布式装机量骤然下降，从 2012 年的 1655MW 下降到了 2013 年的 801MW。

　　与分布式不同的是，地面光伏电站从开始之初就采取标杆上网电价的模式，只是在不同时期电价标准不同，在 2009 年和 2010 年分别进行了两期特许权招标对上网电价进行摸底，上网电价为 4 元/kW·h，2011 年 7 月，国家发展改革委出台《关于完善太阳能光伏发电上网电价政策的通知》（发改价格 [2011] 1594 号），明确了对非招标太阳能光伏发电项目实行全国统一的标杆上网电价 2011 年 7 月 1 日前 1.15 元/kW·h，2011 年 7 月 1 日后 1 元/kW·h。两期特许权项目刺激了一下地面光伏电站项目，而标杆上网电价的确定，则真正使地面电站的装机量实行爆发式增长，从 2012 年的 1928MW 猛增到 2013 年的 12119MW。

　　2013 年 8 月，国家能源局发布《关于发挥价格杠杆作用促进光伏产业健康发展的通知》（发改价格 [2013] 1638 号）文件，地面电站采用三类标杆电价，分别为 0.9 元/kW·h，

0.95元/kW·h，1元/kW·h，从而确定了光伏项目定价机制。

2013年8月，国家能源局发布国能新能［2013］329号《关于印发〈光伏电站项目暂行管理办法〉的通知》文件，国家能源局对光伏电站项目实行备案制管理，各省级政府均出台了投资项目的备案指导文件，简化了光伏项目的备案流程。

由于各项利好政策的推出，光伏装机总量和增长速率都快速增长，同时，由于大型地面光伏电站主要建设在用电量较小的西部省份、全国装机量分配不均匀、电网不具备长距离输送电条件，造成发电端与用电端不匹配；另一方面，光伏等可再生能源的增长速率远高于全国用电量的增长速率，造成可再生能源基金告急，开始出现弃光及补贴拖欠问题。2013年11月，为推进分布式光伏发电应用，国家能源局印发《分布式光伏发电项目暂行管理办法》（国能新能［2013］433号），要求分布式发电实行"自发自用、余电上网、就近消纳、电网调节"的运营模式。2014年1月，国家能源局出台《国家能源局关于下达2014年光伏发电年度新增建设规模的通知》（国能新能［2014］33号），自2014年起，光伏发电实行年度指导规模管理，国家能源局按"分布式"和"光伏电站"分别给出了各省的规模控制指标，并大力鼓励分布式光伏项目。

随着太阳能光伏发电技术的进步和国内光伏发电规模的提高，上网标杆电价逐步降低。2015年12月，国家发展改革委出台《关于完善陆上风电光伏发电上网标杆电价政策的通知》（发改价格［2015］3044号）文件，将全国光伏上网标杆电价调整为：一类资源地区为0.8元/kW·h，二类资源地区为0.88元/kW·h，三类资源地区为0.98元/kW·h，鼓励各地通过招标形式确定上网电价。提出利用建筑物屋顶及附属场所建设的分布式光伏发电项目，在项目备案时可以选择"自发自用，余电上网"或"全额上网"中的一种模式，"全额上网"项目的发电量由电网企业按照当地光伏电站上网标杆电价收购，完善了分布式光伏发电发展模式，极大地促进了分布式光伏发电项目的发展。

中国光伏应用市场经过4年的高速发展，截至2015年底，我国光伏发电累计装机容量4318万千瓦，成为全球光伏发电装机容量最大的国家，其中，光伏电站3712万千瓦，分布式606万千瓦。光伏电站主要集中在内蒙古、甘肃、青海、宁夏、新疆等用电量较小的省和自治区，导致光伏电站所发电量当地无法消纳，弃光现象日趋严重，导致清洁能源的极大浪费。为保证光伏发电的持续健康发展，国家发展改革委、国家能源局于2016年5月联合印发《国家发展改革委 国家能源局关于做好风电、光伏发电全额保障性收购管理工作的通知》（发改能源［2016］1150号）文件，核定了部分存在弃风、弃光问题地区规划内的风电、光伏发电最低保障收购年利用小时数。

2016年12月，国家发展改革委出台《关于调整光伏发电陆上风电标杆上网电价的通知》（发改价格［2016］2729号）文件，从2017年1月1日开始，全国光伏上网标杆电价下调为：一类资源区0.65元/kW·h，二类资源区0.75元/kW·h，三类资源区0.85元/kW·h。光伏上网标杆电价走势如图1-2所示。

针对太阳能光伏发电项目的用地、金融、税收等相关政策也逐步完善，并利用太阳能光伏发电收益稳定、技术成熟、运行周期长、维护简单等特点，与国家扶贫计划相结合，推出光伏扶贫项目，进一步拓宽光伏应用市场。

（1）光伏用地政策

2015年9月，国土资源部联合发展改革委、科技部、工业和信息化部、住房城乡建设部、商务部印发《关于支持新产业新业态发展促进大众创业万众创新用地的意见》（国土资

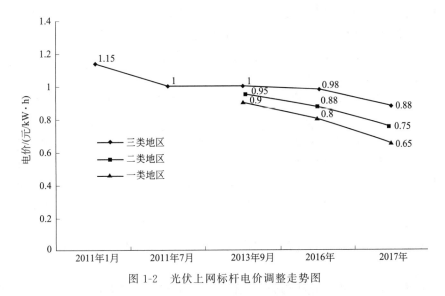

图 1-2 光伏上网标杆电价调整走势图

规〔2015〕5 号）文件，提出采取差异化用地政策，光伏项目使用戈壁、荒漠、荒草地等未利用地的，对不占压土地、不改变地表形态的用地部分，可按原地类认定。

光伏项目投资企业在对用地性质确认时，由于国土部门和林业部门对土地性质认定的规范不同、相关数据库没有合并联网，导致某些项目用地在国土部门的规划中被划为"未利用地（盐碱地等）或是荒地"，而在林业部门的规划内则是"规划林地或宜林地"，造成实际上贫瘠荒芜的山地滩涂，因戴上"林地"的帽子而无法得到有效的开发利用。2015 年 11 月，国家林业局印发《关于光伏电站建设使用林地有关问题的通知》（林资发〔2015〕153 号），其中规定，对于森林资源调查确定为宜林地而第二次全国土地调查确定为未利用地的土地，应采用"林光互补"用地模式，"林光互补"模式光伏电站要确保使用的宜林地不改变林地性质。

2015 年 12 月，国土资源部发布《光伏发电站工程项目用地控制指标》（国土规划〔2015〕11 号）文件，要求光伏电站建设应尽量利用未利用地，不占或少占农用地。

针对困扰光伏产业的投资企业和金融机构的土地性质归纳问题，2016 年 10 月，国土部印发《产业用地政策实施工作指引》（国土资厅发〔2016〕38 号）文件通知，再次明确了地面光伏电站、租用建设分布式光伏电站、配套建设分布式光伏的用地政策。

通过以上政策，明确了光伏项目建设用地问题。

（2）税收及补贴政策

2008 年 9 月，财政部、国家税务总局、国家发展改革委印发《关于公布公共基础设施项目企业所得税优惠目录（2008 年版）的通知》（财税〔2008〕116 号），由政府投资主管部门核准的太阳能发电新建项目销售企业所得税"三免三减半"的优惠政策。

2013 年 7 月，财政部印发《关于分布式光伏发电实行按照电量补贴政策等有关问题的通知》（财建〔2013〕390 号）文件，通知对分布式光伏发电项目补贴的资金来源、发放方式、发放时间等做了详细的规定。

2013 年 9 月，财政部、国家税务总局印发《关于光伏发电增值税政策的通知》（财税〔2013〕66 号），通知规定自 2013 年 10 月 1 日至 2015 年 12 月 31 日，对纳税人销售自产的利用太阳能生产的电力产品，实行增值税即征即退 50％的政策。

2013 年 11 月，财政部印发《关于对分布式光伏发电自发自用电量免征政府性基金有关问题的通知》（财综〔2013〕103 号）文件，通知规定对分布式光伏发电自发自用电量免收可再生能源电价附加、国家重大水利工程建设基金、大中型水库移民后期扶持基金、农网还贷资金等 4 项针对电量征收的政府性基金。

2016 年 7 月，财政部、国家税务总局印发《关于继续执行光伏发电增值税政策的通知》（财税〔2016〕81 号），通知规定：自 2016 年 1 月 1 日至 2018 年 12 月 31 日，对纳税人销售自产的利用太阳能生产的电力产品，实行增值税即征即退 50％的政策。文到之日前，已征的按本通知规定应予退还的增值税，可抵减纳税人以后月份应缴纳的增值税或予以退还。

2017 年 8 月，国家能源局印发了《关于减轻可再生能源领域涉企税费负担的通知》征求意见函，提到对纳税人销售自产的利用太阳能生产的电力产品，实行增值税即征即退 50％的政策，2018 年 12 月 31 日到期后延长至 2020 年 12 月 31 日。同时，征求意见稿还提出，光伏发电项目占用耕地，对光伏阵列不占压土地、不改变地表形态的部分，免征耕地占用税。

税收在光伏发电成本中占重要部分，光伏产品实施优惠的税收政策，能明显降低光伏企业负担，可以让企业在技术研发上加大投资，鼓励企业重视产品研发，提高产能及产品质量，增加分布式光伏项目的经济效益，有力推动光伏发电项目的开展。

（3）光伏扶贫政策

2016 年 3 月，国家发展改革委、国务院扶贫办、国家能源局、国家开发银行、中国农业发展银行印发《关于实施光伏发电扶贫工作的意见》（发改能源〔2016〕621 号）文件，文中指出光伏发电清洁环保，技术可靠，收益稳定，既适合建设户用和村级小电站，也适合建设较大规模的集中式电站，还可以结合农业、林业开展多种"光伏＋"应用。在光照资源条件较好的地方因地制宜开展光伏扶贫，既符合精准扶贫、精准脱贫战略，又符合国家清洁低碳能源发展战略，督促各地区将光伏扶贫作为资产收益扶贫的重要方式，并制定了工作目标和确保政策落地的各项相关措施。因中国贫困人口基数大，这一政策有力扩大了光伏发电市场。

综上所述，国内已经基本形成比较完善的光伏政策体系，光伏市场趋于成熟和理性化，光伏补贴逐年下降，相信不久的将来就能实现光伏发电在用户侧平价上网的目标。国内主要光伏政策如表 1-1 所示，部分重要政策全文可查阅本章附录部分。

表 1-1　国内主要光伏政策

国内主要光伏政策				
时间	文件名	文号	部门	主要内容
2007 年 11 月	国家发展改革委办公厅关于开展大型并网光伏示范电站建设有关要求的通知	发改办能源〔2007〕2898 号	国家发展改革委办公厅	决定开展大型并网光伏示范电站建设
2010 年 4 月	国家发展改革委关于宁夏太阳山等四个太阳能光伏电站临时上网电价的批复	发改价格〔2010〕653 号	国家发展改革委	批复首批标杆上网电价 1.15 元/kW·h
2011 年 7 月	国家发展改革委关于完善太阳能光伏发电上网电价政策的通知	发改价格〔2011〕1594 号	国家发展改革委	确定全国光伏上网标杆电价为 1 元/kW·h

续表

国内主要光伏政策				
时间	文件名	文号	部门	主要内容
2013 年 8 月	国家发展改革委关于发挥价格杠杆作用促进光伏产业健康发展的通知	发改价格〔2013〕1638 号	国家发展改革委	地面电站采用三类标杆电价,分别为 0.9 元/kW·h,0.95 元/kW·h,1 元/kW·h
2013 年 7 月	国家发展改革委关于印发《分布式发电管理暂行办法》的通知	发改能源〔2013〕1381 号	国家发展改革委	提出推进分布式发电的应用
2015 年 12 月	国家发展改革委关于完善陆上风电光伏发电上网标杆电价政策的通知	发改价格〔2015〕3044 号	国家发展改革委	全国光伏上网标杆电价调整为:一类资源地区为 0.8 元/kW·h,二类资源地区为 0.88 元/kW·h,三类资源地区为 0.98 元/kW·h
2016 年 12 月	国家发展改革委关于调整光伏发电陆上风电标杆上网电价的通知	发改价格〔2016〕2729 号	国家发展改革委	全国光伏上网标杆电价调整为:一类资源区 0.65 元/kW·h,二类资源区 0.75 元/kW·h,三类资源区 0.85 元/kW·h
2016 年 3 月	关于实施光伏发电扶贫工作的意见	发改能源〔2016〕621 号	国家发展改革委、国务院扶贫办、国家能源局、国家开发银行、中国农业发展银行	决定在全国具备光伏建设条件的贫困地区实施光伏扶贫工程
2016 年 5 月	国家发展改革委　国家能源局关于做好风电、光伏发电全额保障性收购管理工作的通知	发改能源〔2016〕1150 号	国家发展改革委、国家能源局	核定了部分存在弃风、弃光问题地区规划内的风电、光伏发电最低保障收购年利用小时数
2012 年 7 月	国家能源局关于印发太阳能发电发展"十二五"规划的通知	国能新能〔2012〕194 号	国家能源局	提出了在"十二五"期间太阳能发电发展的总体目标和发展规模
2013 年 11 月	国家能源局关于印发分布式光伏发电项目管理暂行办法的通知	国能新能〔2013〕433 号	国家能源局	明确提出光伏电站建设规模、项目备案、并网运行、发电计量及电费结算等规定
2014 年 1 月	国家能源局关于下达 2014 年光伏发电年度新增建设规模的通知	国能新能〔2014〕33 号	国家能源局	下达了各省光伏电站建设指标
2014 年 9 月	国家能源局关于进一步落实分布式光伏发电有关政策的通知	国能新能〔2014〕406 号	国家能源局	强调进一步落实分布式光伏的有关政策,大力推进分布式光伏发展
2014 年 10 月	国家能源局　国务院扶贫办关于印发光伏扶贫工程工作方案的通知	国能新能〔2014〕447 号	国家能源局、国务院扶贫办	加快组织实施光伏扶贫工程,制定实施方案

国内主要光伏政策				
时间	文件名	文号	部门	主要内容
2014 年 10 月	国家能源局关于规范光伏电站投资开发秩序的通知	国能新能〔2014〕477号	国家能源局	健全项目备案管理、制止光伏电站投资开发中的投机行为、禁止各种地方保护等
2014 年 11 月	国家能源局关于推进分布式光伏发电应用示范区建设的通知	国能新能〔2014〕512号	国家能源局	进一步推进光伏示范区建设，确定了分布式光伏规模化应用示范区名单
2015 年 4 月	国家能源局关于开展全国光伏发电工程质量检查的通知	国能新能〔2015〕110号	国家能源局	制定了光伏发电工程质量检查工作方案
2015 年 9 月	国家能源局关于调增部分地区 2015 年光伏电站建设规模的通知	国能新能〔2015〕356号	国家能源局	上调部分地区 2015 年光伏电站建设规模
2016 年 6 月	国家能源局关于下达 2016 年光伏发电建设实施方案的通知	国能新能〔2016〕166号	国家能源局	制定各地区 2016 年光伏电站建设规模
2016 年 10 月	国家能源局 国务院扶贫办关于下达第一批光伏扶贫项目的通知	国能新能〔2016〕280号	国家能源局、国务院扶贫办	下达第一批扶贫项目建设规模
2016 年 12 月	国家能源局关于印发《太阳能发展"十三五"规划》的通知	国能新能〔2016〕354号	国家能源局	制定了太阳能发展"十三五"规划
2013 年 7 月	关于分布式光伏发电实行按照电量补贴政策等有关问题的通知	财建〔2013〕390 号	财政部	分布式光伏发电项目按电量补贴实施办法
2013 年 11 月	关于对分布式光伏发电自发自用电量免征政府性基金有关问题的通知	财综〔2013〕103 号	财政部	对分布式光伏发电自发自用电量免收 4 项针对电量征收的政府性基金
2013 年 9 月	关于光伏发电增值税政策的通知	财税〔2013〕66 号	财政部 国家税务总局	自 2013 年 10 月 1 日至 2015 年 12 月 31 日，对纳税人销售自产的利用太阳能生产的电力产品，实行增值税即征即退 50%的政策
2016 年 7 月	关于继续执行光伏发电增值税政策的通知	财税〔2016〕81 号	财政部 国家税务总局	自 2016 年 1 月 1 日至 2018 年 12 月 31 日，对纳税人销售自产的利用太阳能生产的电力产品，实行增值税即征即退 50%的政策
2017 年 8 月	关于减轻可再生能源领域涉企税费负担的通知		国家能源局	对纳税人销售自产的利用太阳能生产的电力产品，实行增值税即征即退 50%的政策，从 2018 年 12 月 31 日延长到 2020 年 12 月 31 日

续表

国内主要光伏政策				
时间	文件名	文号	部门	主要内容
2015 年 9 月	关于支持新产业新业态发展促进大众创业万众创新用地的意见	国土资规〔2015〕5号	国土资源部	采取差别化用地政策支持新业态发展
2015 年 11 月	关于光伏电站建设使用林地有关问题的通知	林资发〔2015〕153号	国家林业局	明确光伏电站占用林地的使用方式

1.2 分布式发电模式优劣[1,2]

1.2.1 光伏发电系统的分类

光伏发电系统是指通过太阳能电池将太阳辐射能转换为电能的发电系统，主要部件包括太阳能电池组件、蓄电池、控制器、逆变器和变压器等。根据不同的应用场合，太阳能光伏发电系统一般可分为离网光伏发电系统、混合型光伏发电系统和并网发电光伏系统三种。

（1）离网型光伏发电系统

未与公共电网相联接，依靠太阳能电池供电的发电系统称为离网型发电系统，系统包括太阳能电池方阵、太阳能控制器、蓄电池组、逆变器等，根据用电负载的特点，又可分为直流系统（图 1-3）、交流系统（图 1-4）、交直流系统（图 1-5），其中太阳能控制器对所发的电能进行调节和控制，一方面把调整后的能量送给直流负载或交流负载，另一方面把多余的能量送给蓄电池组进行储存，当所发的电不能满足负载需求时，又把蓄电池的电送往负载。防反充二极管又称为阻塞二极管，串联在太阳能电池方阵电路中，起单向导通作用，可避免太阳能电池方阵在阴雨天或夜晚不发电时或出现短路故障时，蓄电池组通过太阳能电池方阵放电。蓄电池组则负责储存太阳能电池方阵所发的电能并随时向负载供电，其基本要求是自放电率低、使用寿命长、深放电能力强、充电效率高及工作温度范围广等，设计时应根据负载大小、太阳能电池方阵容量合理配置蓄电池组，并安装一套充放电控制器，防止过充电和过放电对蓄电池的损害，尤其是使用铅酸蓄电池组的时候需要在充电和放电过程加以控制，过充会使蓄电池电解水，造成水分散失和活性物质脱落，过放电则会加速栅板的腐蚀和不可逆硫酸化。

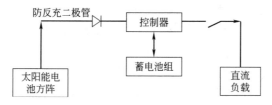

图 1-3 离网型直流系统

（2）混合型光伏发电系统

光伏发电系统与其他发电系统，如柴油发电机、风力发电等结合使用，以其他发电技术作为光伏发电在没有电能输出时的备用电源的系统称为混合型光伏发电系统。混合型光伏发

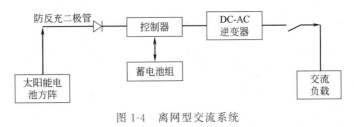

图 1-4　离网型交流系统

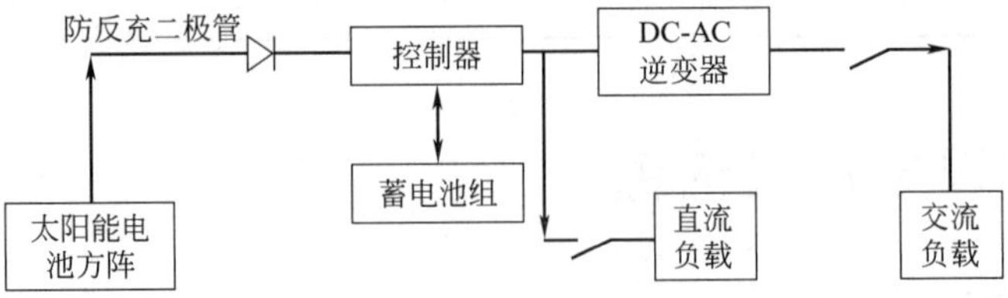

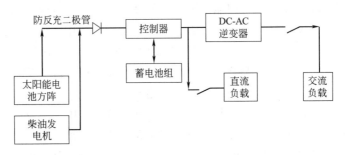

图 1-5　离网型交直流系统

电系统减少了单独光伏发电系统的不稳定性，可以确保电能的持续供应，但是由于涉及多种能源应用技术，所以系统需要监控每种能源的工作情况，处理各子能源之间的相互影响、协调整个系统的运作，导致其控制系统比单一系统复杂。另外，混合型系统初期投资大、建设周期长，运维麻烦等原因决定了这类发电系统主要应用于边远无电地区且对电源要求很高的特定场合。图 1-6 是光伏和柴油发电混合型光伏发电系统。

![混合型光伏发电系统图]

图 1-6　混合型光伏发电系统

（3）并网发电光伏系统

并网发电光伏系统是由太阳能电池方阵、并网逆变器、升压站等组成，太阳能电池方阵所发的直流电经并网逆变器逆变成交流电，以一定的电压等级从用户侧或公共电网侧与电网联接的光伏发电系统。并网光伏系统可分为集中式并网光伏系统和分布式并网光伏系统，其中集中式并网光伏系统所发电量全部输送到电网上，由电网把电力统一分配到各个用电单位；分布式并网光伏系统则可以根据周围电荷的消纳能力，选择"自发自用，余电上网"和"全额上网"两种并网模式中的一种。光伏电站所发电能供给负载后若有剩余，剩余电能输入电网；当光伏电站所发的电能不能满足负载的需要或光伏电站停止发电时，由电网向负载供电。并网光伏系统应确保所发电能与电网同电压、同频率，并避免对电网造成谐波污染，防止发生孤岛效应。并网光伏系统如图 1-7 所示。

因集中式并网光伏电站装机容量大，需占用大面积土地，受用地性质限制，场址通常比较偏远，光伏系统所发电量需要经过远距离传输，经过近几年的大规模建设，逐渐出现发电量与用电量不平衡的矛盾，特别是一些西部省份，因光伏电站所发电能既无法及时就地消

图 1-7　并网光伏系统

纳,又不具备对外输送的电网条件,出现严重的弃光现象。与之不同的是,分布式并网光伏系统建设在用户附近,所发电能能就近消纳,因此,分布式并网光伏系统逐渐成为当下光伏系统的主流应用方式,也是本书讨论的重点。

1.2.2　分布式光伏的定义

根据《国家电网公司关于印发分布式电源并网服务管理规则的通知》(国家电网营销〔2014〕174 号)中分布式光伏系统定义为:

第一类:10kV 以下电压等级接入,且单个并网点总装机容量不超过 6MW 的分布式电源;

第二类:35kV 电压等级接入,年自发自用大于 50%的分布式电源;或 10kV 电压等级接入且单个并网点总装机容量超过 6MW,年自发自用电量大于 50%的分布式电源;

第三类:接入点为公共连接点,发电量全部上网的发电项目。

除了利用建筑屋顶及附属场地建设分布式光伏发电项目外,根据《国家能源局关于进一步落实分布式光伏发电有关政策的通知》(国能新能〔2014〕406 号)文件中的规定,在地面或利用农业大棚等无电力消费设施建设、以 35kV 及以下电压等级接入电网(东北地区 66kV 以下)、单个项目容量不超过 2 万千瓦时且所发电量主要在并网点变电台区消纳的光伏电站项目,纳入分布式光伏发电规模指标管理,执行当地光伏电站标杆上网电价。

相比于大规模的地面电站,分布式光伏发电主要有如下优点:

(1)具有更大的政策支持力度。由于分布式光伏发电应用范围广,在城乡建筑、工业、农业、交通、公共设施等领域都有广阔应用前景,既是推动能源生产和消费革命的重要力量,也是促进稳增长、调结构,促改革、惠民生的重要举措,光伏扶贫效果显著,因此,各地区政府高度重视,推动分布式光伏发电应用的政策更加完善,地方对分布式光伏发电项目补贴力度更大,分布式光伏发电项目经济效益更高。

(2)分布式光伏发电应用形式灵活。可以利用满足荷载要求的建筑物屋顶资源,也可利用火车站、高速公路服务区、飞机场航站楼、大型综合交通枢纽建筑、大型体育馆和停车场的公共设施系统,或者利用废弃土地、荒山荒坡、农业大棚、滩涂、鱼塘、湖泊等建设就地消纳的分布式光伏电站,分布式光伏发电还可与农户扶贫、新农村建设、农业设施相结合,促进农村居民生活改善和农业农村发展。

(3)分布式光伏电站建设指标不受限制。对各类自发自用为主的分布式光伏发电项目,在受到建设规模指标限制时,各省级能源主管部门可及时调剂解决或向国家能源局申请追加规模指标。

(4)分布式光伏发电项目备案、并网流程更简单高效,项目建设周期短,资金流转更快。

（5）分布式光伏发电项目发展模式更多样化。项目备案时可根据项目实际情况选择"自发自用，余电上网"或"全额上网"中的一种模式。

（6）分布式光伏发电项目的电费结算和补贴拨付更为及时。各电网企业按月（或双方约定）与分布式光伏发电项目单位（个人）结算电费和转付国家补贴资金，不会出现拖欠补贴问题，确保了投资企业的投资收益。

（7）分布式光伏发电项目所发电量传输损耗小。由于分布式光伏电站建于用户附近，所发电能基本就地利用，因此，不需要长距离输送电，有效减小对电网供电的依赖、减小了线路损耗，能产生更大的经济效益。

（8）可通过组串式逆变器最大程度地增加发电量。分布式光伏发电项目由于规模较小，通常可采用组串式逆变器，组串式逆变器采用模块化设计，每个光伏串对应一个逆变器，直流端具有最大功率跟踪功能，优点是不受组串间模块差异和阴影遮挡的影响，同时减少光伏电池组件最佳工作点与逆变器不匹配的情况。

（9）分布式光伏发电站输配电结构更加简单，与集中式相比，缩短了高压直流的传输距离，更加安全可靠。

（10）投资收益更高。分布式光伏项目可通过"自发自用，余电上网"的并网模式，对于一般工商业用电，在电费打折后，加上国家补贴，收益通常高于"全额上网"的并网模式。

相对于地面电站，分布式发电模式的主要缺点表现在以下几点：

（1）分布式光伏发电项目通常规模较小，较为分散，电站建设成本较高，电站投产后管理、运维成本较大；

（2）分布式光伏发电项目通常建设在工商业屋顶上，会受到工商业屋顶的类型、朝向、建筑结构设计的影响，有可能无法以最佳朝向、最佳倾角安装，会影响对太阳能资源的利用；

（3）工商业屋顶的维护会对安装在其上的光伏电站产生影响。

1.3 各省市分布式发电政策

在国家政策的大力推动下，各地区也相继出台光伏政策以促进本地区光伏产业发展，地方光伏政策如表1-2所示。

表1-2 全国各地分布式光伏发电补贴政策

省份/城市	补贴政策	时间	备注
北京市	0.3元/kW·h	2015年1月1日～2019年12月31期间项目,连续补贴5年	
重庆市	对巫山、巫溪、奉节三县建卡贫困户补贴8000元/户的初装费		
上海市	2016～2018年投产发电项目,工、商业用户为0.25元/kW·h,学校用户为0.55元/kW·h,个人、养老院等享受优惠电价用户为0.4元/kW·h	连续补贴5年	单个项目年度奖励金额不超过5000万元

续表

省份/城市		补贴政策	时间	备注
江苏省	无锡市	2 元/W		城乡居民用自己屋顶安装
		一次性补贴 20 万/MW;对实施合同能源管理用能项目的单位和项目投资机构,分别一次性给予每个项目不超过 20 万元和 100 万元的奖励和项目扶持		分布式电站
	镇江市	分布式电站:0.15~0.1 元/kW·h;居民屋面项目补贴 0.3 元/kW·h	分布式电站补贴年限 2015~2017;居民屋顶项目补贴 6 年	
	镇江句容市	2015~2017 年建成的分布式工商业项目补贴 0.1 元/kW·h,居民屋顶项目 0.5 元/kW·h;对屋顶出租的企业一次性补贴 20 元/m²	连续补贴 5 年	
	扬州市	分布式电站:0.15~0.1 元/kW·h;居民屋面项目补贴 0.3 元/kW·h	分布式电站补贴年限 2015~2017;居民屋顶项目补贴 6 年	
	盐城市	每年认定 20 个工商业分布式项目,补贴 0.1 元/kW·h		单个项目年度发电补贴最高不超过 30 万
浙江省		省补 0.1 元/kW·h	20 年	
	杭州市	0.1 元/kW·h	补贴 5 年	
	富阳市	前两年 0.3 元/kW·h,第三至五年 0.2 元/kW·h;居民初装补足 1 元/W		
	建德市	企业自用的补贴 0.2 元/kW·h,全额上网的补贴 0.1 元/kW·h;居民光伏发电按装机容量补贴 1 元/W		
	温州市	工商业屋顶电站补贴 0.1 元/kW·h,居民电站补贴 0.3 元/kW·h	补贴 5 年	
	泰顺县	0.3 元/kW·h	补贴 5 年	
	永嘉县	工商业屋顶电站补贴 0.4 元/kW·h;居民屋顶电站初装补贴 2 元/W,投产后补贴 0.3 元/kW·h	补贴 5 年	
	洞头县	工商业屋顶光伏电站补贴 0.4 元/kW·h;居民屋顶电站按装机容量补贴 2 元/W,建成后按发电量补贴 0.2 元/kW·h;民建建筑出租用于安装光伏电站的,给屋顶所有人补贴 0.05 元/kW·h	补贴 5 年	
	瑞安市	工商业分布式电站补贴 0.3 元/kW·h;出租屋顶厂房的所有者补贴 0.05 元/kW·h	补贴 5 年	不享受温州市市级补贴
	乐清市	0.3 元/kW·h	补贴 5 年	不享受温州市市级补贴
	丽水市	0.15 元/kW·h	补贴 5 年	

省份/城市		补贴政策	时间	备注
浙江省	宁波市	0.1 元/kW·h		
	慈溪县	对列入宁波市及以上的项目补设备购置额10%		最高不超过 80 万元
	象山县	企业自建屋顶光伏补贴 0.1 元/kW·h；第三方投资建设屋顶光伏的,投资方享有0.05 元/kW·h,屋顶所有者享有 0.05 元/kW·h	补贴 5 年	
	鄞州区	≥0.25MW,装机补贴 0.6 元/W,最多 100万；使用本区生产的组件的,装机补贴 0.9 元/W,最高 200 万；面对家庭应用市场的安装公司,补贴 0.6元/W		
	湖州市	0.18 元/kW·h		
	德清县	0.1 元/kW·h；居民投资建设光伏电站一次性补贴 2 元/W,不超过 1 万元	补贴 3 年	
	安吉县	0.1 元/kW·h；对企业屋顶所有者补贴 15 元/m²	补贴 2 年	
	嘉兴市	居民自建光伏电站补贴 0.15 元/kW·h；其他投资者建设光伏电站补贴 0.1 元/kW·h	补贴 3 年	每户不大于 3kW
	秀洲区	示范项目,装机补贴 1 元/W		本区产品占设备投入30％及以上的项目给予100％补助,低于 30％的给予 80％补助
	平湖市	<150kW 前两年补贴 0.25 元/kW·h,3～5 年补贴 0.2 元/kW·h；居民屋顶 0.1MW 以上按并网装机容量一次性补贴 2 元/W		
	绍兴市	家庭屋顶光伏电站补贴 0.2 元/kW·h	补贴 5 年	
	绍兴滨海新城	有推广价值的项目,补助 5％投资额,不超过 200 万,2018 年底前建成,电价补贴 0.2元/kW·h	补贴 5 年	
	诸暨	补贴 0.2 元/kW·h	补贴 5 年	
	衢州市	绿色产业集聚区内采购本地光伏产品的项目补贴 0.3 元/kW·h		
	龙游县	1MW 以上装机补助 0.3 元/W,上网电价补贴 0.3 元/kW·h		
	江山市	0.3 元/W 装机补助,自发自用电量补贴0.3 元/kW·h,有效利用"屋顶资源"项目补助 10 元/m²		
	金华市	工商业光伏项目补贴 0.25 元/kW·h；居民屋顶光伏电站补贴 0.3 元/kW·h		

省份/城市		补贴政策	时间	备注
浙江省	磐安县	居民屋顶光伏电站补贴 0.2 元/kW·h	补贴 3 年	
	永康县	工商业光伏项目补贴 0.1~0.2 元/kW·h；居民屋顶光伏项目补贴 0.3 元/kW·h	补贴 5 年	
	义乌市	装机补助 2 元/W,0.1 元/kW·h		
	东阳市	0.2 元/kW·h	补贴 3 年	要求本市企业,本地项目
	台州市	0.1 元/kW·h	补贴 5 年	
广东省	广州市	0.1 元/kW·h；屋顶所有者补贴 0.2 元/W,不超过 200 万元	补贴 10 年	
	东莞市	建筑权属人补助 18 万元/MW,不超过 144 万元		
	阳江市	居民屋顶光伏电站余电上网电价 0.5 元/kW·h		
	顺德市	0.15 元/kW·h	补贴 3 年	
广西省	桂林市	余电上网电价 0.4552 元/kW·h		
安徽省	合肥市	0.25 元/kW·h,大于 0.1 兆瓦的项目,奖励屋顶产权人 10 万元/MW,单个项目不超过 100 万元	补贴 15 年	
	亳州市	0.25 元/kW·h	补贴 10 年	
	马鞍山市	0.25 元/kW·h		全部用马鞍山市生产的组件
江西省	上饶市	0.15 元/kW·h		
	赣州上饶县	电网收电价 0.455 元/kW·h		
	新余市	2017 年前并网项目,补贴 0.1 元/kW·h,装机补助 1 元/W		
湖北省	黄石市	0.1 元/kW·h		
	宜昌市	0.25 元/kW·h		
	荆门市	0.25 元/kW·h		
山西省	晋城市	2015~2020 年期间的农村分布式项目,安装补助 3 元/W,电价补贴 0.2 元/kW·h		
陕西省	装机补贴 1 元/W			
	西安市	装机补贴 1 元/W		
河北省	0.2 元/kW·h			
湖南省	0.2 元/kW·h			要求使用本省组件逆变器
	长沙市	2020 年前并网项目,补贴 0.1 元/kW·h		
吉林省	0.15 元/kW·h			
海南省	三亚	0.25 元/kW·h		投资满一年后开始补助
福建省	龙岩	贫困户装机补贴 1 万元		

1.4 光伏政策展望

"十三五"时期的目标是，到 2020 年非化石能源占一次能源消费比重提高到 15％，光伏发电作为非化石能源的重要组成部分，2013 年以来快速发展，应用规模迅速扩大，新增装机容量连续四年稳居世界第一。2017 年 1 月至 9 月，我国新增光伏发电装机 42GW 左右，同比增长 60％，其中分布式增长了 300％以上，累计装机容量达到 119GW 左右。光伏发电在装机规模快速增长的同时，也面临着一些困难和挑战，主要表现在以下方面：

（1）弃光问题仍然严峻，电网对新能源的容纳能力和传输能力不足，充分发挥系统灵活性，提高可再生能源利用水平的任务还有待加强；

（2）尽管提前完成到 2020 年，光伏装机达到 1 亿千瓦左右的目标，但要实现 2020 年光伏发电与电网销售电价相当的发展目标还有一定差距；

（3）产业创新活力仍有待进一步发掘，高端装备和关键技术亟待突破，需要进一步促进技术发展，降低发电成本；

（4）补贴机制仍有待优化，全面推动新能源发电成本下降，加速平价上网的步伐还需要进一步努力。

针对光伏发电面临的这些问题，国家有关部门正在研究制定相关政策以支持光伏发电健康发展。其中，科技部会同有关部门正在推动科技创新，把支撑大规模可再生能源的全额消纳确立为 2030 智能电网专项的目标之一，从而解决饱受行业诟病的弃光问题。此外，科技部也正在组织"十三五"的国家重点研发计划、可再生能源和氢能技术的专项编制，其中，在光伏技术领域进一步强化了光伏电池、光伏系统及部件、太阳能热利用、可再生能源耦合与系统集成等重点任务的部署。

工信部研究制定智能光伏产业发展行动计划，增强产业创新能力，统筹利用多种资源渠道，持续支持光伏企业开展关键工艺技术创新和前瞻性技术研究，加快智能制造改造升级，强化标准、检测和认证体系建设，提升产业发展质量和效益。同时，提升光伏发电在工业园区、民用设施、城市交通等多个领域的应用水平，进一步推动光伏+应用模式创新，加速突破市场发展瓶颈。

国家能源局将着力解决弃风弃光问题，通过实施可再生能源配额制，明确地方政府和相关企业消纳可再生能源的目标任务，通过完善价格政策和市场交易机制，调动各类市场主体消纳可再生能源的积极性，通过加强输电通道建设，落实可再生能源全额收购和优先调度制度，加强风电调峰能力建设等措施，提高电力系统消纳可再生能源的能力。同时，健全光伏行业管理制度。尽快制定出台光伏扶贫、光伏领跑计划、分布式光伏发电等管理办法，实现光伏发电规范化、制度化管理。

国家能源局会同相关部门统筹完善光伏补贴政策，通盘考虑补贴逐步下调机制，确立光伏补贴分类型、分领域、分区域逐步退出的基本思路。

◆ 参考文献 ◆

［1］ 杨金焕，于化丛．太阳能光伏发电应用技术．北京：电子工业出版社，2009.
［2］ 崔容强，赵春江．并网型太阳能光伏发电系统．北京：化学工业出版社，2011.

附录 1-1

国家发展改革委办公厅关于开展大型并网光伏
示范电站建设有关要求的通知

发改办能源〔2007〕2898号

内蒙古、云南、西藏、新疆、甘肃、青海、宁夏、陕西省（区）发展改革委：

为了促进我国太阳能光伏发电产业的发展，实现可再生能源中长期规划提出的发展目标，经研究，决定开展大型并网光伏示范电站建设。现将有关要求通知如下：

一、并网光伏示范电站建设规模应不小于5MW。

二、并网光伏示范电站建设占地应主要是沙漠、戈壁、荒地等非耕用土地。

三、并网光伏示范电站应靠近电网，易于接入，并可考虑与大型风电场配合建设。

四、并网光伏示范电站投资者通过公开招标方式，以上网电价为主要条件进行选择，高出当地平均上网电价的部分通过可再生能源电价附加收入在全国进行分摊。

请有关省（区）发展改革委按照上述要求，认真做好大型并网光伏电站建设前期工作，制定建设方案，落实建设用地和电网接入等相关条件，并编制预可行性研究报告上报我委，经审查同意后由我委组织进行统一招标。

国家发展改革委办公厅
二〇〇七年十一月二十二日

附录 1-2

国家发展改革委关于宁夏太阳山等
四个太阳能光伏电站临时上网电价的批复

发改价格〔2010〕653号

宁夏自治区物价局：

报来《关于核定宁夏太阳山光伏并网电站上网电价的请示》（宁价商发〔2009〕53号）、《关于核定中节能太阳山、华电宁夏宁东光伏并网电站上网电价的请示》（宁价商发〔2009〕59号）、《关于核定中节能尚德石嘴山太阳能发电有限责任公司上网电价的请示》（宁价商发〔2009〕46号）均悉。经研究，现批复如下：

一、核定宁夏发电集团太阳山光伏电站一期、宁夏中节能太阳山光伏电站一期、华电宁夏宁东光伏电站、宁夏中节能石嘴山光伏电站一期发电项目临时上网电价为每千瓦时1.15元（含税）。

二、以上电价自光伏电站投入商业运营之日起执行，高出当地脱硫燃煤机组标杆上网电价的部分纳入全国可再生能源电价附加分摊。

国家发展改革委
二〇一〇年四月二日

附录 1-3

国家发展改革委关于完善
太阳能光伏发电上网电价政策的通知

发改价格〔2011〕1594 号

各省、自治区、直辖市发展改革委、物价局：

为规范太阳能光伏发电价格管理，促进太阳能光伏发电产业健康持续发展，决定完善太阳能光伏发电价格政策。现将有关事项通知如下：

一、制定全国统一的太阳能光伏发电标杆上网电价。按照社会平均投资和运营成本，参考太阳能光伏电站招标价格，以及我国太阳能资源状况，对非招标太阳能光伏发电项目实行全国统一的标杆上网电价。

（一）2011 年 7 月 1 日以前核准建设、2011 年 12 月 31 日建成投产、我委尚未核定价格的太阳能光伏发电项目，上网电价统一核定为每千瓦时 1.15 元（含税，下同）。

（二）2011 年 7 月 1 日及以后核准的太阳能光伏发电项目，以及 2011 年 7 月 1 日之前核准但截至 2011 年 12 月 31 日仍未建成投产的太阳能光伏发电项目，除西藏仍执行每千瓦时 1.15 元的上网电价外，其余省（区、市）上网电价均按每千瓦时 1 元执行。今后，我委将根据投资成本变化、技术进步情况等因素适时调整。

二、通过特许权招标确定业主的太阳能光伏发电项目，其上网电价按中标价格执行，中标价格不得高于太阳能光伏发电标杆电价。

三、对享受中央财政资金补贴的太阳能光伏发电项目，其上网电量按当地脱硫燃煤机组标杆上网电价执行。

四、太阳能光伏发电项目上网电价高于当地脱硫燃煤机组标杆上网电价的部分，仍按《可再生能源发电价格和费用分摊管理试行办法》（发改价格〔2006〕7 号）有关规定，通过全国征收的可再生能源电价附加解决。

国家发展改革委
二〇一一年七月二十四日

附录 1-4

国家发展改革委关于发挥价格杠杆作用
促进光伏产业健康发展的通知

发改价格〔2013〕1638号

各省、自治区、直辖市发展改革委、物价局：

为充分发挥价格杠杆引导资源优化配置的积极作用，促进光伏发电产业健康发展，根据《国务院关于促进光伏产业健康发展的若干意见》（国发〔2013〕24号）有关要求，决定进一步完善光伏发电项目价格政策。现就有关事项通知如下：

一、光伏电站价格

（一）根据各地太阳能资源条件和建设成本，将全国分为三类太阳能资源区，相应制定光伏电站标杆上网电价。各资源区光伏电站标杆上网电价标准见附件。

（二）光伏电站标杆上网电价高出当地燃煤机组标杆上网电价（含脱硫等环保电价，下同）的部分，通过可再生能源发展基金予以补贴。

二、分布式光伏发电价格

（一）对分布式光伏发电实行按照全电量补贴的政策，电价补贴标准为每千瓦时0.42元（含税，下同），通过可再生能源发展基金予以支付，由电网企业转付；其中，分布式光伏发电系统自用有余上网的电量，由电网企业按照当地燃煤机组标杆上网电价收购。

（二）对分布式光伏发电系统自用电量免收随电价征收的各类基金和附加，以及系统备用容量费和其他相关并网服务费。

三、执行时间

分区标杆上网电价政策适用于2013年9月1日后备案（核准），以及2013年9月1日前备案（核准）但于2014年1月1日及以后投运的光伏电站项目；电价补贴标准适用于除享受中央财政投资补贴之外的分布式光伏发电项目。

四、其他规定

（一）享受国家电价补贴的光伏发电项目，应符合可再生能源发展规划，符合固定资产投资审批程序和有关管理规定。

（二）光伏发电项目自投入运营起执行标杆上网电价或电价补贴标准，期限原则上为20年。国家根据光伏发电发展规模、发电成本变化情况等因素，逐步调减光伏电站标杆上网电价和分布式光伏发电电价补贴标准，以促进科技进步，降低成本，提高光伏发电市场竞争力。

（三）鼓励通过招标等竞争方式确定光伏电站上网电价或分布式光伏发电电价补贴标准，但通过竞争方式形成的上网电价和电价补贴标准，不得高于国家规定的标杆上网电价和电价补贴标准。

（四）电网企业要积极为光伏发电项目提供必要的并网接入、计量等电网服务，及时与光伏发电企业按规定结算电价。同时，要及时计量和审核光伏发电项目的发电量与上网电量，并据此申请电价补贴。

（五）光伏发电企业和电网企业必须真实、完整地记载和保存光伏发电项目上网电量、自发自用电量、电价结算和补助金额等资料，接受有关部门监督检查。弄虚作假的视同价格违法行为予以查处。

（六）各级价格主管部门要加强对光伏发电上网电价执行和电价附加补助结算的监管，确保光伏发电价格政策执行到位。

附件：全国光伏电站标杆上网电价表

国家发展改革委
2013 年 8 月 26 日

附录 1-5

国家发展改革委关于完善陆上风电光伏发电上网标杆电价政策的通知

发改价格〔2015〕3044 号

各省、自治区、直辖市发展改革委、物价局：

为落实国务院办公厅《能源发展战略行动计划（2014—2020）》目标要求，合理引导新能源投资，促进陆上风电、光伏发电等新能源产业健康有序发展，推动各地新能源平衡发展，提高可再生能源电价附加资金补贴效率，依据《可再生能源法》，决定调整新建陆上风电和光伏发电上网标杆电价政策。经商国家能源局同意，现就有关事项通知如下：

一、实行陆上风电、光伏发电（光伏电站，下同）上网标杆电价随发展规模逐步降低的价格政策。为使投资预期明确，陆上风电一并确定 2016 年和 2018 年标杆电价；光伏发电先确定 2016 年标杆电价，2017 年以后的价格另行制定。具体标杆电价见附件 1 和附件 2。

二、利用建筑物屋顶及附属场所建设的分布式光伏发电项目，在项目备案时可以选择"自发自用、余电上网"或"全额上网"中的一种模式；已按"自发自用、余电上网"模式执行的项目，在用电负荷显著减少（含消失）或供用电关系无法履行的情况下，允许变更为"全额上网"模式。"全额上网"项目的发电量由电网企业按照当地光伏电站上网标杆电价收购。选择"全额上网"模式，项目单位要向当地能源主管部门申请变更备案，并不得再变更回"自发自用、余电上网"模式。

三、陆上风电、光伏发电上网电价在当地燃煤机组标杆上网电价（含脱硫、脱硝、除尘）以内的部分，由当地省级电网结算；高出部分通过国家可再生能源发展基金予以补贴。

四、鼓励各地通过招标等市场竞争方式确定陆上风电、光伏发电等新能源项目业主和上网电价，但通过市场竞争方式形成的上网电价不得高于国家规定的同类陆上风电、光伏发电项目当地上网标杆电价水平。

五、各陆上风电、光伏发电企业和电网企业必须真实、完整地记载和保存相关发电项目上网交易电量、价格和补贴金额等资料，接受有关部门监督检查。各级价格主管部门要加强对陆上风电和光伏发电上网电价执行和电价附加补贴结算的监管，督促相关上网电价政策执行到位。

六、上述规定自 2016 年 1 月 1 日起执行。

附件：1. 全国陆上风力发电上网标杆电价表
   2. 全国光伏发电上网标杆电价表

国家发展改革委
2015 年 12 月 22 日

附录 1-6

国家发展改革委关于调整光伏发电
陆上风电标杆上网电价的通知

发改价格〔2016〕2729号

各省、自治区、直辖市发展改革委、物价局，国家电网公司、南方电网公司、内蒙古电力公司：

为落实国务院办公厅《能源发展战略行动计划（2014—2020）》关于风电、光伏电价2020年实现平价上网的目标要求，合理引导新能源投资，促进光伏发电和风力发电产业健康有序发展，依据《可再生能源法》，决定调整新能源标杆上网电价政策。经研究，现就有关事项通知如下：

一、降低光伏发电和陆上风电标杆上网电价

根据当前新能源产业技术进步和成本降低情况，降低2017年1月1日之后新建光伏发电和2018年1月1日之后新核准建设的陆上风电标杆上网电价，具体价格见附件1和附件2。2018年前如果新建陆上风电项目工程造价发生重大变化，国家可根据实际情况调整上述标杆电价。之前发布的上述年份新建陆上风电标杆上网电价政策不再执行。光伏发电、陆上风电上网电价在当地燃煤机组标杆上网电价（含脱硫、脱硝、除尘电价）以内的部分，由当地省级电网结算；高出部分通过国家可再生能源发展基金予以补贴。

二、明确海上风电标杆上网电价

对非招标的海上风电项目，区分近海风电和潮间带风电两种类型确定上网电价。近海风电项目标杆上网电价为每千瓦时0.85元，潮间带风电项目标杆上网电价为每千瓦时0.75元。海上风电上网电价在当地燃煤机组标杆上网电价（含脱硫、脱硝、除尘电价）以内的部分，由当地省级电网结算；高出部分通过国家可再生能源发展基金予以补贴。

三、鼓励通过招标等市场化方式确定新能源电价

国家鼓励各地通过招标等市场竞争方式确定光伏发电、陆上风电、海上风电等新能源项目业主和上网电价，但通过市场竞争方式形成的价格不得高于国家规定的同类资源区光伏发电、陆上风电、海上风电标杆上网电价。实行招标等市场竞争方式确定的价格，在当地燃煤机组标杆上网电价（含脱硫、脱硝、除尘电价）以内的部分，由当地省级电网结算；高出部分由国家可再生能源发展基金予以补贴。

四、其他有关要求

各新能源发电企业和电网企业必须真实、完整地记载和保存相关发电项目上网交易电量、价格和补贴金额等资料，接受有关部门监督检查。各级价格主管部门要加强对新能源上网电价执行和可再生能源发展基金补贴结算的监管，督促相关上网电价政策执行

到位。

上述规定自 2017 年 1 月 1 日起执行。

附件：1. 全国光伏发电标杆上网电价表

2. 全国陆上风力发电标杆上网电价表

国家发展改革委

2016 年 12 月 26 日

附录 1-7

关于实施光伏发电扶贫工作的意见

发改能源〔2016〕621 号

各省（区、市）、新疆生产建设兵团发展改革委（能源局）、扶贫办，国家开发银行各分行、中国农业发展银行各分行，国家电网公司、南方电网公司，水电水利规划设计总院：

为切实贯彻中央扶贫开发工作会议精神，扎实落实《中共中央　国务院关于打赢脱贫攻坚战的决定》的要求，决定在全国具备光伏建设条件的贫困地区实施光伏扶贫工程。

一、充分认识实施光伏扶贫的重要意义

光伏发电清洁环保，技术可靠，收益稳定，既适合建设户用和村级小电站，也适合建设较大规模的集中式电站，还可以结合农业、林业开展多种"光伏＋"应用。在光照资源条件较好的地区因地制宜开展光伏扶贫，既符合精准扶贫、精准脱贫战略，又符合国家清洁低碳能源发展战略；既有利于扩大光伏发电市场，又有利于促进贫困人口稳收增收。各地区应将光伏扶贫作为资产收益扶贫的重要方式，进一步加大工作力度，为打赢脱贫攻坚战增添新的力量。

二、工作目标和原则

（一）工作目标

在 2020 年之前，重点在前期开展试点的、光照条件较好的 16 个省的 471 个县的约 3.5 万个建档立卡贫困村，以整村推进的方式，保障 200 万建档立卡无劳动能力贫困户（包括残疾人）每年每户增加收入 3000 元以上。其他光照条件好的贫困地区可按照精准扶贫的要求，因地制宜推进实施。

（二）基本原则

精准扶贫、有效脱贫。光伏扶贫项目要与贫困人口精准对应，根据贫困人口数量和布局确定项目建设规模和布局，保障贫困户获得长期稳定收益。

因地制宜、整体推进。光伏扶贫作为脱贫攻坚手段之一，各地根据贫困人口分布及光伏建设条件，选择适宜的光伏扶贫模式，以县为单元统筹规划，分阶段以整村推进方式实施。

政府主导、社会支持。国家和地方通过整合扶贫资金、预算内投资、政府贴息等政策性资金给予支持。鼓励有社会责任的企业通过捐赠或投资投劳等方式支持光伏扶贫工程建设。

公平公正、群众参与。以县为单元确定统一规范的纳入光伏扶贫范围的资格条件和遴选程序，建立光伏扶贫收益分配和监督管理机制，确保收益分配公开透明和公平公正。

技术可靠、长期有效。光伏扶贫工程关键设备应达到先进技术指标且质量可靠，建设和运行维护单位应具备规定的资质条件和丰富的工程实践经验，应确保长期可靠稳定运行。

三、重点任务

（一）准确识别确定扶贫对象

各级地方扶贫管理部门根据国务院扶贫办确定的光伏扶贫范围，以县为单元调查摸清扶贫对象及贫困人口具体情况，包括贫困人口数量、分布、贫困程度等，确定纳入光伏扶贫范围的贫困村、贫困户的数量并建立名册。省级扶贫管理部门以县为单元建立光伏扶贫人口信息管理系统，以此作为实施光伏扶贫工程、明确光伏扶贫对象、分配扶贫收益的重要依据。

（二）因地制宜确定光伏扶贫模式

根据扶贫对象数量、分布及光伏发电建设条件，在保障扶贫对象每年获得稳定收益的前提下，因地制宜选择光伏扶贫建设模式和建设场址，采用资产收益扶贫的制度安排，保障贫困户获得稳定收益。中东部土地资源缺乏地区，可以村级光伏电站为主（含户用）；西部和中部土地资源丰富的地区，可建设适度规模集中式光伏电站。采取村级光伏电站（含户用）方式，每位扶贫对象的对应项目规模标准为 5 千瓦左右；采取集中式光伏电站方式，每位扶贫对象的对应项目规模标准为 25 千瓦左右。

（三）统筹落实项目建设资金

地方政府可整合产业扶贫和其他相关涉农资金，统筹解决光伏扶贫工程建设资金问题，政府筹措资金可折股量化给贫困村和贫困户。对村级光伏电站，贷款部分可由到省扶贫资金给予贴息，贴息年限和额度按扶贫贷款有关规定由各地统筹安排。集中式电站由地方政府指定的投融资主体与商业化投资企业共同筹措资本金，其余资金由国家开发银行、中国农业发展银行为主提供优惠贷款。鼓励国有企业、民营企业积极参与光伏扶贫工程投资、建设和管理。

（四）建立长期可靠的项目运营管理体系

地方政府应依法确定光伏扶贫电站的运维及技术服务企业（简称"运维企业"）。鼓励通过特许经营等政府和社会资本合作方式，依法依规、竞争择优选择具有较强资金实力以及技术和管理能力的企业，承担光伏电站的运营管理或技术服务。对村级光伏电站（含户用），可由县级政府统一选择承担运营管理或技术服务的企业，鼓励通过招标或其他竞争性比选方式公开选择。县级政府可委托运维企业对全县范围内村级光伏电站（含户用）的工程设计、施工进行统一管理。运维企业对村级光伏电站（含户用）的管理和技术服务费用，应依据法律、行政法规规定和特许经营协议约定，从所管理或提供技术服务的村级光伏电站项目收益中提取。集中式光伏扶贫电站的运行管理由与地方政府指定的投融资主体合作的商业化投资企业承担，鼓励商业化投资企业承担所在县级区域内村级光伏电站（含户用）的技术服务工作。

（五）加强配套电网建设和运行服务

电网企业要加大贫困地区农村电网改造工作力度，为光伏扶贫项目接网和并网运行提供技术保障，将村级光伏扶贫项目的接网工程优先纳入农村电网改造升级计划。对集中式光伏电站扶贫项目，电网企业应将其接网工程纳入绿色通道办理，确保配套电网工程与项目同时投入运行。电网企业要积极配合光伏扶贫工程的规划和设计工作，按照工程需要提供基础资料，负责设计光伏扶贫的接网方案。不论是村级光伏电站（含户用），还是集中式光伏扶贫电站，均由电网企业承担接网及配套电网的投资和建设工作。电网企业要制定合理的光伏扶贫项目并网运行和电量消纳方案，确保项目优先上网和全额收购。

（六）建立扶贫收益分配管理制度

各贫困县所在的市（县）政府应建立光伏扶贫收入分配管理办法，对扶贫对象精准识别，并进行动态管理，原则上应保障每位扶贫对象获得年收入 3000 元以上。各级政府资金支持建设的村级光伏电站的资产归村集体所有，由村集体确定项目收益分配方式，大部分收益应直接分配给符合条件的扶贫对象，少部分可作为村集体公益性扶贫资金使用；在贫困户屋顶及院落安装的户用光伏系统的产权归贫困户所有，收益全部归贫困户。地方政府指定的投融资主体与商业化投资企业合资建设的光伏扶贫电站，项目资产归投融资主体和投资企业共有，收益按股比分成，投融资主体要将所占股份折股量化给扶贫对象，代表扶贫对象参与项目投资经营，按月（或季度）向扶贫对象分配资产收益。参与扶贫的商业化投资企业应积极配合，为扶贫对象能获得稳定收益创造条件。

（七）加强技术和质量监督管理

建立光伏扶贫工程技术规范和关键设备技术规范。光伏扶贫项目应采购技术先进、经过国家检测认证机构认证的产品，鼓励采购达到领跑者技术指标的产品。系统集成商应具有足够的技术能力和工程经验，设计和施工单位及人员应具备相应资质和经验。光伏扶贫工程发电技术指标及安全防护措施应满足接入电网有关技术要求，并接受电网运行远程监测和调度。县级政府负责建立包括资质管理、质量监督、竣工验收、运行维护、信息管理等内容的投资管理体系，建立光伏扶贫工程建设和运行信息管理。国家可再生能源信息管理中心建立全国光伏扶贫信息管理平台，对全部光伏扶贫项目的建设和运行进行监测管理。

（八）编制光伏扶贫实施方案

省级及以下地方能源主管部门会同扶贫部门，以县为单元编制光伏扶贫实施方案。实施方案应包括光伏扶贫项目的目标任务、扶持的贫困人口数、项目类型、建设规模、建设条件、接网方案、资金筹措方案、运营管理主体、投资效益分析、管理体制、收益分配办法、地方配套政策、组织保障措施。实施方案要做到项目与扶贫对象精准对接，运营管理主体明确，土地等项目建设条件落实，接网和并网运行条件经当地电网公司认可。各有关省（区、市）能源主管部门汇总有关地区的光伏扶贫实施方案，初审后报送国家能源局。国家能源局会同国务院扶贫办对各省（区）上报的光伏扶贫实施方案进行审核并予以批复。各地区按批复的实施方案组织项目建设，国家能源局会同国务院扶贫办按批复的方案进行监督检查。

四、配套政策措施

（一）优先安排光伏扶贫电站建设规模

国家能源局会同国务院扶贫办对各地区上报的以县为单元的光伏扶贫实施方案进行审核。对以扶贫为目的的村级光伏电站和集中式光伏电站，以及地方政府统筹其他建设资金建设的光伏扶贫项目，以县为单元分年度专项下达光伏发电建设规模。

（二）加强金融政策支持力度

国家开发银行、中国农业发展银行为光伏扶贫工程提供优惠贷款，根据资金来源成本情况在央行同期贷款基准利率基础上适度下浮。鼓励其他银行以及社保、保险、基金等资金在获得合理回报的前提下为光伏扶贫项目提供低成本融资。鼓励众筹等创新金融融资方式支持光伏扶贫项目建设，鼓励企业提供包括直接投资和技术服务在内的多种支持。

（三）切实保障光伏扶贫项目的补贴资金发放

电网企业应按国家有关部门关于可再生能源发电补贴资金发放管理制度，优先将光伏扶贫项目的补贴需求列入年度计划，电网企业优先确保光伏扶贫项目按月足额结算电费和领取国家补贴资金。

（四）鼓励企业履行社会责任

鼓励电力能源央企和有实力的民企参与光伏扶贫工程投资和建设。鼓励各类所有制企业履行社会责任，通过各种方式支持光伏扶贫工程实施，鼓励企业组建光伏扶贫联盟。通过表彰积极参与企业，树立企业社会形象，出台适当优惠政策，优先支持参与光伏扶贫的企业开展规模化光伏电站建设，保障参与企业的经济利益。

五、加强组织协调

（一）建立光伏扶贫协调工作机制

建立省（区、市）负总责，市（地）县抓落实的工作机制，做到分工明确、责任清晰、任务到人、责任到位，合力推动光伏扶贫工作。各级政府要成立光伏扶贫协调领导小组，地方政府主要领导任组长，成员包括发改、能源、扶贫、国土、林业等部门，以及电网企业和金融机构等，主要职责是协调光伏扶贫工程实施过程中的重大政策和问题。

（二）明确各部门职责分工

国家能源局负责组织协调光伏扶贫工程实施中重大问题，负责组织编制光伏扶贫规划和年度实施计划，完善光伏扶贫工程技术标准规范，建立光伏扶贫工程信息系统，加强光伏扶贫工程质量监督及并网运行监督等。国务院扶贫办牵头负责确定光伏扶贫对象范围，建立光伏扶贫人口信息管理系统，建立光伏扶贫工程收入分配管理制度。请地方国土部门和林业部门负责光伏扶贫工程土地使用的政策协调和土地补偿收费方面的优惠政策落实。

请各有关部门和地方政府高度重视光伏扶贫工作，加强光伏扶贫工程组织协调力度，为实施光伏扶贫试点工程提供组织保障。加大光伏扶贫宣传和培训力度，提高全社会支持参与光伏扶贫程度。加强对光伏扶贫工程的管理和监督，确实把这件惠民生、办实事的阳光工程抓紧抓实抓好。请省级能源主管部门认真做好光伏扶贫工程项目储备，及时按要求上报光伏扶贫工程项目清单。

附件：光伏扶贫工程重点实施范围

国家发展改革委
国务院扶贫办
国家能源局
国家开发银行
中国农业发展银行
2016 年 3 月 23 日

附录 1-8

国家发展改革委 国家能源局关于做好风电、光伏发电全额保障性收购管理工作的通知

发改能源〔2016〕1150 号

各省（自治区、直辖市）、新疆生产建设兵团发展改革委（能源局）、经信委（工信委、工信厅），国家能源局各派出机构，国家电网公司、南方电网公司、内蒙古电力（集团）有限责任公司，华能、大唐、华电、国电、国电投、神华、三峡、华润、中核、中广核、中国节能集团公司：

为做好可再生能源发电全额保障性收购工作，保障风电、光伏发电的持续健康发展，现将有关事项通知如下：

一、根据《可再生能源发电全额保障性收购管理办法》（发改能源〔2016〕625 号），综合考虑电力系统消纳能力，按照各类标杆电价覆盖区域，参考准许成本加合理收益，现核定了部分存在弃风、弃光问题地区规划内的风电、光伏发电最低保障收购年利用小时数（详见附表）。最低保障收购年利用小时数将根据新能源并网运行、成本变化等情况适时调整。

二、各有关省（区、市）能源主管部门和经济运行主管部门要严格落实规划内的风电、光伏发电保障性收购电量，认真落实《国家能源局关于做好"三北"地区可再生能源消纳工作的通知》以及优先发电、优先购电相关制度的有关要求，按照附表核定最低保障收购年利用小时数并安排发电计划，确保最低保障收购年利用小时数以内的电量以最高优先等级优先发电。已安排 2016 年度发电计划的省（区、市）须按照附表核定最低保障收购年利用小时数对发电计划及时进行调整。

各省（区、市）主管部门和电网调度机构应严格落实《关于有序放开发用电计划的实施意见》中关于优先发电顺序的要求，严禁对保障范围内的电量采取由可再生能源发电项目向煤电等其他电源支付费用的方式来获取发电权，妥善处理好可再生能源保障性收购、调峰机组优先发电和辅助服务市场之间的关系，并与电力交易方案做好衔接。

三、保障性收购电量应由电网企业按标杆上网电价和最低保障收购年利用小时数全额结算，超出最低保障收购年利用小时数的部分应通过市场交易方式消纳，由风电、光伏发电企业与售电企业或电力用户通过市场化的方式进行交易，并按新能源标杆上网电价与当地煤电标杆上网电价（含脱硫、脱硝、除尘）的差额享受可再生能源补贴。

地方政府能源主管部门或经济运行主管部门应积极组织风电、光伏发电企业与售电企业或电力用户开展对接，确保最低保障收购年利用小时数以外的电量能够以市场化的方式全额消纳。

四、保障性收购电量为最低保障目标，鼓励各相关省（区、市）提出并落实更高的保障目标。目前实际运行小时数低于最低保障收购年利用小时数的省（区、市）应根据实际情况，制定具体工作方案，采取有效措施尽快确保在运行的风电、光伏电站达到最低保障收购年利用小时数要求。具体工作方案应向全社会公布并抄送国家发展改革委和国家能源局。

除资源条件影响外，未达到最低保障收购年利用小时数要求的省（区、市），不得再新

开工建设风电、光伏电站项目（含已纳入规划或完成核准的项目）。

未制定保障性收购要求的地区应根据资源条件按标杆上网电价全额收购风电、光伏发电项目发电量。未经国家发改委、国家能源局同意，不得随意设定最低保障收购年利用小时数。

五、各省（区、市）有关部门在制定发电计划和电量交易方案时，要充分预留风电和光伏发电保障性收购电量空间，不允许在月度保障性收购电量未完成的情况下结算市场交易部分电量，已经制定的市场交易机制需落实保障月度保障性电量的要求。

电网企业（电力交易机构）应将各风电、光伏发电项目的全年保障性收购电量根据历史和功率预测情况分解到各月，并优先结算当月的可再生能源保障性收购电量，月度保障性收购电量结算完成后再结算市场交易部分电量，年终统一清算。

六、风电、光伏发电企业要协助各省级电网企业或地方电网企业及电力交易机构按国家有关规定对限发电量按月进行统计。对于保障性收购电量范围内的限发电量要予以补偿，电网企业协助电力交易机构根据《可再生能源发电全额保障性收购管理办法》（发改能源〔2016〕625号）的要求，按照风电、光伏发电项目所在地的标杆上网电价和限发电量明确补偿金额，同时要确定补偿分摊的机组，相关报表和报告按月报送国家能源局派出机构和省级经济运行主管部门备案并公示。电网企业应保留限电时段相关运行数据，以备监管机构检查。

各电网企业于2016年6月30日前与按照可再生能源开发利用规划建设、依法取得行政许可或者报送备案、符合并网技术标准的风电、光伏发电企业签订2016年度优先发电合同，并于每年年底前签订下一年度的优先发电合同。

七、国务院能源主管部门派出机构会同省级能源主管部门和经济运行主管部门要加强对可再生能源发电全额保障性收购执行情况的监管和考核工作，定期对电网企业与风电、光伏发电项目企业签订优先发电合同和执行可再生能源发电全额保障性收购情况进行专项监管，对违反《可再生能源发电全额保障性收购管理办法》（发改能源〔2016〕625号）和本通知要求的要按规定采取监管措施，相关情况及时报国家发展改革委和国家能源局。

落实可再生能源发电全额保障性收购制度是电力体制改革工作的一项重要任务，也是解决弃风、弃光限电问题和促进可再生能源持续健康发展的重要措施。各部门要按照上述要求认真做好可再生能源发电全额保障性收购工作，确保弃风、弃光问题得到有效缓解。

附件：1. 风电重点地区最低保障收购年利用小时数核定表

2. 光伏发电重点地区最低保障收购年利用小时数核定表

国家发展改革委

国家能源局

2016年5月27日

附录 1-9

国家能源局关于印发太阳能发电发展"十二五"规划的通知

国能新能〔2012〕194 号

各省、自治区、直辖市、新疆生产建设兵团发展改革委(能源局),国家电网公司、南方电网公司,各有关能源企业,水电水利规划总院,各可再生能源学会、协会:

为促进太阳能发电产业持续健康发展,国家能源局根据《可再生能源发展"十二五"规划》,组织编制了《太阳能发电发展"十二五"规划》,现印发你们,并就有关事项通知如下:

一、加强规划指导,优化建设布局。各地能源主管部门根据本规划要求,完善本地区太阳能发电规划目标、布局和开发时序,有序推进太阳能发电项目建设。

二、立足就地消纳,优先分散利用。太阳能发电项目开发要综合考虑太阳能资源、承载物(或土地)资源及并网运行条件等,所发电量立足就地消纳平衡,优先发展分布式太阳能发电。

三、加强电网建设,落实消纳市场。电网企业要加强配套电网建设,优化电网运行,加强电力需求侧管理,建立太阳能发电综合技术支持体系,提高适应太阳能发电并网运行的系统调节能力,保障太阳能发电并网运行和高效利用。

四、加强建设运行管理,提高技术水平。项目单位要充分发挥项目建设和运行的主体作用,高度重视工程质量,全面加强项目建设运行管理,鼓励开展多种技术和运营方式的创新。

五、加强规划评估,适时调整完善。在规划实施过程中,适时开展太阳能发电规划评估,根据发展形势对规划进行必要的修订和调整。

国家能源局
二〇一二年七月七日

附录 1-10

国家能源局关于进一步落实分布式光伏发电
有关政策的通知

国能新能〔2014〕406号

各省（区、市）发展改革委（能源局）、新疆生产建设兵团发展改革委，各派出机构，国家电网公司、南方电网公司、内蒙古电力（集团）有限公司，华能集团、大唐集团、华电集团、国电集团、中国电力投资集团、神华集团公司、国家开发投资公司、中国节能环保集团公司、中国广核集团公司，水电水利规划设计总院、电力规划设计总院：

《国务院关于促进光伏产业健康发展的若干意见》（国发〔2013〕24号）发布以来，各地区积极制定配套政策和实施方案，有力推动了分布式光伏发电在众多领域的多种方式利用，呈现出良好发展态势。但是各地区还存在不同程度的政策尚未完全落实、配套措施缺失、工作机制不健全等问题。为破解分布式光伏发电应用的关键制约，大力推进光伏发电多元化发展，加快扩大光伏发电市场规模，现就进一步落实分布式光伏发电有关政策通知如下：

一、高度重视发展分布式光伏发电的意义。光伏发电是我国重要的战略性新兴产业，大力推进光伏发电应用对优化能源结构、保障能源安全、改善生态环境、转变城乡用能方式具有重大战略意义。分布式光伏发电应用范围广，在城乡建筑、工业、农业、交通、公共设施等领域都有广阔应用前景，既是推动能源生产和消费革命的重要力量，也是促进稳增长调结构促改革惠民生的重要举措。各地区要高度重视发展分布式光伏发电的重大战略意义，主动作为，创新机制，全方位推动分布式光伏发电应用。

二、加强分布式光伏发电应用规划工作。各地区要将光伏发电纳入能源开发利用和城镇建设等相关规划，省级能源主管部门要组织工业企业集中的市县及各类开发区，系统开展建筑屋顶及其他场地光伏发电应用的资源调查工作，综合考虑屋顶面积、用电负荷等条件，编制分布式光伏发电应用规划，结合建设条件提出年度计划。各新能源示范城市、绿色能源示范县、新能源应用示范区、分布式光伏发电应用示范区要制定分布式光伏发电应用规划，并按年度落实重点建设项目。优先保障各类示范区和其他规划明确且建设条件落实的项目的年度规模指标。

三、鼓励开展多种形式的分布式光伏发电应用。充分利用具备条件的建筑屋顶（含附属空闲场地）资源，鼓励屋顶面积大、用电负荷大、电网供电价格高的开发区和大型工商企业率先开展光伏发电应用。鼓励各级地方政府在国家补贴基础上制定配套财政补贴政策，并且对公共机构、保障性住房和农村适当加大支持力度。鼓励在火车站（含高铁站）、高速公路服务区、飞机场航站楼、大型综合交通枢纽建筑、大型体育场馆和停车场等公共设施系统推广光伏发电，在相关建筑等设施的规划和设计中将光伏发电应用作为重要元素，鼓励大型企业集团对下属企业统一组织建设分布式光伏发电工程。因地制宜利用废弃土地、荒山荒坡、农业大棚、滩涂、鱼塘、湖泊等建设就地消纳的分布式光伏电站。鼓励分布式光伏发电与农户扶贫、新农村建设、农业设施相结合，促进农村居民生活改善和农业农村发展。对各类自发自用为主的分布式光伏发电项目，在受到建设规模指标限制时，省级能源主管部门应及时调剂解决或向国家能源局申请追加规模指标。

四、加强对建筑屋顶资源使用的统筹协调。鼓励地方政府建立光伏发电应用协调工作机制，引导建筑业主单位（含使用单位）自建或与专业化企业合作建设屋顶光伏发电工程，主动协调并网接入、项目备案、建筑管理等工作。对屋顶面积达到一定规模且适宜光伏发电应用的新建和改扩建建筑物，应要求同步安装光伏发电设施或预留安装条件。政府投资或财政补助的公共建筑、保障性住房、新城镇和新农村建设，应优先考虑光伏发电应用。地方政府可根据本地实际，通过制定示范合同文本等方式，引导区域内企业建立规范的光伏发电合同能源管理服务模式。地方政府可将建筑光伏发电应用纳入节能减排考核及奖惩制度，消纳分布式光伏发电量的单位可按折算的节能量参与相关交易。鼓励分布式光伏发电项目根据《温室气体自愿减排交易管理暂行办法》参与国内自愿碳减排交易。

五、完善分布式光伏发电工程标准和质量管理。加强光伏产品、光伏发电工程和建筑安装光伏发电设施的安全性评价和管理工作，对载荷校核、安装方式、抗风、防震、消防、避雷等要严格执行国家标准和工程规范。并网运行的光伏发电项目和享受各级政府补贴的非并网独立光伏发电项目，须采用经国家认监委批准的认证机构认证的光伏产品。建设单位进行设备的采购招标时，应明确要求采用获得认证的光伏产品，施工单位应具备相应的资质要求。各地区的市县（区）政府要建立建筑光伏发电应用的统筹协调管理工作机制，加强分布式光伏发电项目的质量管理和安全监督。各级地方政府不得随意设置审批和收费事项，不得限制符合国家标准和市场准入条件的产品进入本地市场，不得向项目单位提出采购本地产品的不合理要求，不得以各种方式为低劣产品提供市场保护。

六、建立简便高效规范的项目备案管理工作机制。各级能源主管部门要抓紧制定完善分布式光伏发电项目备案管理的工作细则，督促市县（区）能源主管部门设立分布式光伏发电项目备案受理窗口，建立简便高效规范的工作流程，明确项目备案条件和办理时限，并向社会公布。鼓励市县（区）政府设立"一站式"管理服务窗口，建立多部门高效协调的管理工作机制，并与电网企业衔接好项目接网条件和并网服务。对个人利用住宅（或个人所有的营业性建筑）建设的分布式光伏发电项目，电网企业直接受理并网申请后代个人向当地能源主管部门办理项目备案。

七、完善分布式光伏发电发展模式。利用建筑屋顶及附属场地建设的分布式光伏发电项目，在项目备案时可选择"自发自用、余电上网"或"全额上网"中的一种模式。"全额上网"项目的全部发电量由电网企业按照当地光伏电站标杆上网电价收购。已按"自发自用、余电上网"模式执行的项目，在用电负荷显著减少（含消失）或供用电关系无法履行的情况下，允许变更为"全额上网"模式，项目单位要向当地能源主管部门申请变更备案，与电网企业签订新的并网协议和购售电合同，电网企业负责向财政部和国家能源局申请补贴目录变更。在地面或利用农业大棚等无电力消费设施建设、以35千伏及以下电压等级接入电网（东北地区66千伏及以下）、单个项目容量不超过2万千瓦且所发电量主要在并网点变电台区消纳的光伏电站项目，纳入分布式光伏发电规模指标管理，执行当地光伏电站标杆上网电价，电网企业按照《分布式发电管理暂行办法》的第十七条规定及设立的"绿色通道"，由地级市或县级电网企业按照简化程序办理电网接入并提供相应并网服务。

八、进一步创新分布式光伏发电应用示范区建设。继续推进分布式光伏发电应用示范区建设，重点开展发展模式、投融资模式及专业化服务模式创新。在示范区探索分布式光伏发电区域电力交易试点，允许分布式光伏发电项目向同一变电台区的符合政策和条件的电力用户直接售电，电价由供用电双方协商，电网企业负责输电和电费结算。鼓励示范区政府与银行等金融机构合作开展金融服务创新试点，通过设立公共担保基金、公共资金池等方式为本地区光伏发电项目提供融资服务。各省级能源主管部门组织具备条件的地区提出示范区实施方案报国家能源局，国家能源局会同有关部门研究确定有关政策条件后指导示范区组织实施。对示范区内的分布式光伏发电项目（含就近消纳的分布式光伏电站），可按照"先备案，后追加规模指标"方式管理，以支持示范区建设持续进行。

九、完善分布式光伏发电接网和并网运行服务。在市县（区）电网企业设立分布式光伏发电"一站式"并网服务窗口，明确办理并网手续的申请条件、工作流程、办理时限，并在电网企业相关网站公布。对法人单位申请并网的光伏发电项目，电网企业应及时出具项目接入电网意见函，在项目完成备案后开展相关配套并网工作，对个人利用住宅（或个人所有的营业性建筑）建设的分布式光伏发电项目，电网企业直接受理并及时开展相关并网服务。电网企业应按规定的并网点及时完成应承担的接网工程，在符合电网运行安全技术要求的前提下，尽可能在用户侧以较低电压等级接入，允许内部多点接入配电系统，避免安装不必要的升压设备。项目单位和电网企业要相互配合，如对接网方式存在争议，可申请国家能源局派出机构协调。电网企业提供的电能计量表应可明确区分项目总发电量、"自发自用"电量（包括合同能源服务方式中光伏企业向电力用户的供电量）和上网电量，并具备向电力运行调度机构传送项目运行信息的功能。

十、加强配套电网技术和管理体系建设。各级电网企业在进行配电网规划和建设时，要充分考虑当地分布式光伏发电的发展潜力、规划和建设情况，采用相应的智能电网技术、配置相应的安全保护和运行调节设施。对分布式光伏发电规模大的新能源示范城市、绿色能源示范县、分布式光伏发电应用示范区，应同步制定相应的智能配电网建设方案，建设双向互动、控制灵活、安全可靠的配电网系统。建立包含分布式光伏发电功率预测和实时运行监测等功能的配电网运行信息管理系统，开展需求侧响应负荷管理，对区域内的分布式光伏发电实现实时动态监控和发输用一体化控制。鼓励探索微电网技术并在相对独立的区域应用，提高局部电网接纳高比例分布式光伏发电的能力。

十一、完善分布式光伏发电的电费结算和补贴拨付。各电网企业按月（或双方约定）与分布式光伏发电项目单位（含个人）结算电费和转付国家补贴资金，要做好分布式光伏发电的发电量预测，按分布式光伏发电项目优先原则做好补贴资金使用预算和计划，保障分布式光伏发电项目的国家补贴资金及时足额转付到位。电网企业应按照有关规定配合当地税务部门处理好购买分布式光伏发电项目电力产品发票开具和税款征收问题。对已备案且符合年度规模管理的项目，电网企业应做好项目电费结算和补贴发放情况的统计，并按要求向国家和省级能源主管部门及国家能源局派出机构报送相关信息。项目并网验收后，电网企业代理按季度向财政部和国家能源局上报项目补贴资格申请。

十二、创新分布式光伏发电融资服务。鼓励银行等金融机构结合分布式光伏发电的特点和融资需求，对分布式光伏发电项目提供优惠贷款，采取灵活的贷款担保方式，探索以项目售电收费权和项目资产为质押的贷款机制。鼓励银行等金融机构与地方政府合作建立分布式光伏发电项目融资服务平台，与光伏发电骨干企业建立银企战略合作关系，探索对有效益、有市场、有订单、有信誉的"四有企业"实行封闭贷款。鼓励地方政府结合民生项目对分布式光伏发电提供贷款贴息政策。鼓励采用融资租赁方式为光伏发电提供一体化融资租赁服务，鼓励各类基金、保险、信托等与产业资本结合，探索建立光伏发电投资基金，鼓励担保机构对中小企业建设分布式光伏开展信用担保，在支农金融服务中开展支持光伏入户和农业设施光伏利用业务。建立以个人收入等为信用条件的贷款机制，逐步推行对信用度高的个人安装分布式光伏发电设施提供免担保贷款。

十三、完善产业体系和公共服务。通过市场机制培育分布式光伏发电系统规划设计、工程建设、评估认证、运营维护等环节的专业化服务能力。鼓励技术先进、投资能力强、经营规范的企业按照统一标准规范开展项目设计、施工、建设、管理及运营一体化服务，建立网络化的营销和技术服务体系。完善光伏发电工程设计、施工和运行维护的从业资格认证制度，健全相关从业机构和企业的资信管理体系。建立光伏产业监测和预警机制，及时发布技术、市场、产能、质量等信息和预警预报，引导行业理性健康发展。

十四、加强信息统计和监测体系建设。国家能源局建立并完善覆盖光伏发电项目备案、接网申请、建设进度、并网容量、发电量、利用方式等情况的信息管理系统，委托国家可再生能源信息管理中心（依托中国水电水利规划设计总院）管理。各市县（区）能源主管部门按月在信息管理系统填报项目备案情况，各省级能源主管部门及时督促并汇总，国家能源局派出机构及时查询跟踪情况。国家电网公司、南方电网公司等电网企业按月进行接网申请、并网容量、发电量信息、电费结算、补贴发放等情况的信息统计，按月报送国家能源局并抄送国家可再生能源信息管理中心。各省级能源主管部门按季度在信息管理系统报送项目备案、建设和运行的汇总信息，按半年、全年向国家能源局上报发展情况的总结报告。国家可再生能源信息管理中心按季度、半年、全年向国家能源局报送全国光伏发电统计及评价报告。

十五、加强政策落实的监督检查和市场监管。国家能源局派出机构会同地方能源主管部门等加强分布式光伏发电相关国家和地方政策落实的监督检查。国家能源局派出机构负责对分布式光伏发电的并网安全进行监管，电网企业应配合做好安全监管的技术支持工作。建立对电网企业的接网服务、接入方案、并网运行、电能计量、电量收购、电费结算、补贴资金发放各环节进行全程监管的工作机制。加强对分布式光伏发电合同能源服务以及电力交易的监管，相关方发生争议时，可向国家能源局派出机构申请协调，也可通过12398举报投诉电话反映，国家能源局派出机构应会同当地能源主管部门协调解决。如电网公司未按照规定接入和收购光伏发电的电量，按照《可再生能源法》第二十九条规定承担法律责任。国家能源局派出机构会同省级能源主管部门对分布式光伏发电开展专项监管，按半年、全年向国家能源局上报专项监管报告，并以适当方式向社会公布，发现重大问题及时上报。

国家能源局
2014 年 9 月 2 日

附录 1-11

国家能源局关于印发
《太阳能发展"十三五"规划》的通知

国能新能［2016］354 号

各省（区、市）发展改革委（能源局）、新疆生产建设兵团发展改革委，国家能源局各派出机构；国家电网公司、南方电网公司，中核集团、华能集团、大唐集团、华电集团、国电集团、国电投集团、三峡集团、神华集团、中节能集团、中电建集团、中能建集团、中广核集团，各地方电网企业，各太阳能领域相关企业、研究机构、行业协会：

为促进太阳能产业持续健康发展，加快太阳能多元化应用，推动建设清洁低碳、安全高效的现代能源体系，按照《可再生能源法》要求，根据《能源发展"十三五"规划》、《电力发展"十三五"规划》和《可再生能源发展"十三五"规划》，将编制的《太阳能发展"十三五"规划》印发你们，请结合实际贯彻落实。

附件：太阳能发展"十三五"规划

国家能源局
2016 年 12 月 8 日

附录 1-12

关于分布式光伏发电实行按照电量
补贴政策等有关问题的通知

财建〔2013〕390 号

各省、自治区、直辖市、计划单列市财政厅（局），国家电网公司、中国南方电网有限责任公司：

为贯彻落实《国务院关于促进光伏产业健康发展的若干意见》（国发〔2013〕24 号），现将分布式光伏发电项目按电量补贴等政策实施办法通知如下：

一、分布式光伏发电项目按电量补贴实施办法

（一）项目确认。国家对分布式光伏发电项目按电量给予补贴，补贴资金通过电网企业转付给分布式光伏发电项目单位。申请补贴的分布式光伏发电项目必须符合以下条件：

1. 按照程序完成备案。具体备案办法由国家能源局另行制定。

2. 项目建成投产，符合并网相关条件，并完成并网验收等电网接入工作。

符合上述条件的项目可向所在地电网企业提出申请，经同级财政、价格、能源主管部门审核后逐级上报。国家电网公司、中国南方电网有限责任公司（以下简称南方电网公司）经营范围内的项目，由其下属省（区、市）电力公司汇总，并经省级财政、价格、能源主管部门审核同意后报国家电网公司和南方电网公司。国家电网公司和南方电网公司审核汇总后报财政部、国家发展改革委、国家能源局。地方独立电网企业经营范围内的项目，由其审核汇总，报项目所在地省级财政、价格、能源主管部门，省级财政、价格、能源管理部门审核后报财政部、国家发展改革委、国家能源局。财政部、国家发展改革委、国家能源局对报送项目组织审核，并将符合条件的项目列入补助目录予以公告。国家电网公司、南方电网公司、地方独立电网企业经营范围内电网企业名单详见附件。享受金太阳示范工程补助资金、太阳能光电建筑应用财政补助资金的项目不属于分布式光伏发电补贴范围。光伏电站执行价格主管部门确定的光伏发电上网电价，不属于分布式光伏发电补贴范围。

（二）补贴标准。补贴标准综合考虑分布式光伏上网电价、发电成本和销售电价等情况确定，并适时调整。具体补贴标准待国家发展改革委出台分布式光伏上网电价后再另行发文明确。

（三）补贴电量。电网企业按用户抄表周期对列入分布式光伏发电项目补贴目录内的项目发电量、上网电量和自发自用电量等进行抄表计量，作为计算补贴的依据。

（四）资金拨付。中央财政根据可再生能源电价附加收入及分布式光伏发电项目预计发电量，按季向国家电网公司、南方电网公司及地方独立电网企业所在省级财政部门预拨补贴资金。电网企业根据项目发电量和国家确定的补贴标准，按电费结算周期及时支付补贴资金。具体支付办法由国家电网公司、南方电网公司、地方独立电网企业制定。国家电网公司和南方电网公司具体支付办法报财政部备案，地方独立电网企业具体支付办法报省级财政部门备案。

年度终了后 1 个月内，国家电网公司、南方电网公司对经营范围内的项目上年度补贴资

金进行清算，经省级财政、价格、能源主管部门审核同意后报财政部、国家发展改革委、国家能源局。地方独立电网企业对经营范围内的项目上年度补贴资金进行清算，由省级财政部门会同价格、能源主管部门核报财政部、国家发展改革委、国家能源局。财政部会同国家发展改革委、国家能源局审核清算。

二、改进光伏电站、大型风力发电等补贴资金管理

除分布式光伏发电补贴资金外，光伏电站、大型风力发电、地热能、海洋能、生物质能等可再生能源发电的补贴资金继续按《财政部　国家发展改革委　国家能源局关于印发〈可再生能源电价附加补助资金管理暂行办法〉的通知》（财建〔2012〕102 号，以下简称《办法》）管理。为加快资金拨付，对有关程序进行简化。

（一）国家电网公司和南方电网公司范围内的并网发电项目和接网工程，补贴资金不再通过省级财政部门拨付，中央财政直接拨付给国家电网公司、南方电网公司。年度终了后 1 个月内，各省（区、市）电力公司编制上年度并网发电项目和接网工程补贴资金清算申请表，经省级财政、价格、能源主管部门审核后，报国家电网公司、南方电网公司汇总。国家电网公司、南方电网公司审核汇总后报财政部、国家发展改革委和国家能源局。地方独立电网企业仍按《办法》规定程序申请补贴资金。

（二）按照《可再生能源法》，光伏电站、大型风力发电、地热能、海洋能、生物质能等可再生能源发电补贴资金的补贴对象是电网企业。电网企业要按月与可再生能源发电企业根据可再生能源上网电价和实际收购的可再生能源发电上网电量及时全额办理结算。

（三）公共可再生能源独立电力系统项目补贴资金，于年度终了后由省级财政、价格、能源主管部门随清算报告一并提出资金申请。

（四）中央财政已拨付的可再生能源电价附加资金，各地财政部门应于 8 月底全额拨付给电网企业。2012 年补贴资金按照《办法》进行清算。2013 年以后的补贴资金按照本通知拨付和清算。

三、本通知自印发之日起实施。

财政部

2013 年 7 月 24 日

附录 1-13

国家林业局
《关于光伏电站建设使用林地有关问题的通知》

林资发〔2015〕153 号

各省、自治区、直辖市林业厅（局），内蒙古、吉林、龙江、大兴安岭森工（林业）集团公司，新疆生产建设兵团林业局：

　　为支持光伏产业健康发展，规范光伏电站建设使用林地，现就有关问题通知如下：

　　一、各类自然保护区、森林公园（含同类型国家公园）、濒危物种栖息地、天然林保护工程区以及东北内蒙古重点国有林区，为禁止建设区域。其他生态区位重要、生态脆弱、地形破碎区域，为限制建设区域。

　　二、光伏电站的电池组件阵列禁止使用有林地、疏林地、未成林造林地、采伐迹地、火烧迹地，以及年降雨量 400 毫米以下区域覆盖度高于 30％的灌木林地和年降雨量 400 毫米以上区域覆盖度高于 50％的灌木林地。

　　三、对于森林资源调查确定为宜林地而第二次全国土地调查确定为未利用地的土地，应采用"林光互补"用地模式，"林光互补"模式光伏电站要确保使用的宜林地不改变林地性质。

　　四、光伏电站建设必须依法办理使用林地审核审批手续。采用"林光互补"用地模式的，电池组件阵列在施工期按临时占用林地办理使用林地手续，运营期双方可以签订补偿协议，通过租赁等方式使用林地。

　　各地林业主管部门要加强监管，定期检查，确保光伏电站建设依法依规使用林地。积极探索支持光伏电站建设与防沙治沙、宜林地造林等相结合。

国家林业局
2015 年 11 月 27 日

第2章

分布式光伏电站系统

分布式光伏电站系统通常包括太阳能电池组件、逆变器、汇流箱、并网柜等，其中太阳能电池组件是光伏发电系统中的核心部分，其作用是把太阳能直接转化为电能供负载使用或存储于蓄电池内备用。目前光伏发电系统上应用的光电转换器件主要是硅光伏电池和化合物半导体薄膜电池，包括单晶硅电池、多晶硅电池、碲化镉薄膜电池、铜铟镓硒薄膜电池、砷化镓电池，其中硅光伏电池的生产工艺技术成熟、转换效率高、成本低，应用最为广泛。

本章将从太阳能电池应用的角度出发，主要阐述太阳能电池组件的分类、特性、结构、工艺和应用设计，同时对光伏系统中用到的蓄电技术、控制器、逆变器和分布式光伏发电的并网流程等内容进行综述性介绍。

2.1 太阳能电池组件

2.1.1 太阳能电池组件分类[1]

太阳能电池组件的分类依据有以下几种：按照太阳能电池的材料划分、按照封装类型划分、按照透光度划分、按照和建筑物结合的方式划分，如图2-1。

2.1.2 太阳能电池组件结构

单体电池的电压在一般在0.6V左右，功率大概4.5W，难以满足应用要求，通常的做法是把多片单体电池以串联或并联的方式封装成组件，以特定的电压和功率输出。如上节所说，可以根据应用需求封装成不同类型的组件，晶硅电池用晶体硅片制作，硅片很薄、很脆，因此晶硅电池组件一般采用刚性封装，结构如图2-2所示。薄膜光伏电池根据衬底类型的不同，用柔性衬底时可采用柔性封装，如图2-3，采用玻璃或铁板等刚性衬底时可做刚性封装，其结构与晶硅电池组件类似。对于有透光性要求的组件，则可以采用双玻封装，即上下盖板都选用超白玻璃，如图2-4所示。

2.1.3 太阳能电池组件封装材料

组件的寿命主要受封装材料的寿命、封装工艺和使用环境的影响，其中封装材料的寿命是决定光伏组件寿命的重要因素之一。光伏组件结构通常为盖板、黏结剂、电池片、背板、边框和接线盒。

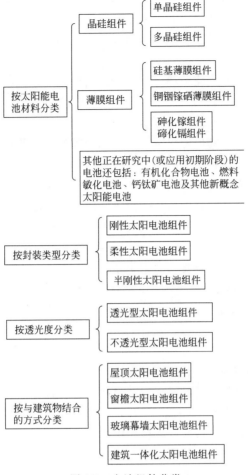

图 2-1 电池组件分类

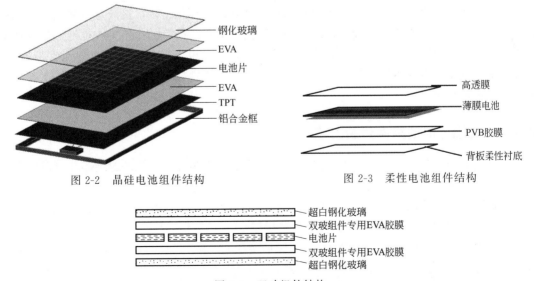

图 2-2 晶硅电池组件结构   图 2-3 柔性电池组件结构

图 2-4 双玻组件结构

（1）上盖板。上盖板覆盖在光伏电池组件的上表面，是电池组件的防护层，因此上盖板要同时具备坚固耐用、化学性能稳定和透光率高等特点，既能避免风沙刻蚀和外力冲击造成的组件损坏，又能避免化学腐蚀等环境因素造成的性能衰退，还能把因吸收、反射等造成的光能损耗降低到最小。

可以作为上盖板的材料有钢化玻璃、聚丙烯酸类树脂、氟化乙烯丙烯、透明聚酯、聚碳酸酯等。其中，低铁钢化玻璃具有良好的力学性能和化学稳定性，对可见光的透过率可达90％以上，是目前应用最为普遍的上盖板材料。

（2）黏结剂。在进行太阳能电池封装时，为达到隔离大气的目的，通常采用黏结剂把太阳能电池片密封固定在上下盖板中间，然后通过热压黏合为一体。该方法简单易行，适合工业化生产，是太阳能电池公司目前普遍采用的电池封装方法。

（3）背板。晶硅电池组件的背板通常为白色，以利于电池片之间空隙处的光反射到前表面，有部分光会再反射到太阳能电池，增加了太阳能电池对光能的利用，有利于光电转换效率的提高。

对光伏电池组件的背板的性能要求通常包括：

① 具有良好的耐气候性能；

② 层压温度下不起任何变化；

③ 与粘接材料结合牢固；

④ 较低的水汽透过率；

⑤ 一定的电学耐绝缘性能。

目前，光伏电池组件的背板材料通常为钢化玻璃、铝合金、有机玻璃、TPT 等，其中，TPT 复合膜是目前应用较多的背板材料。

（4）边框。平板组件必须有边框，以保护组件和方便组件的连接固定。边框的主要材料有不锈钢、铝合金、橡胶、增强塑料等。通常用硅胶作为封边黏结剂增强边框与组件之间的黏结强度，同时对组件的边缘进行密封。对黏结剂的要求包括密封性好和抗紫外线辐照、老化能力强。

（5）接线盒。组件的正负极在接线盒内与设计好的电缆相连接，接线盒对接线起到保护作用。有时也会将旁路二极管接入接线盒的线路内。旁路二极管的作用是在电池发生损坏或故障，而变为电阻时，电流自动从旁路二极管通过，避免电流经过损坏的电池而大量发热。一般每串联的十片电池需要并联一个旁路二极管。接线固定好后，接线盒内应用防水胶填充满，以防止水汽侵入。

2.1.4　太阳能电池组件封装工艺

组件线又叫封装线，封装是太阳能电池生产中的关键步骤，电池的封装不仅可以使电池的寿命得到保证，而且还增强了电池的抗击强度。

流程图：电池检测（分片）——正面焊接——检验——背面串接——检验——敷设（玻璃清洗、材料切割、玻璃预处理、敷设）——层压——去毛边（去边、清洗）——装边框（涂胶、装角键、冲孔、装框、擦洗余胶）——焊接接线盒——高压测试——组件测试——外观检验——包装入库。

（1）电池检测。由于电池片制作条件的随机性，生产出来的电池性能不尽相同，所以为了有效地将性能一致或相近的电池组合在一起，应根据其性能参数进行分类。电池测试即通过测试电池的输出参数（电流和电压）的大小对其进行分类，减小组件中电池片的失配，以提高电池的利用率。

（2）正面焊接。是将汇流带焊接到电池正面（负极）的主栅线上，汇流带为镀锡的铜带，我们使用的焊接机可以将焊带以多点的形式点焊在主栅线上。焊接用的热源为一个红外灯（利用红外线的热效应）。焊带的长度约为电池边长的 2 倍。多出的焊带在背面焊接时与后面的电池片的背面电极相连。

（3）背面串接。背面焊接是将 60 片电池串接在一起形成一个组件串。将"前面电池"的正面电极（负极）焊接到"后面电池"的背面电极（正极）上，这样依次将 60 片串接在一起并在组件串的正负极焊接出引线。

（4）层压敷设。背面串接好且经过检验合格后，将组件串、玻璃和切割好的 EVA、玻璃纤维、背板按照一定的层次敷设好，准备层压。玻璃事先涂一层试剂（primer）以增加玻璃和 EVA 的粘接强度。敷设时保证电池串与玻璃等材料的相对位置，调整好电池间的距离，为层压打好基础（敷设层次：由下向上：玻璃、EVA、电池、EVA、玻璃纤维、背板）。

（5）组件层压。将敷设好的电池放入层压机内，通过抽真空将组件内的空气抽出，然后加热使 EVA 熔化，将电池、玻璃和背板粘接在一起；最后冷却取出组件。层压工艺是组件生产的关键一步，层压温度、层压时间根据 EVA 的性质决定。

（6）修边。层压时 EVA 熔化后，由于压力而向外延伸固化形成毛边，所以层压完毕后应将其切除。

（7）装框。给玻璃组件装铝框，增加组件的强度，进一步的密封电池组件，延长电池的使用寿命。边框和玻璃组件的缝隙用硅酮树脂填充。各边框间用角键连接。

（8）焊接接线盒。在组件背面引线处焊接一个盒子，以利于电池与其他设备或电池间的连接。

（9）高压测试。高压测试是指在组件边框和电极引线间施加一定的电压，测试组件的耐压性和绝缘强度，以保证组件在恶劣的自然条件（雷击等）下不被损坏。

（10）组件测试。测试的目的是对电池的输出功率进行标定，测试其输出特性，确定组件的质量等级。

（11）组件检测

① 外表面清洁干净。

② 无破碎、裂纹、针孔的单体电池。

③ 电池片崩边。崩边沿电池片厚度方向，深度不大于电池片厚度的 1/2，面积不大于 $2mm^2$ 的崩边，每片电池片不多于两处。

④ 电池片缺角。每片电池片，深度小于 1.5mm，长度小于 5mm 的缺角不得超过一处；深度小于 1mm，长度小于 3mm 的缺角不得超过两处。

⑤ 每块组件③＋④两项缺陷的总和不超过两片。

⑥ 组件电池片主栅与细栅线连处允许≤1mm 的断点，细栅线允许≤2mm 的脱落。断点与栅线脱落的总数不大于栅线总条数的 1/5。

⑦ 汇流条与焊带连接处，焊带超出汇流条、汇流条超出焊带 1mm 以下。

⑧ 电池片或焊带的间距离、电池片之间、电池片与汇流条之间、汇流条之间的距离要在 0.3mm 以上。

⑨ 电池片横排错位≤2mm；纵列间隙两端相差≤2mm；组件整体位移时两边电池片与玻璃边缘距离之差≤3mm。

⑩ 焊带与栅线之间不能有脱焊。

2.1.5 太阳能电池组件的输出特性[2]

太阳能电池组件把接收的光能转换成电能，其输出电流-电压的特性如图 2-5 所示。这个特性也称为 I-V 曲线。在图中标注的各点在标准状态下具有以下含义。

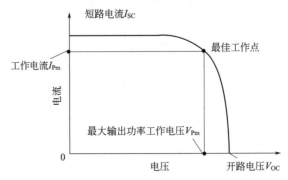

图 2-5　太阳能电池组件的输出电流-电压特性

最大输出功率（P_m）：最大输出工作电压（V_{Pm}）×最大输出工作电流（I_{Pm}）；

开路电压（V_{OC}）：正负极间为开路状态时的电压；

短路电流（I_{SC}）：正负极间为短路状态时流过的电流；

最大输出工作电压（V_{Pm}）：输出功率最大时的工作电压；

最大输出工作电流（I_{Pm}）：输出最大功率时的工作电流。

图中的最佳工作点是得到最大输出功率时的工作点，此时的最大输出功率 P_m 是 I_m 和 V_m 乘积。在实际的太阳能电池工作中，工作点与负载条件和辐射条件有关，所以工作点偏离最佳工作点。

由于光伏电池、组件的输出功率取决于太阳光照强度、太阳能光谱的分布和光伏电池的温度、阴影、晶体结构。因此光伏电池、组件的测量在标准条件下（STC）进行，测量条件被欧洲委员会定义为 101 号标准，其条件是：光谱辐照度为 $1000W/m^2$；光谱 AM1.5；电池温度 25℃。

这里 AM 是 Air Mass（气团）的缩写。它表示太阳光线射入地面所通过的大气量，也是假设正上方（太阳光线垂直）的日照射为 AM＝1 时，用其倍率表示的参数。如 AM 1.5 是光的通过距离为 1.5 倍，相当于太阳光线与地面夹角为 42°。如果 AM 变大，像早晨和傍晚那样短波长的光被大气吸收，则红光变多；如果 AM 变小，则蓝光增多。太阳能电池因其种类、构成的材料和制造方法不同，对光的波长灵敏度不同，所以必须测光谱分量（光谱分布）。

在该条件下，太阳能光伏、电池组件所输出的最大功率被称为峰值功率，其单位表示为瓦（W）。在很多情况下，太阳能电池的光照、温度都是不断变化的，所以组件的峰值功率通常用模拟仪测定并和国际认证机构的标准化的光伏电池进行比较。

（1）辐照度对光伏组件输出特性的影响。光伏组件的光电流与光照强度成正比，在光强由 $100\sim1000W/m^2$ 范围内，光电流始终随光强的增长而线性增长；而光照强度对电压的影响很小，在温度固定的条件下，当光照强度在 $400\sim1000W/m^2$ 范围内变化，光伏电池、组件的开路电压基本保持不变如图 2-6。所以，光伏电池的功率与光强也基本保持成正比。

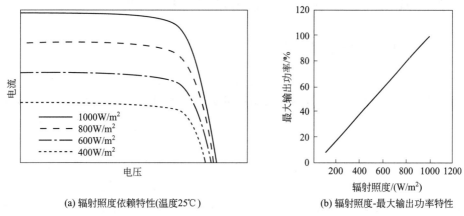

(a) 辐射照度依赖特性(温度25℃)　　　(b) 辐射照度-最大输出功率特性

图 2-6　辐射照度依赖特性和辐射照度-最大输出功率特性

（2）温度对光伏组件输出特性的影响。光伏组件温度较高时，工作效率下降。随着光伏电池温度的升高，开路电压减小，在 $20\sim100℃$ 范围，大约每升高 $1℃$，光伏电池的电压减小 $2mV$；而光电流随温度的升高略有上升，大约每升高 $1℃$ 电池的光电流增加千分之一。总的来说，温度每升高 $1℃$，功率减少 0.35%。这就是温度系数的基本概念，不同的光伏电池，温度系数也不一样，所以温度系数是光伏电池性能的评判标准之一。

另外，由于季节和温度的变化，输出功率也在变化。如果辐射照度相同，冬季比夏季输出功率大。辐射特性和温度特性如图 2-6 和图 2-7 所示。由图可见，组件温度不变、辐射照度变化的场合，短路电流（$L_{sc}-$）与辐射照度成正比，与之伴随的最大输出功率（P_m）与辐射照度大致成正比。当辐射照度不变、组件温度上升时，开路电压（V_{oc}）和最大输出功率（P_m）也下降。

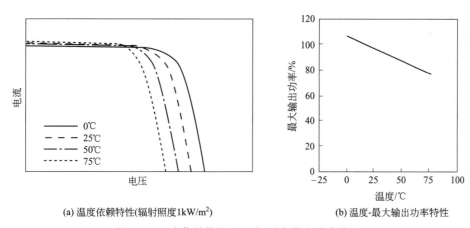

(a) 温度依赖特性(辐射照度1kW/m²)　　　(b) 温度-最大输出功率特性

图 2-7　温度依赖特性和温度-最大输出功率特性

（3）阴影对光伏组件输出特性的影响。阴影对光伏组件性能的影响不可低估，甚至光伏组件上的局部阴影也会引起输出功率的明显减少。所以要注意避免阴影的产生，及时清理组件表面，防止热斑效应的产生。一个单电池被完全遮挡时，太阳电池组件输出减少 75% 左右。虽然组件安装了二极管来减少阴影的影响，但如果低估局部阴影的影响，建成的光伏系统性能和投资收效都将大大降低。

2.2　分布式光伏发电系统控制器及逆变器[3~6]

2.2.1　光伏发电系统控制器

太阳能光伏发电系统分为独立型光伏发电系统和并网型光伏发电系统。在太阳能光伏发电系统中，接收太阳光并将太阳光转换成电能的装置是太阳电池，但将太阳光转换成电能时由于天气原因或其他因素的影响，太阳电池的输出电流并不是很稳定。直接供负载使用时将使负载非常不稳定，甚至会导致负载不能使用以及烧毁的情况。因此在太阳电池组件将光能转换成电能后，让电能经过蓄电池和充放电控制器以及其他电力部件后供负载使用。

独立运行的太阳能光伏发电系统使用时，白天日照充足，太阳电池组件产生电能过剩，蓄电池储存多余的电能。夜间或阴雨天没有太阳光时，要靠蓄电池储存和调节电能来供负载合理使用，以达到充放电的平衡，从而使系统效率最大。

控制器是光伏电站中的控制部分，是一个采用高速 CPU 微处理器和高精度 A/D 模数转换器的微机数据采集和监测控制系统。其主要功能是根据日照强弱及负荷的变化，不断对蓄电池组的工作状态进行切换和调节，使其在充电、放电或浮充电等多种工况下交替运行，从而保证光伏电站工作的连续性和稳定性；通过检测蓄电池组的荷电状态，发出蓄电池组继续充电、停止充电、继续放电、减少放电或停止放电的指令，保护蓄电池组不受过度充电和放电。

充放电控制器是太阳能独立光伏系统中至关重要的部件，它的运行状况直接影响整个电站的可靠性，是系统设计、生产和安装过程中需要特别注意的关键部分。

2.2.1.1　控制器控制充放电的基本原理

不同的蓄电池具有不同的充放电特性，因此也要有不同的控制策略。这里以光伏系统中常用的铅酸蓄电池为例来说明控制器的工作原理。

铅酸蓄电池的充电方式有很多种，例如浮充充电、限流恒压充电、递增电压充电等。其中使用最多的是限流恒压充电，充电时蓄电池的端电压变化图如图 2-8 所示。

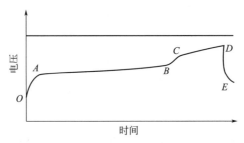

图 2-8　蓄电池充电过程

充电过程分为三个阶段。第一阶段，在活性物质微孔内形成的硫酸骤增，来不及向极板外扩散，因此电池电势增大，蓄电池端电压上升较快（OA 段）；第二阶段，随着活性物质微孔中硫酸比重的增加和向外扩散的速度逐渐趋向平衡，蓄电池端电压上升缓慢（AB 段）；第三阶段，电流使蓄电池中的水大量分解，在两个极板上开始产生大量的气体，这些气体是不良导体并且能够使蓄电池的内阻增大，蓄电池端电压继续上升，但上升的速度明显变慢

（CD 段）。在第三阶段之后，如果继续给蓄电池充电的话，将会由于过充电而损坏，影响蓄电池的使用寿命。根据这一原理，在控制器中设置电压测量和电压比较电路，通过对 D 点电压值的监测，即可判断蓄电池是否应该结束充电；这种控制方式就是电压型充电控制，比较器设置的 D 点电压称为"门限电压"或电压阀值。在此应要注意的是蓄电池在充电期间，其电解液温度会升高，由于蓄电池电压的温度效应，所以此时的阈值电压应根据检测到的温度而设定相关的补偿电压。

与充电过程类似，放电过程中蓄电池的端电压也是由三个阶段组成。第一阶段，放电开始时，短时间内蓄电池端电压快速下降（OA 段）；第二阶段，蓄电池端电压缓慢下降（AC 段）；第三阶段，蓄电池的端电压在极短的时间内快速降低（CD 段），如图 2-9 所示。由此可知，放电过程中，第二阶段的时间越长，平均电压就越高，其电压特性也就越好。根据这一原理，在控制器中设置电压测量和电压比较电路，通过检测出 D 点电压值，就可以判断蓄电池是否应该结束放电，这种控制方式就是电压型放电控制，D 点电压称为"门限电压"或"电压阀值"。

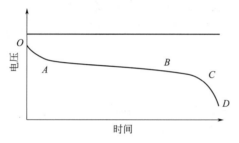

图 2-9　蓄电池的放电过程

充放电控制器主要由控制电路、开关元件和其他基本电子元件组成。开关元件包括充电开关、放电开关，充电开关用来切断或接通太阳电池组件和蓄电池，使太阳电池组件对蓄电池进行充电或避免蓄电池过充；放电开关用来切断或接通蓄电池和用电负载，使系统电压供负载使用或避免蓄电池过放。此处讲的充放电开关实际上是一个广义上的开关元件，它可以是一个继电器、三极管等元件，也可以是 MOS 管、晶闸管或是机械等类型的元件，用来切断或接通输电线路的元件。

控制器控制电路部分是整个光伏控制器的核心，控制电路部分一方面需提供控制电路所需的稳压电路，以稳定供给控制电路部分集成电路所需的电压，以保证集成电路正常工作；同时还需要检测蓄电池的端电压，根据蓄电池端电压与阈值电压的比较来决定是否切断或接通充电开关和放电开关，保证系统的正常运行。控制器主要参数特征如下。

（1）系统电压。系统电压也叫额定工作电压，是指光伏发电系统的直流工作电压，电压一般为 12V 和 24V，中、大功率控制器也有 48V、110V、220V 等。

（2）最大充电电流。最大充电电流是指太阳能电池元件或方阵输出的最大电流，根据功率大小分为 5A、6A、8A、10A、12A、15A、20A、30A、40A、50A、70A、100A、150A、200A、300A 等多种规格。有些厂家用太阳能电池元件最大功率来表示这一内容，间接地体现了最大充电电流这一技术参数。

（3）太阳能电池方阵输入路数。小功率光伏控制器一般都是单路输入，而大功率光伏控制器都是由太阳能电池方阵多路输入，一般大功率光伏控制器可输入 6 路，最多的可接入 12 路、18 路。

（4）电路自身损耗。控制器的电路自身损耗也是其主要技术参数之一，也叫空载损耗（静态电流）或最大自消耗电流。为了降低控制器的损耗，提高光伏电源的转换效率，控制器的电路自身损耗要尽可能低。控制器的最大自身损耗不得超过其额定充电电流的1%或0.4W。根据电路不同，自身损耗一般为5～20mA。

（5）蓄电池过充电保护电压（hvd）。蓄电池过充电保护电压也叫充满断开或过压关断电压，一般可根据需要及蓄电池类型的不同，设定在14.1～14.5V（12V系统）、28.2～29V（24V系统）和56.4～58V（48V系统）之间，典型值分别为14.4V、28.8V和57.6V。蓄电池充电保护的关断恢复电压（hvr）一般设定为：13.1～13.4V（12V系统）、26.2～26.8V（24V系统）和52.4～53.6V（48V系统）之间，典型值分别为13.2V、26.4V和52.8V。

（6）蓄电池的过放电保护电压（lvd）。蓄电池的过放电保护电压也叫欠压断开或欠压关断电压，一般可根据需要及蓄电池类型的不同，设定在10.8～11.4V（12V系统）、21.6～22.8V（24V系统）和43.2～45.6V（48V系统）之间，典型值分别为11.1V、22.2V和44.4V。蓄电池过放电保护的关断恢复电压（lvr）一般设定为：12.1～12.6V（12V系统）、24.2～25.2V（24V系统）和48.4～50.4V（48V系统）之间，典型值分别为12.4V、24.8V和49.6V。

（7）蓄电池充电浮充电压。蓄电池的充电浮充电压一般为13.7V（12V系统）、27.4V（24V系统）和54.8V（48V系统）。

（8）温度补偿。控制器一般都具有温度补偿功能，以适应不同的环境工作温度，为蓄电池设置更为合理的充电电压，控制器的温度补偿系数应满足蓄电池的技术发展要求，其温度补偿值一般为$-20～-40\text{mV}/\text{℃}$。

（9）工作环境温度。控制器的使用或工作环境温度范围随厂家不同一般在$-20～+50\text{℃}$之间。

（10）其他保护功能

① 控制器输入、输出短路保护功能。控制器的输入、输出电路都要具有短路保护电路，提供波保护功能。

② 防反充保护功能。控制器要具有防止蓄电池向太阳能电池反向充电的保护功能。

③ 极性反接保护功能。太阳能电池元件或蓄电池接入控制器，当极性接反时，控制器要具有保护电路的功能。

④ 防雷击保护功能。控制器输入端具有防雷击的保护功能，避雷器的类型和额定值应能确保吸收预期的冲击能量。

⑤ 耐冲击电压和冲击电流保护。在控制器的太阳能电池输入端施加1.25倍的标称电压持续一小时，控制器不应该损坏；将控制器充电回路电流达到标称电流的1.25倍并持续一小时，控制器也不应该损坏。

2.2.1.2 控制器的类型及特点

目前常用的光伏系统充放电控制器有串联控制器、旁路控制器、多阶控制器和脉冲型控制器等多种，它们各有特点，应用对象也不尽相同。

（1）串联控制器。控制器检测电路监控蓄电池端电压，当电池充满电，端电压达到对应的阈值时，串联控制器开关元件切断蓄电池充电回路，蓄电池停止充电；当蓄电池端电压下降到恢复充电的电压阈值时，开关元件在此接通蓄电池充电回路，恢复蓄电池充电，如图

2-10所示。串联控制器的优点是体积小、线路简单、价格便宜，但是由于控制用功率晶体管存在着管压降，当充电电压较低时会带来较大的能量损失。另外当控制元件断开时，输入电压将升高到发电单元开路电压的水平，因此串联控制器适用于千瓦级以下的光伏发电系统。

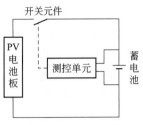

图 2-10　串联控制器
电路原理

（2）旁路控制器。控制器监测电路监控蓄电池端电压，当电池充满电端电压达到对应的阈值时，开关元件接通耗能负载，断开蓄电池回路，过充电流将被开关元件转移到耗能负载，将多余的功率转变为热能。当蓄电池端电压下降到恢复充电的电压阈值时，开关元件断开耗能负载，同时接通蓄电池充电回路。旁路控制器设计简单、价格便宜、充电回路损耗小，旁路控制器电路原理如图2-11，但是要求控制元件具有较大的电流通断能力。简单的旁路控制器主要用于千瓦级以下的光伏发电系统，高标准的旁路控制器也可用于较大功率的光伏电站。在多组太阳能电池板串联成的方阵里，通过旁路串联组中的一个或多个电池板实现对蓄电池充电电压的调节称为部分旁路控制，部分旁路控制器电路原理如图2-12所示。

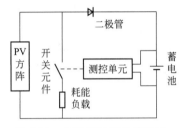

图 2-11　旁路控制器电路原理

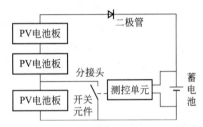

图 2-12　部分旁路控制器电路原理

（3）多阶控制器。多阶控制器多电路的核心部件是一个受充电电压控制的充电信号发生器。多阶控制器根据蓄电池的充电状态，控制器自动设定不同的充电电流：当蓄电池处于未充满状态时，允许仿真的电流全部流进蓄电池组；当蓄电池组接近充满时，控制器消耗掉一些仿真的输出功率，以便减少流进蓄电池的电流；当蓄电池组逐渐接近完全充满时，"涓流"充电渐渐停止，如图2-13所示。将多阶控制器原理应用到由多个子方阵组成的光伏电站，可形成多路控制，每一个子方阵所产生的电流成为多阶控制的每个充电电流阶梯。根据蓄电池组充电状态，控制器依次接通各个子方阵的输入，也可以逐个将各个子方阵的输入切换至耗能负载，这样就产生了大小不同的充电电流，如图2-14所示。为了充分利用太阳能，也可将子方阵的多余电能转接到次要用电负载。

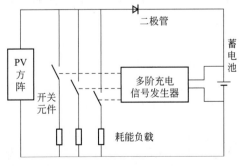

图 2-13　多阶控制器电路原理

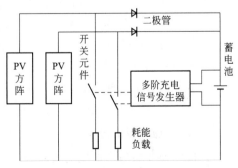

图 2-14　不同电流的多阶控制器

（4）脉冲控制器。脉冲控制器的核心部件是一个受充电电压调制的充电脉冲发生器，控制器以斩波方式工作，对蓄电池进行脉冲充电。开始充电时脉冲控制器以脉宽充电，随着充电电压的上升，充电脉冲宽度逐渐变窄，平均充电电流也逐渐减少，当充电电压达到预置电平时，充电脉冲宽度变为 0，充电终止，电路原理如图 2-15 所示。脉冲控制器充电方式合理、效率高，适合用于功率较大的光伏发电站。

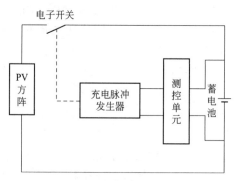

图 2-15　脉冲控制器电路原理

脉宽调制（PWM）控制器与脉冲控制器基本原理相同，主要区别是将充电脉冲发生器设计成充电脉宽调制器，使充电脉冲的平均充电电流的瞬时变化更符合蓄电池当前的荷电状态。使用交直流变换的 PWM 控制器还可以实现光伏电站的最大功率跟踪功能。因此，脉宽调制器可用于大型光伏电站，缺点是脉宽调制控制器自身将带来一定的损耗（大约 4%~8%）。

2.2.2　光伏系统逆变器

在电力电子中，把将交流电能变换成直流电能的过程称为整流，把完成整流功能的电路称为整流电路，把实现整流过程的装置称为整流设备或整流器。与之相对应，把将直流电能变换成交流电能的过程称为逆变，把完成逆变功能的电路称为逆变电路，把实现逆变过程的装置称为逆变设备或逆变器。

2.2.2.1　逆变器的工作原理

逆变器一般由升压回路和逆变桥式回路构成。升压回路把太阳电池的直流电压升压到逆变器输出控制所需的直流电压，MPPT 跟踪器保证光伏阵列产生的直流电能能最大程度地被逆变器所使用；逆变桥式回路则把升压后的直流电压转换成常用频率的交流电压和电流，保护功能电路在逆变器运行过程中监测运行状况，在非正常工作条件下，可触发内部继电器从而保护逆变器内部元器件免受损坏，内部结构如图 2-16 所示。

逆变器通过晶体管等开关元件有规则地重复开-关（ON-OFF），使直流输入变成交流输出，再通过高频脉宽调制（SPWM），使靠近正弦波两端的电压宽度变窄，正弦波中央的电压宽度变宽，并在半周期内始终让开关元件按一定频率朝一个方向动作，这样形成一个脉冲波列（拟正弦波），然后让脉冲波通过简单的滤波器形成一定电压和频率的正弦波。

2.2.2.2　逆变器的分类

（1）按照逆变器输出电能的去向分，可分为有源逆变器和无源逆变器。对于并网型光伏发电系统需要有源逆变器；凡将逆变器输出的电能输向某种用电负载的逆变器称为无源逆变

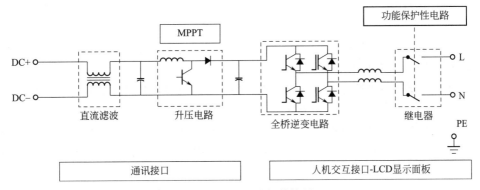

图 2-16　逆变器内部结构图

器，例如独立光伏系统中的逆变器即为无源逆变器。

（2）按逆变器输出的相数分，可分为单相逆变器、三相逆变器和多相逆变器。

（3）按逆变器的功率大小分，可分为集中式逆变器、组串式逆变器和微型逆变器。

（4）按逆变器主电路的形式分，可分为单端式逆变器，推挽式逆变器、半桥式逆变器和全桥式逆变器。

（5）按逆变器主开关器件的类型分，可分为晶闸管逆变器、晶体管逆变器、场效应逆变器和绝缘栅双极晶体管（IGBT）逆变器等。又可将其归纳为"半控型"逆变器和"全控制"逆变器两大类。前者不具备自关断能力，元器件在导通后即失去控制作用，故称之为"半控型"，普通晶闸管即属于这一类；后者则具有自关断能力，即无器件的导通和关断均可由控制极加以控制，故称之为"全控型"，电力场效应晶体管和绝缘栅双权晶体管（IGBT）等均属于这一类。

（6）按逆变器输出交流电能的频率分，可分为工频逆变器、中频逆变器和高频逆变器。工频逆变器的频率为 50～60Hz；中频逆变器的频率一般为 400Hz 到十几千赫兹；高频逆变器的频率一般为十几千赫兹到兆赫兹。

（7）按直流电源分。可分为电压源型逆变器（VSI）和电流源型逆变器（CSI）。前者的直流电压近于恒定，输出电压为交变方波；后者的直流电流近于恒定，输出电流为交变方波。

（8）按逆变器输出电压或电流的波形分，可分为正弦波输出逆变器和非正弦波输出逆变器。

（9）按逆变器控制方式分，可分为调频式（PFM）逆变器和调脉宽式（PWM）逆变器。

（10）按逆变器开关电路工作方式分，可分为谐振式逆变器，定频硬开关式逆变器和定频软开关式逆变器。

（11）按逆变器换流方式分，可分为负载换流式逆变器和自换流式逆变器。

2.2.2.3　逆变器主要性能参数

各种不同的逆变器有不同的基本特性及技术规格要求，应用于光伏发电系统的逆变器，主要有以下性能参数。

（1）输出电压的稳定度。在规定的输入直流电压允许的波动范围内，它表示逆变器应能输出的额定电压值。对输出额定电压值的稳定准确度一般有如下规定。

① 在稳态运行时，电压波动范围应有一个限定，例如其偏差不超过额定值的±3%或±5%。

② 在负载突变（额定负载0%→50%→100%）或有其他干扰因素影响的动态情况下，其输出电压偏差不应超过额定值的±8%或±10%。

(2) 输出电压的不平衡度。在正常工作条件下，逆变器输出的三相电压不平衡度（逆序分量对正序分量之比）应不超过一个规定值，一般以%表示，如5%或8%。

(3) 输出电压的波形失真度。当逆变器输出电压为正弦波时，应规定允许的最大波形失真度（或谐波含量），通常以输出电压的总波形失真度表示，其值不应超过5%（单相输出允许10%）。

(4) 额定输出电流（或额定输出容量）。表示在规定的负载功率因数范围内逆变器的额定输出电流。有些逆变器产品给出的是额定输出容量，其单位以VA或kVA表示。逆变器的额定容量是当输出功率因数为1（即纯阻性负载）时，额定输出电压为额定输出电流的乘积。

(5) 额定输出效率。逆变器的效率是在规定的工作条件下，其输出功率对输入功率之比，以%表示。逆变器在额定输出容量下的效率为满负荷效率，在10%额定输出容量的效率为低负荷效率。

(6) 额定输出频率。逆变器输出交流电压的频率应是一个相对稳定的值，通常为工频50Hz。正常工作条件下其偏差应在±1%以内。

(7) 逆变器效率。逆变器的效率是指规定的工作条件下，其输出功率与输入功率之比，以百分数表示，一般情况下，光伏逆变器的标称效率是指纯阻负载，80%负载情况下的效率。

(8) 负载功率因数。表征逆变器带感性负载或容性负载的能力。在正弦波条件下，负载功率因数为0.7～0.9（滞后），额定值为0.9。

(9) 保护

① 过压、欠压保护。当输入端电压低于额定电压的85%或输入端电压高于额定电压的130%时，逆变器应有保护和显示。

② 过电流保护。逆变器的过电流保护，应能保证在负载发生短路或电流超过允许值时及时动作，使其免受浪涌电流的损伤。

③ 输出短路保护。逆变器短路保护动作时间应不超过0.5s。

④ 输入反接保护。当输入端正、负极接反时，逆变器应有防护功能和显示。

⑤ 防雷保护。逆变器应有防雷保护。

⑥ 过温保护等。

(10) 启动特性。表征逆变器带负载启动的能力和动态工作时的性能。逆变器应保证在额定负载下可靠启动。

(11) 噪声。电力电子设备中的变压器、滤波电感、电磁开关及风扇等部件均会产生噪声。逆变器正常运行时，其噪声应不超过80dB，小型逆变器的噪声应不超过65dB。

2.2.2.4 逆变器的使用与维护检修

(1) 使用

① 严格按照逆变器使用维护说明书的要求进行设备的连接和安装。在安装时，应认真检查线径是否符合要求；各部件及端子在运输中有否松动；应绝缘处是否绝缘良好；系统的

接地是否符合规定。

② 应严格按照逆变器使用维护说明书的规定操作使用。尤其是：在开机前要注意输入电压是否正常；在操作时要注意开关机的顺序是否正确，各表头和指示灯的指示是否正常。

③ 逆变器一般均有断路、过电流、过电压、过热等项目的自动保护，因此在发生这些现象时，无需人工停机；自动保护的保护点，一般在出厂时已设定好，无需再行调整。

④ 逆变器机柜内有高压，操作人员一般不得打开柜门，柜门平时应锁死。

（2）维护检修

① 应定期检查逆变器各部分的接线是否牢固，有无松动现象，尤其应认真检查风扇、功率模块、输入端子、输出端子以及接地等。

② 一旦报警停机，不准马上开机，应查明原因并修复后再行开机，检查应严格按逆变器维护手册的规定步骤进行。

③ 操作人员必须经过专门培训，能够判断一般故障的产生原因，并能进行排除，例如能熟练地更换保险丝、组件以及损坏的电路板等。未经培训的人员，不得上岗操作使用设备。

④ 如发生不易排除的事故或事故的原因不清，应做好事故详细记录，并及时通知逆变器生产厂家给予解决。

2.3　分布式光伏发电蓄电技术

全球能源紧缺，新兴能源产业的发展势在必行，但风能、太阳能等清洁能源受环境影响较大，功率不稳定，致使传统电网无法承载，大量能量被浪费。主要原因之一就是：储能技术落后，现有储能电站无法实现功率补偿，无法满足功率平滑的需求。可以说，储能电站的发展已成为新能源开发的核心之一。

2.3.1　储能系统在光伏发电系统中的作用[7~9]

通过对光伏发电的特性分析可知，光伏发电系统对电网的影响主要是由于光伏电源的不稳定性造成的，从电网安全、稳定、经济运行的角度分析，不加储能的光伏并网发电系统将对线路潮流、系统保护、电网经济运行、电能质量和运行调度等方面产生不利影响。光伏电站并网，尤其是大规模光伏电站并网对电网带来的影响是不可忽视的。目前解决光伏电站对电网影响的途径是提高电网灵活性或为并网光伏电站配置储能装置。

储能系统在光伏电站中的作用主要体现在以下几个方面。

（1）保证系统稳定。光伏电站系统中，光伏输出功率曲线与负荷曲线存在较大差异，而且均有不可预料的波动特性，通过储能系统的能量存储和缓冲使得系统即使在负荷迅速波动的情况下仍然能够运行在一个稳定的输出水平。

（2）能量备用。储能系统可以在光伏发电不能正常运行的情况下起备用和过渡作用，如在夜间或者阴雨天，电池方阵不能发电时，储能系统就起备用和过渡作用，其储能容量的多少取决于负荷的需求。

（3）提高电力品质和可靠性。储能系统还可防止负载上的电压尖峰、电压下跌和其他外界干扰所引起的电网波动对系统造成大的影响，采用足够多的储能系统可以保证电力输出的品质与可靠性。

2.3.2　光伏发电并网加储能系统架构

在本方案中，储能电站（系统）主要配合光伏并网发电应用，因此，整个系统是包括光伏组件阵列、光伏控制器、电池组、电池管理系统（BMS）、逆变器以及相应的储能电站联合控制调度系统等在内的发电系统。系统架构如图 2-17。

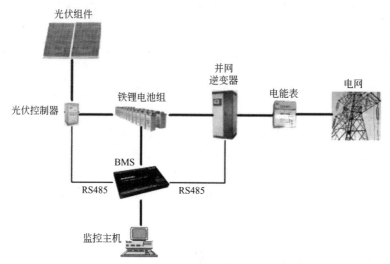

图 2-17　储能电站（配合光伏并网发电应用）架构图

（1）光伏组件阵列利用太阳能电池板的光伏效应将光能转换为电能，然后对锂电池组充电，通过逆变器将直流电转换为交流电对负载进行供电。

（2）智能控制器根据日照强度及负载的变化，不断对蓄电池组的工作状态进行切换和调节：一方面把调整后的电能直接送往直流或交流负载。另一方面把多余的电能送往蓄电池组存储。发电量不能满足负载需要时，控制器把蓄电池的电能送往负载，保证了整个系统工作的连续性和稳定性。

（3）并网逆变系统由几台逆变器组成，把蓄电池中的直流电变成标准的 380V 市电接入用户侧低压电网或经升压变压器送入高压电网。

（4）锂电池组在系统中同时起到能量调节和平衡负载两大作用。它将光伏发电系统输出的电能转化为化学能储存起来，以备供电不足时使用。

其中储能单元拓扑结构及原理如图 2-18，DC/DC 变换器，后级为全桥双向 DC/AC 变换器，该拓扑结构能够实现升压与逆变、降压与整流的解耦控制，控制简单、容易实现。当储能装置放电时，前级变换器工作于 Boost 升压模式，后级全桥变换器工作于逆变模式；当储能装置充电时，前级变换器工作于 Buck 降压模式，后级全桥变换器工作于 PWM 整流模式。储能单元的工作模态根据光伏发电系统有不同的运行模式，可分为并网充电、离网充电、离网独立放电以及离网辅助放电四种工作模态。

图 2-18 为蓄电池储能单元的两级式拓扑结构，前级为双向 Buck/Boost。

模式 1：并网充电模态。并网运行模式下，蓄电池容量不足时，通过电网进行充电，为光伏发电系统离网运行模式下提供能量储备。

模式 2：离网充电模态。离网运行模式下，蓄电池容量不足且光伏发电单元有多余能量输出时，对蓄电池进行充电控制。

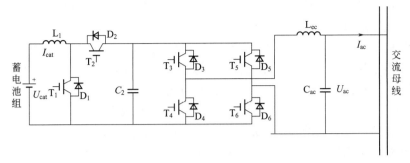

图 2-18　储能单元拓扑结构及原理图

模态 3：离网独立放电模态。离网运行模式下，光伏发电单元能量不够，不足以提供电压和频率支撑而停止工作时，蓄电池单独为负荷提供所需的功率，并支撑光伏系统交流母线上的电压和频率。

模态 4：离网辅助放电模态。离网运行模式下，光伏发电单元输出功率不足以满足负荷的用电需求，但能提供稳定的交流母线电压和频率，此时蓄电池储能单元辅助放电维持系统的能量平衡。

2.3.3　储能方式

根据不同的储能原理主要可分为电化学储能（如钠硫电池、液流电池、铅酸电池、镍镉电池、超级电容器等）、机械储能（如抽水蓄能、压缩空气储能、飞轮储能等）和电磁储能（如超导储能）。表 2-1 为储能方式对比表。

表 2-1　储能方式对比

分类	储能技术	典型功率	响应时间	优势	劣势	应用方向
机械蓄能	抽水蓄能	$100\sim2000MW$	$4\sim10h$	大功率，大容量，低成本	受地域限制	能量管理、频率调整与系统备用
	压缩空气储能	$100\sim300MW$	$6\sim20h$	大功率，大容量，低成本	受地域限制、需要燃气	调峰、系统备用
	飞轮储能	$5kW\sim1.5MW$	$15s\sim15min$	高功率、长寿命	高成本、低能量密度	电能质量控制、频率控制、UPS
电磁储能	超导储能	$10kW\sim10MW$	$1ms\sim15min$	高功率、长寿命、高效率	高成本、低能量密度	系统稳定性、电能质量
	超级电容储能	$1\sim100kW$	$1s\sim1min$	高功率、长寿命、高效率	低能量密度	系统稳定性、电能质量
电化学储能	铅酸电池	$1kW\sim50MW$	$1min\sim5h$	成本低	寿命短	系统备用、黑启动、电能质量
	钠硫、锂离子电池	$kW\sim MW$ 级	$1min\sim$ 数小时	高能量密度、高效率	高成本、安全性问题	平滑负荷、备用电源
	液流电池	$10\sim100kW$	$1\sim20h$	大容量、长寿命	低能量密度	平滑负荷、备用电源
	电解制氢复合储能系统	$1\sim100MW$	$1min\sim50h$	低成本、大容量、长寿命	系统结构较复杂	平滑负荷、备用电源、能量存储

电化学储能是各类储能技术中最有前途的储能方式之一，具有可靠性高、模块化程度高等特点，常被用于对供电质量要求较高的负荷区域的配电网络中。其中蓄电池储能主要是利用电池正负极的氧化还原反应进行充放电。蓄电池储能可以解决系统高峰负荷时的电能需求，也可用蓄电池储能来协助无功补偿装置，有利于抑制电压波动和闪变。目前常见的蓄电池有铅酸蓄电池、锂离子电池、钠硫电池和液流电池等。

超级电容器是由特殊材料制作的多孔介质，与普通电容器相比，它具有更高的介电常数，更大的耐压能力和更大的存储容量，又保持了传统电容器释放能量快的特点，逐渐在储能领域中被接受。根据储能原理的不同，可以把超级电容器分为双电层电容器和电化学电容器。超级电容器作为一种新兴的储能元件，它与其他储能方式比较起来有很多的优势。超级电容器与蓄电池比较具有功率密度大、充放电循环寿命长、充放电效率高、充放电速率快、高低温性能好、能量储存寿命长等特点。但是超级电容器也存在不少的缺点，主要有能量密度低、端电压波动范围比较大、电容的串联均压问题。从蓄电池和超级电容器的特点来看，两者在技术性能上有很强的互补性。将超级电容器与蓄电池混合使用，将大大提高储能装置的性能。研究发现，超级电容器与蓄电池并联，可以提高混合储能装置的功率输出能力、降低内部损耗、增加放电时间；可以减少蓄电池的充放电循环次数，延长使用寿命；还可以缩小储能装置的体积、改善供电系统的可靠性和经济性。

飞轮储能技术是一种机械储能方式，具有效率高、建设周期短、寿命长、高储能量等优点；并且充电快捷，充放电次数无限，对环境无污染。但是，飞轮储能的维护费用相对其他储能方式要昂贵得多。

超导储能系统（SMES）是电磁储能的一种，利用由超导线制成的线圈，将电网供电励磁产生的磁场能量储存起来，在需要时再将储存的能量送回电网。超导储能系统通常包括置于真空绝热冷却容器中的超导线圈、深冷和真空泵系统以及作为控制用的电力电子装置。电流在由超导线圈构成的闭合电感中不断循环，不会消失。超导储能与其他储能技术相比具有显著的优点：由于可以长期无损耗储存能量，能量返回效率很高；能量的释放速度快，通常只需几秒钟；采用 SMES 可使电网电压、频率、有功和无功功率容易调节。

当前，光伏发电方面所使用的储能方式主要是以蓄电池为主的化学储能。下面对几种主要的蓄电池进行介绍。

（1）阀控式铅酸蓄电池。阀控式铅酸蓄电池已有 100 多年的使用历史，非常成熟。以其材料普遍、价格低廉、性能稳定、安全可靠而得到非常广泛的应用，在已有的储能电站中，铅酸电池依旧被采用。但铅酸电池也有致命的缺点，主要就是循环寿命很低，在 100% 放电深度（DOD）下，一般为 300～600 次。其次比能量也较小，需要占用更多的空间，充放电倍率也较低；再者，在电池制造、使用和回收过程中，铅金属对环境的污染不可忽视。

阀控式铅酸蓄电池分为 AGM 和 GEL（胶体）电池两种，AGM 采用吸附式玻璃纤维棉（Absorbed Glass Mat）作隔膜，电解液吸附在极板和隔膜中，贫电液设计，电池内无流动的电解液，电池可以立放工作，也可以卧放工作；胶体（GEL）SiO_2 作凝固剂，电解液吸附在极板和胶体内，一般立放工作。

阀控式铅酸蓄电池的电化学反应原理就是充电时将电能转化为化学能在电池内储存起来，放电时将化学能转化为电能供给外系统。其充电和放电过程是通过电化学反应完成的，电化学反应式如下：

正极：

$$PbSO_4 + 2H_2O \xrightarrow[\text{放电}]{\text{充电}} PbO_2 + H_2SO_4 + 2H^+ + 2e^- \tag{2-1}$$

副反应

$$H_2O \xrightarrow{\text{充电}} 1/2O_2 + 2H^+ + 2e^- \tag{2-2}$$

负极：

$$PbSO_4 + 2H^+ + 2e^- \xrightarrow[\text{放电}]{\text{充电}} Pb + H_2SO_4 \tag{2-3}$$

副反应

$$2H^+ + 2e^- \xrightarrow{\text{充电}} H_2 \tag{2-4}$$

从上面反应式可看出，充电过程中存在水分解反应，当正极充电到 70% 时，开始析出氧气，负极充电到 90% 时开始析出氢气，由于氢、氧气的析出，如果反应产生的气体不能重新得用，电池就会失水干涸；对于早期的传统式铅酸蓄电池，由于氢、氧气的析出及从电池内部逸出，不能进行气体的再复合，是需经常加酸加水维护的重要原因；而阀控式铅酸蓄电池能在电池内部对氧气再复合利用，同时抑制氢气的析出，克服了传统式铅酸蓄电池的主要缺点。

阀控式铅酸蓄电池采用负极活性物质过量设计，AG 或 GEL 电解液吸附系统，正极在充电后期产生的氧气通过 AGM 或 GEL 空隙扩散到负极，与负极海绵状铅发生反应变成水，使负极处于去极化状态或充电不足状态，达不到析氢过电位，所以负极不会由于充电而析出氢气，电池失水量很小，故使用期间不需加酸加水维护。阀控式铅酸蓄电池氧循环图示如下：

可以看出，在阀控式铅酸蓄电池中，负极起着双重作用，即在充电末期或过充电时，一方面极板中的海绵状铅与正极产生的 O_2 反应而被氧化成一氧化铅，另一方面是极板中的硫酸铅又要接受外电路传输来的电子进行还原反应，由硫酸铅反应成海绵状铅。

在电池内部，若要使氧的复合反应能够进行，必须使氧气从正极扩散到负极。氧的移动过程越容易，氧循环就越容易建立。

在阀控式蓄电池内部，氧以两种方式传输：一是溶解在电解液中的方式，即通过在液相中的扩散，到达负极表面；二是以气相的形式扩散到负极表面。传统富液式电池中，氧的传输只能依赖于氧在正极区 H_2SO_4 溶液中溶解，然后依靠在液相中扩散到负极。如果氧呈气相在电极间直接通过开放的通道移动，那么氧的迁移速率就比单靠液相中扩散大得多。充电末期正极析出氧气，在正极附近有轻微的过压，而负极化合了氧，产生一轻微的真空，于是正、负间的压差将推动气相氧经过电极间的气体通道向负极移动。阀控式铅蓄电池的设计提供了这种通道，从而使阀控式电池在浮充所要求的电压范围下工作，而不损失水。

对于氧循环反应效率，AGM 电池具有良好的密封反应效率，在贫液状态下氧复合效率可达 99% 以上；胶体电池氧再复合效率相对小些，在干裂状态下，可达 70%～90%；富液式电池几乎不建立氧再化合反应，其密封反应效率几乎为零。

阀控式铅酸蓄电池的性能参数如下：

① 开路电压。电池在开路状态下的端电压称为开路电压。电池的开路电压等于电池的正极的电极电势与负极电极电势之差。

② 工作电压。工作电压指电池接通负载后在放电过程中显示的电压，又称放电电压。在电池放电初始的工作电压称为初始电压。

电池在接通负载后，由于欧姆电阻和极化过电位的存在，电池的工作电压低于开路电压。

③ 容量。电池在一定放电条件下所能给出的电量称为电池的容量，以符号 C 表示。常用的单位为安培小时，简称安时（A·h）或毫安时（mA·h）。电池的容量可以分为理论容量、额定容量、实际容量。

理论容量是把活性物质的质量按法拉第定律计算而得的最高理论值。为了比较不同系列的电池，常用比容量的概念，即单位体积或单位质量电池所能给出的理论电量，单位为 A·h/L 或 A·h/kg。

实际容量是指电池在一定条件下所能输出的电量。它等于放电电流与放电时间的乘积，单位为 A·h，其值小于理论容量。

额定容量也叫保证容量，是按国家或有关部门颁布的标准，保证电池在一定的放电条件下应该放出的最低限度的容量。

④ 内阻。电池内阻包括欧姆内阻和极化内阻，极化内阻又包括电化学极化与浓差极化。内阻的存在，使电池放电时的端电压低于电池电动势和开路电压，充电时端电压高于电动势和开路电压。电池的内阻不是常数，在充放电过程中随时间不断变化，因为活性物质的组成、电解液浓度不断地改变。

欧姆电阻遵守欧姆定律；极化电阻随电流密度增加而增大，但不是线性关系，常随电流密度和温度不断地改变。

⑤ 能量。电池的能量是指在一定放电条件下，蓄电池所能给出的电能，通常用瓦时（W·h）表示。

电池的能量分为理论能量和实际能量。理论能量 $W_{理}$ 可用理论容量和电动势（E）的乘积表示，即

$$W_{理} = C_{理} E$$

电池的实际能量为一定放电条件下的实际容量 $C_{实}$ 与平均工作电压 $U_{平}$ 的乘积，即

$$W_{实} = C_{实} U_{平}$$

常用比能量来比较不同的电池系统。比能量是指电池单位质量或单位体积所能输出的电能，单位分别是 W·h/kg 或 W·h/L。

比能量有理论比能量和实际比能量之分。前者指 1kg 电池反应物质完全放电时理论上所能输出的能量。实际比能量为 1kg 电池反应物质所能输出的实际能量。

由于各种因素的影响，电池的实际比能量远小于理论比能量。实际比能量和理论比能量的关系可表示如下：

$$W_{实} = W_{理} \cdot K_V \cdot K_R \cdot K_m$$

式中，K_V 为电压效率；K_R 为反应效率；K_m 为质量效率。

电压效率是指电池的工作电压与电动势的比值。电池放电时，由于电化学极化、浓差极化和欧姆压降，工作电压小于电动势。反应效率表示活性物质的利用率。

电池的比能量是综合性指标，它反映了电池的质量水平，也表明生产厂家的技术和管理

水平。

⑥ 功率与比功率。电池的功率是指电池在一定放电制度下，于单位时间内所给出能量的大小，单位为 W（瓦）或 kW（千瓦）。单位质量电池所能给出的功率称为比功率，单位为 W/kg 或 kW/kg。比功率也是电池重要的性能指标之一。一个电池比功率大，表示它可以承受大电流放电。

蓄电池的比能量和比功率性能是电池选型时的重要参数。因为电池要与用电的仪器、仪表、电动机等互相配套，为了满足要求，首先要根据用电设备要求功率大小来选择电池类型。当然，最终确定选用电池的类型还要考虑质量、体积，比能量、使用的温度范围和价格等因素。

⑦ 电池的使用寿命。在规定条件下，某电池的有效寿命期限称为该电池的使用寿命。蓄电池发生内部短路或损坏而不能使用，以及容量达不到规范要求时蓄电池使用失效，这时电池的使用寿命终止。蓄电池的使用寿命包括使用期限和使用周期。使用期限是指蓄电池可供使用的时间，包括蓄电池的存放时间。使用周期是指蓄电池可供重复使用的次数。

（2）全钒液流电池。全钒液流电池是一种新型的储能电池，其功率取决于电池单体的面积、电堆的层数和电堆的串并联数，而储能容量取决于电解液容积，两者可独立设计，比较灵活，适于大容量储能，几乎无自放电，循环寿命长。全钒液流电池目前成本非常昂贵，尤其是高功率应用。只有推进产业化，才能大幅度降低成本，另外还要提高全钒液流电池的转换效率和稳定性。

全钒液流电池将不同价态的钒离子溶液作为正负极的活性物质，分别储存在各自的电解液储罐中，通过外接泵将电解液泵入到电池堆体内，使其在不同的储液罐和半电池的闭合回路中循环流动；采用离子膜作为电池组的隔膜，电解液平行流过电极表面并发生电化学反应，将电解液中的化学能转化为电能，通过双极板收集和传导电流。在钒电池中，正极发生的是 +4 和 +5 价钒离子的氧化还原反应，负极发生的是 +2 和 +3 价钒离子的氧化还原反应。正负极电化学反应构成了全钒液流电池的基本原理，反应方程式如下：

正极：$\quad\quad\quad VO_2^+ + 2H^+ + e^- \longrightarrow VO^{2+} + H_2O,\ E^{\ominus} = 1.004V$

负极：$\quad\quad\quad V^{3+} + e^- \longrightarrow V^{2+},\ E^{\ominus} = -0.255V$

全钒液流电池的标准电动势为 1.26V，实际使用中，由于电解液浓度、电极性能、隔膜电导率等因素的影响，开路电压可达到 1.5～1.6V，其原理如图 2-19 所示，充电时蓝色的 VO_2^+ 离子在正极电极表面被氧化为黄色的 VO_2^+ 离子，同时放出电子，通过极板传到外电路，绿色的 V^{3+} 离子则从外电路得到电子，并且在负极电极表面被还原为紫色的 V^{2+} 离子。正极溶液在充电前为电中性，充电后正极物质失去电子，整个体系带正电荷；同样，负极充电后整个体系带负电荷。非电中性体系是不能稳定存在的，因此负极溶液中的氢离子就通过阳离子交换膜迁移至正极，中和正负极溶液中的过剩电荷维持体系电中性，同时构成电池内部的离子电流。放电时，正负极溶液在电极表面发生逆反应，氢离子则由负极迁回正极。

全钒液流电池是目前发展势头强劲的优秀绿色环保蓄电池之一，具有大功率、长寿命、可深度大电流密度充放电等明显优势，已成为液流电池体系中主要的商用化发展方向之一。目前在发展中的主要趋势是验证在各种规模储能系统中的应用可行性、经济性，并进一步解决核心材料与电池生产的稳定技术，包括保证电堆的稳定性能与一致性，同时大幅度降低成

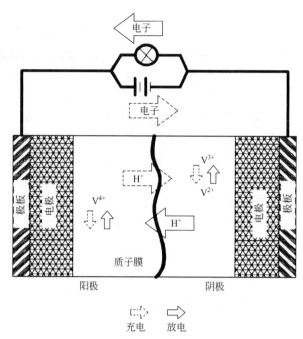

图 2-19　钒电池工作原理图

本。世界各国已经建成了大量全钒液流电池实验工程并取得良好的成果，从全钒液流电池的应用领域和经济性来看，液流电池也有着广阔美好的发展前景，其应用范围如下。

① 风力发电。为了减少对电网的冲击，大幅度提高风电场电力的使用率，同时赚取巨额的电网峰谷差价，风电场将需要配备功率相当于其功率 10%～50% 的动态储能蓄电池。对于风机离网发电，则需要更大比例的动态储能蓄电池，钒电池有望取代现有的铅酸电池，推动风电产业更好更快的发展。

② 光伏发电。光伏发电需要太阳光，一旦到了晚上和阴雨天就发不了电，因而需要蓄电池为其储存电力，钒电池将作为光伏发电储能电池的首选。

③ 电网调峰。电网调峰的主要手段一直是抽水储能电站，由于抽水储能电站受地理条件限制，维护成本高，而钒电池储能电站选址自由，维护成本低，可以预期，钒电池储能电站将逐步取代抽水储能电站，在电网调峰中发挥重要的作用。

④ 交通市政。随着世界城市化进程的不断加快和汽车保有量的持续增加，发展节能、环保的电动汽车替代传统燃油汽车，已成为人们的共识。随着钒电池技术的快速发展，可以预期，钒电池将在电动汽车（特别是城市公交客车）、交通信号、风光互补路灯等领域发挥重要作用。

⑤ 通讯基站。通讯基站和通讯机房需要蓄电池作为后备电源，且时间通常不能少于 10h。对通讯运营商来讲，安全、稳定、可靠性和使用寿命是最重要的，在这一领域，钒电池有着铅酸电池无法比拟的先天优势。

⑥ 分布电站。随着分布电站的崛起，大型中心电站将逐步走向衰落，钒电池将首先在医院、指挥控制中心、政府重要部门等分布电站中发挥重要作用。

由于还未实现产业化生产，液流储能电池目前成本较高，是目前铅酸电池的 5～6 倍。若要进入市场，需要大幅降低电池成本。但是如果与铅酸电池相比，考虑到全钒液流电池的寿命远长于铅酸电池，使用成本就可能比铅酸电池还低，其经济性分析见表 2-2。

表 2-2 钒电池和铅酸电池技术性能和经济指标比较

项目	钒电池	铅酸电池
工作寿命/年	8～10	2～3
放电深度/%	＞90	65
自放电率/%	基本无	90
储存期限	无限	—
开路电压/V	1.45	2.0
能量密度/(W·g·kg^{-1})	30～48(理论值)	70(理论值)
	16～33(实际值)	12～18(实际值)
功率密度/(W·kg^{-1})	166	370
工作温度/℃	0～40	−5～40
充放电速率比	1:1	5:1
充放电循环次数(放电到75%)	13000	1500
效率/%	78～80	45
活性物质恢复性/%	110	部分
环境负荷	金属钒,无毒	重金属铅,有毒
维护水平	不需要	需要
维护费用/(S·kW^{-1}·h^{-1})	0.001	0.02
成本/($·kW^{-1}·h^{-1})	300～650	500～1550

（3）钠硫电池。钠硫电池作为新型化学电源家族中的一个新成员出现后，已在世界上许多国家受到极大的重视和发展。钠硫电池比能量高，效率高，几乎无自放电，可高功率放电，也可深度放电，是适合功率型应用和能量型应用的电池。但是钠硫储能电池不能过充与过放，需要严格控制电池的充放电状态。钠硫电池中的陶瓷隔膜比较脆，在电池受外力冲击或者机械应力时容易损坏，从而影响电池的寿命，容易发生安全事故。还存在环境影响与废电池处置问题。

钠硫电池在一些方面不同于一般的电池，它采用的是固体电解质和液态金属负极材料。

图 2-20 中右侧所示的是钠硫电池充放电过程中的电极反应过程。放电时熔融钠阳极失电子变成钠离子，钠离子经固体电解质到达硫阴极形成多硫化钠。电子经外电路到达阴极参与反应。充电时钠离子重新经过电解质回到阳极，过程与放电时相反。放电深度不同，多硫

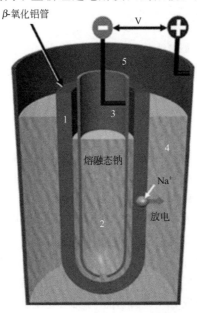

钠硫电池

阳极：

$2Na \Longleftrightarrow 2Na^+ + 2e^-$

阴极：

$xS + 2Na^+ + 2e^- \Longleftrightarrow Na_2S_x$

图 2-20 钠硫电池结构图

化钠的主要成分也不同。一般所说的钠硫电池的理论容量 760W•h、kg^{-1}，是由完全生成 Na_2S_3 来计算的。

图 2-20 中左侧所示的是以钠为芯的柱状钠硫电池的内部结构剖面示意图。1 为固体电解质，现在一般采用 β-氧化铝，它是一种有着氧化铝骨架层和钠离子导电层交错排列的晶格结构的陶瓷材料。固体电解质是电池最重要的部分，承担着传导钠离子和隔膜的双重作用。中间 2 部分是钠阳极，在电池工作温度（300～350℃）下，呈熔融态。3 部分为钠极集流体，引出后作为负极终端。外部的 4 部分为硫和多硫化钠阴极材料。由于硫的导电性不好，因此一般加入碳毡增加电极材料的导电性。5 部分为硫极集流体，也同时作为电池外壳。因为多硫化钠有较强的腐蚀性，所以一般采用抗腐蚀的不锈钢作为电池外壳。

（4）磷酸铁锂电池。对于锂电池，目前可应用于电力用途的只有磷酸铁锂电池，所以，在此所涉及的锂电池仅针对于磷酸铁锂电池。锂离子电池单体输出电压高，工作温度范围宽，比能量高，效率高，自放电率低，被广泛应用在电动汽车中。深度放电将直接降低电池的使用寿命，限制了锂电池在充电源随机性较大场合的应用。采用过充保护电路或均衡电路，可提高安全性和寿命。目前磷酸铁锂电池由于成本低、安全可靠和高倍率放电性能受到关注。

$LiFePO_4$ 电池的内部结构如图 2-21 所示。左边是橄榄石结构的 $LiFePO_4$ 作为电池的正极，由铝箔与电池正极连接，中间是聚合物的隔膜，它把正极与负极隔开，但锂离子 Li^+ 可以通过，而电子 e^- 不能通过，右边是由磷（石墨）组成的电池负极，由铜箔与电池的负极连接。电池的上下端之间是电池的电解质，电池由金属外壳密闭封装。

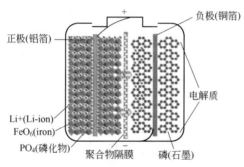

图 2-21　磷酸铁锂电池内部结构

$LiFePO_4$ 电池在充电时，正极中的锂离子 Li^+ 通过聚合物隔膜向负极迁移；在放电过程中，负极中的锂离子 Li^+ 通过隔膜向正极迁移。锂离子电池就是因锂离子在充放电时来回迁移而命名的。

通过上述介绍，$LiFePO_4$ 电池可归纳下述特点：

① 高效率输出。标准放电为 2～5C、连续高电流放电可达 10C，瞬间脉冲放电（10s）可达 20C；高温时性能良好：外部温度 65℃时内部温度则高达 95℃，电池放电结束时温度可达 160℃，电池的结构安全、完好。即使电池内部或外部受到伤害，电池不燃烧、不爆炸、安全性最好；极好的循环寿命，经 500 次循环，其放电容量仍大于 95%；过放电到零伏也无损坏；可快速充电；低成本；对环境无污染。

② 安全性能的改善。磷酸铁锂晶体中的 P—O 键稳固，难以分解，即便在高温或过充时也不会像钴酸锂一样结构崩塌发热或是形成强氧化性物质，因此拥有良好的安全性。有报告指出，实际操作中针刺或短路实验中发现有小部分样品出现燃烧现象，但未出现一例爆炸事件，而过充实验中使用大大超出自身放电电压数倍的高电压充电，发现依然有爆炸现象。

虽然如此，其过充安全性较之普通液态电解液钴酸锂电池，已大有改善。

③ 寿命的改善。长寿命铅酸电池的循环寿命在 300 次左右，最高也就 500 次，而磷酸铁锂动力电池，循环寿命达到 2000 次以上，标准充电（5 小时）使用，可达到 2000 次。同质量的铅酸电池是"新半年、旧半年、维护维护又半年"，最多也就 1～1.5 年时间，而磷酸铁锂电池在同样条件下使用，理论寿命将达到 7～8 年。综合考虑，性能价格比理论上为铅酸电池的 4 倍以上。可大电流 2C 快速充放电，在专用充电器下，1.5C 充电 40min 内即可使电池充满，启动电流可达 2C，而铅酸电池无此性能。

④ 高温性能好。磷酸铁锂电热峰值可达 350～500℃，而锰酸锂和钴酸锂只在 200℃ 左右。工作温度范围宽广（－20～＋75℃），有耐高温特性，磷酸铁锂电热峰值可达 350～500℃，而锰酸锂和钴酸锂只在 200℃ 左右。

⑤ 大容量。具有比普通电池（铅酸等）更大的容量，5～1000AH（单体）。

⑥ 无记忆效应。可充电池在经常处于充满不放完的条件下工作，容量会迅速低于额定容量值，这种现象叫做记忆效应。像镍氢、镍镉电池存在记忆性，而磷酸铁锂电池无此现象，电池无论处于什么状态，可随充随用，无须先放完再充电。

⑦ 质量轻。同等规格容量的磷酸铁锂电池的体积是铅酸电池体积的 2/3，质量是铅酸电池的 1/3。

⑧ 环保。该电池一般被认为是不含任何重金属与稀有金属（镍氢电池需要稀有金属），无毒（SGS 认证通过），无污染，符合欧洲 ROHS 规定，为绝对的绿色环保电池。

磷酸铁锂电池也有其缺点，例如低温性能差，正极材料振实密度小，等容量的磷酸铁锂电池的体积要大于钴酸锂等锂离子电池，因此在微型电池方面不具有优势。而用于动力电池时，磷酸铁锂电池和其他电池一样，需要面对电池一致性问题。

2.4　分布式光伏发电并网流程

做分布式光伏项目，并网流程是最关键的环节之一，并网申请工作贯穿着分布式光伏项目实施的全过程，并网验收更是项目结束的关键性指标。

随着光伏发电政策的不断完善，光伏并网流程逐渐趋于简化，总体而言可分成以下几个环节。

环节一：并网申请阶段

在这一环节需根据分布式光伏项目的设计方案，确定并网模式和项目装机容量，并按不同装机规模接入电压等级的要求，如表 2-3 所示，确定并网电压等级，向电网公司营销部递交并网申请，受理后两个工作日内电网公司安排工作人员到现场勘察。

表 2-3　不同规模接入电压等级参考表

项目规模	接入电压等级
8kW	220V
8～400kW	380V
400～6000kW	10kV
5000～30000kW	35kV

这一环节需提交的资料包括：
自然人申请需提供：

经办人身份证原件及复印件、户口本、房产证（或乡镇及以上政府出具的房屋使用证明）等项目合法性支持性文件。

法人申请需提供：

① 经办人身份证原件及复印件和法人委托书原件（或法定代表人身份证原件及复印件）。

② 企业法人营业执照、土地证、房产证等项目合法性支持性文件。

③ 政府投资主管部门同意项目开展前期工作的批复（有些地区不要求）。

④ 发电项目前期工作及接入系统设计所需资料。

⑤ 用电电网相关资料（仅适用于大工业用户）。

⑥ 分布式电源接入电网申请表，如表2-4所示。

⑦ 租用工商业屋顶建设分布式光伏发电项目的，需提供屋顶租赁协议。

⑧ 采取能源合同管理模式的，需提供能源管理合同。

表 2-4　分布式光伏发电项目并网申请表

项目编号			申请日期		年　月　日
项目名称					
项目地址					
项目投资方					
项目联系人			联系人电话		
联系人地址					
装机容量	投产规模　　kW		意向并网电压等级	□10(6)kV	
	本期规模　　kW			□380V	
	终期规模　　kW			□其他	
发电电量意向消纳方式	□全部自用		意向并网点	□用户侧(　个)	
	□全部上网			□公共电网(　个)	
	□自发自用余电上网				
计划开工时间			计划投产时间		
核准要求	□省级　□地市级　□其他　□不需要核准				
下述内容由选择自发自用,余电上网的项目业主填写					
用电情况	月用电量(　kW·h)		主要用电设备		
	装接容量(　万kV·A)				
业主提供资料清单	1. 经办人身份证原件及复印件和法人委托书原件(或法人身份证原件及复印件)。 2. 企业法人营业执照(或个人户口本),土地证,房产证等项目合法性支持文件。 3. 政府投资主管部门同意项目开展前期工作的批复(需核准项目)。 4. 项目前期工作相关资料。				
本表中的信息及提供的文件真实准确,谨此确认。 申请单位:(公章) 申请个人:(经办人签字) 　　　　　　　　年　月　日			客户提供的文件已审核,并网申请已受理,谨此确认。 受理单位:(公章) 　　　　　　　　年　月　日		
受理人			受理日期		年　月　日

告知事项：
1. 本表信息由客服中心录入,申请单位(个人用户经办人)与客服中心签章确认;
2. 本表1式2份,双方各执1份。

环节二：确定接入系统方案阶段

① 接入系统方案制定。根据现场勘查情况，由电网公司经济技术研究制定接入系统方案，一般在 7 个工作日内完成。

接入系统方案的内容包括：

分布式电源项目建设规模（本期、终期）、开工时间、投产时间、系统一次和二次方案及主设备参数、产权分界点设置、计量关口点设置、关口电能计量方案等。

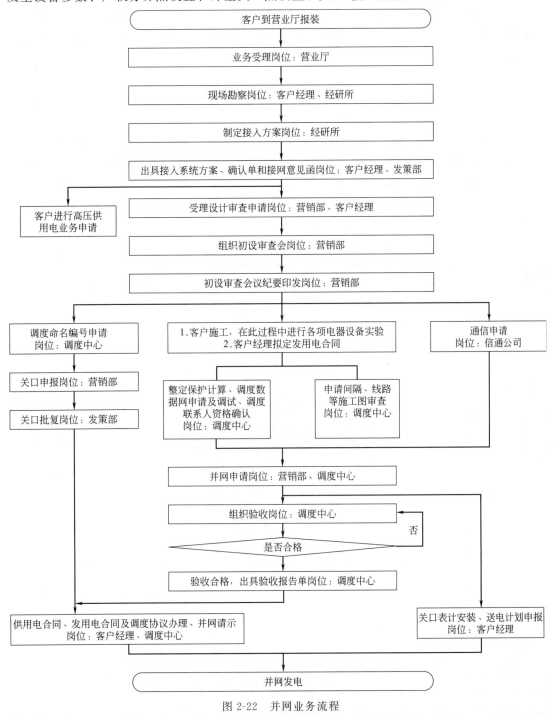

图 2-22　并网业务流程

系统一次包括：并网点和并网电压等级（对于多个并网点项目，项目并网电压等级以其中的最高电压为准）、接入容量和接入方式、电气主接线图、防雷接地要求、无功补偿配置方案、互联接口设备参数等；

系统二次包括：保护、自动化配置要求以及监控、通信系统要求。

② 出具接入系统方案评审意见。地市公司营销部（客户服务中心）负责组织相关部门审定 380/220V 分布式电源接入系统方案，并出具评审意见。工作时限：5 个工作日。

地市公司发展部负责组织相关部门审定 35kV、10kV 接入项目（对于多点并网项目，按并网点最高电压等级确定）接入系统方案，出具评审意见、接入电网意见函并转入地市公司营销部（客户服务中心）。工作时限：5 个工作日。

环节三：验收及并网阶段

① 审查项目设计文件。10kV 及以上电压等级并网项目，需审查客户的设计文件及验收申请资料并出具评审意见，工作时限：10 个工作日；220V/380V 则不需要此项工作。

② 电网公司安排相关人员到现场验收，出具验收报告。不同省市并网流程会有一些差别，现以合肥市 10kV "全额上网"分布式光伏发电项目并网流程为例，对分布式并网申请流程和涉及到的资料具体说明。

合肥市 10kV 全额上网分布式光伏发电项目并网业务流程如图 2-22 所示，所需资料列于表 2-5 和表 2-6。

表 2-5　光伏电站并网所需资料

序号	名称
1	光伏电站项目政府核准备案文件
2	光伏电站接入意见函
3	光伏电站接入系统方案评审意见
4	光伏电站初步设计审查会议纪要
5	光伏电站建设方资料（三证）
6	光伏电站电气及电力线路施工方单位资质（承装修试电力许可证）
7	光伏电站设备间隔命名编号图
8	光伏电站运行规程、全站停电事故处理预案、保站用电方案
9	光伏电站保护定值单
10	保护定值计算资料
11	一次电气设备一览表
12	二次电气设备一览表
13	一、二次电气设备试验报告
14	电表、电压、电流互感器试验检测报告
15	项目运行人员名单调度受令权的运行值班人员名单、上岗证书及任命文件复印件
16	光伏电站低电压穿越能力试验报告
17	光伏电站并网前验收申请
18	光伏电站用户验收整改报告
19	光伏电站并网申请书
20	供用电及发用电合同
21	调度协议
22	并网性能测试

表 2-6　光伏电站并网设备调试试验所需资料

序号	名称
1	10kV 柱上真空断路器检测试验报告
2	光伏电站 10kV 母线试验检测试验报告
3	10kV 变压器试验检测试验报告
4	10kV 站用变试验检测试验报告
5	10kV 断路器试验检测试验报告
6	10kV 电压互感器试验检测试验报告
7	10kV 电流互感器试验检测试验报告
8	10kV 避雷器试验检测试验报告
9	10kV 高压电缆试验检测试验报告
10	接地试验检测试验报告
11	10kV 柱上真空断路器保护装置检测试验报告
12	频率电压紧急控制装置检测试验报告
13	防孤岛保护装置检测试验报告
14	10kV 线路保护测控装置检测试验报告

◆ 参考文献 ◆

［1］ IEC 61215. 晶体硅地表光伏电池组件 . 设计质量和型式批准 . 2005.

［2］ Martin A. Green. 太阳能电池工作原理、技术和系统应用 . 上海：上海交通大学出版社，2010.

［3］ 车孝轩 . 太阳能光伏系统概论 . 武汉：武汉大学出版社，2005.

［4］ 刘恩科 . 光电池及其应用 . 北京：科学出版社，1991.

［5］ 赵为 . 太阳能光伏并网发电系统的研究 . 合肥：合肥工业大学，2003.

［6］ 张兴，曹仁贤 . 太阳能光伏并网发电及其逆变控制 . 北京：机械工业出版社，2010.

［7］ 吴福保 . 电力系统储能应用技术 . 北京：中国水利水电出版社，2014.

［8］ 澳大利亚全球可持续能源解决方案有限公司（作者），中国电力科学研究院（译者）. 蓄电池储能光伏并网发电系统 . 北京：中国水利水电出版社，2017.

［9］ Benoît Robyns, Bruno François. 杨凯译者 . 电网储能技术，北京：机械工业出版社，2017.

第 3 章

分布式光伏电站开发前期工作

3.1 敏感因素分析[1~3,5]

3.1.1 光伏发电电价构成分析

分布式光伏发电项目可以采取"自发自用，余电上网"和"全额上网"这两种并网模式，每种并网模式的电价构成也不一样。

"自发自用，余电上网"并网模式电价分两部分："自发自用"电量电价＝用户电价＋0.42 元/kW·h（国家分布式光伏电价补贴）＋省级度电补贴＋市/县/区级度电补贴；

"余电上网"电量电价＝当地脱离燃煤标杆电价＋0.42 元/kW·h（国家分布式光伏电价补贴）＋省级度电补贴＋市/县/区级度电补贴。

"全额上网"并网模式的电价构成比较简单，上网电价＝当地光伏发电标杆上网电价＋省级度电补贴＋市/县/区级度电补贴。

通过分析不同光伏并网模式的电价构成可知，影响光伏电量电价的因素有以下几个。

（1）分布式光伏项目并网模式。根据项目装机容量，通过专业软件（PVSYST、RETscreen 等）查找当地太阳辐照量，预估项目每月的发电量，结合工商业屋顶业主的每月用电量，如果用电量能达到项目发电量的 50％以上，且所选企业内的变压器容量满足接入条件，即变压器容量是项目装机容量的 1.25 倍以上，则可选择"自发自用，余电上网"的并网模式，多数情况下，"自发自用，余电上网"并网模式的电价要高于"全额上网"，且由于直接在用户侧并网，建设成本要比"全额上网"模式低 5％左右，因此，建议尽量采用"自发自用，余电上网"的并网模式。

（2）地方光伏补贴政策。虽然近几年光伏发电技术有了快速的发展，但是光伏发电成本相对于火力、水力发电还是比较高，还不具备平价上网的条件，从电价构成分析可以看出，地方性补贴是光伏电价重要的组成部分，分布式光伏发电项目要达到较好的经济效益，补贴政策依然发挥着非常重要的作用。

从本书第 1 章 1.3 节内容中，可以了解到全国很多省市都出台了相应的光伏配套政策，补贴力度大小不一。在光伏电站开发前期详细了解、分析项目所在地针对分布式光伏项目的省、市、区县的补贴优惠政策将直接关系项目的投资收益。

（3）脱离燃煤标杆电价。全国各省脱硫燃煤电价的不同，也会对"自发自用，余电上网"并网模式的光伏电站中上网电量收益产生影响。各省脱硫燃煤标杆电价如表 3-1 所示。

表 3-1　全国各省脱硫煤标杆电价

序号	省市（自治区）及地区	电价（元/kW·h）
1	新疆	0.25
2	宁夏	0.2595
3	内蒙古（西）	0.2772
4	甘肃	0.2978
5	内蒙古（东）	0.3035
6	山西	0.3205
7	青海	0.3247
8	陕西	0.3346
9	云南	0.3358
10	贵州	0.3363
11	河北（南）	0.3497
12	天津	0.3514
13	北京	0.3515
14	河南	0.3551
15	河北（北）	0.3634
16	辽宁	0.3685
17	安徽	0.3693
18	吉林	0.3717
19	黑龙江	0.3723
20	山东	0.3729
21	福建	0.3737
22	江苏	0.378
23	重庆	0.3796
24	湖北	0.3981
25	江西	0.3993
26	四川	0.4012
27	上海	0.4048
28	广西	0.414
29	浙江	0.4153
30	海南	0.4198
31	湖南	0.4471
32	广东	0.4505

3.1.2　太阳辐照资源分析[4]

太阳辐照是光伏发电的基础，一方面影响光伏发电项目的发电量，另一方面影响光伏项目的上网标杆电价，主要是影响"全额上网"并网模式的分布式光伏电站。根据发改委相关政策文件，"全额上网"项目的发电量由电网企业按照当地光伏电站上网标杆电价收购，标杆上网电价根据太阳辐照量分为三类，分别是一类资源区 0.65 元/kW·h，二类资源区 0.75 元/kW·h，三类资源区 0.85 元/kW·h。

整体上，我国属太阳能资源丰富的国家之一，全国总面积 2/3 以上地区年日照时数大于 2000h，年辐射量在 5000MJ/m² 以上。据统计资料分析，中国陆地面积每年接收的太阳辐射总量为 $3.3×10^3 \sim 8.4×10^3 MJ/m^2$，相当于 $2.4×10^4$ 亿吨标准煤的储量，全国水平面太阳总辐射如图 3-1 所示。

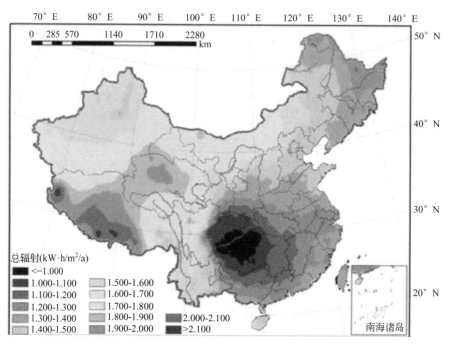

图 3-1　全国水平面太阳总辐射

光伏上网标杆电价按太阳能资源区分类如表 3-2 所示。

表 3-2　全国光伏发电标杆上网电价表　　单位：元/kW·h（含税）

资源区	2017 年新建光伏电站标杆上网电价/（元/kW·h）	各资源区所包括的地区
Ⅰ类资源区	0.65	宁夏，青海海西，甘肃嘉峪关、武威、张掖、酒泉、敦煌、金昌，新疆哈密、塔城、阿勒泰、克拉玛依，内蒙古除赤峰、通辽兴安盟、呼伦贝尔等地区
Ⅱ类资源区	0.75	北京，天津，黑龙江，吉林，辽宁，四川，云南，内蒙古赤峰、通辽兴安盟、呼伦贝尔，河北承德、张家口、唐山、秦皇岛，山西大同、朔州、忻州、阳泉，陕西榆林、延安，青海，甘肃，新疆除一类地区
Ⅲ类资源区	0.85	除Ⅰ类、Ⅱ类资源区以外的其他地区

各省市太阳能辐照度也存在差异，利用 PVsyst 初设仿真计算得出组件按最佳倾角安装，取 84% 的光伏系统综合效率各省市每瓦光伏组件的发电量，如表 3-3 所示。

表 3-3　我国城市 PV 首年发电量（kW·h/W）

城市名	倾角/°	电量	城市名	倾角/°	电量	城市名	倾角/°	电量
北京	35	1.333	乌鲁木齐	33	1.31	西安	26	1.108
上海	25	1.269	昌吉	33	1.31	宝鸡	30	1.329
天津	35	1.419	油城	41	1.512	咸阳	26	1.108
重庆	8	0.739	吐鲁番	42	1.723	渭南	31	1.381
哈尔滨	40	1.365	哈密	40	1.655	铜川	33	1.444
鹤城	43	1.494	石河子	38	1.591	延安	35	1.549
牡丹江	40	1.401	伊犁	40	1.536	榆林	38	1.676
佳木斯	43	1.336	巴州	41	1.683	汉中	29	1.261
鸡西	41	1.408	和田	35	1.736	安康	26	1.195
鹤岗	43	1.37	阿勒泰	44	1.609	商洛	26	1.108
双鸭山	43	1.37	塔城	41	1.515	昆明	25	1.368
黑河	46	1.524	阿克苏	40	1.661	曲靖	25	1.318
大庆	41	1.433	博乐	40	1.525	玉溪	24	1.387
漠河	49	1.49	克州	40	1.528	丽江	29	1.609
伊春	45	1.469	喀什	40	1.528	普洱	21	1.346
长春	41	1.472	五家渠	36	1.444	怒江	27	1.454
延吉	38	1.325	拉萨	28	1.987	迪庆	28	1.557
白城	42	1.474	阿里	32	2.046	楚雄	25	1.395
松原	40	1.438	昌都	32	1.609	昭通	22	1.319
吉林	41	1.455	林芝	30	1.655	大理	27	1.525
四平	40	1.447	日喀则	32	2.052	红河	23	1.415
辽源	40	1.459	山南	32	1.904	保山	29	1.447
通化	37	1.381	那曲	35	1.774	文山	22	1.403
白山	37	1.339	兰州	29	1.307	西双版纳	20	1.39
沈阳	36	1.361	酒泉	41	1.72	贵阳	15	0.917
朝阳	37	1.484	嘉峪关	41	1.72	六盘水	22	1.192
阜新	38	1.441	张掖	42	1.736	遵义	13	0.867
铁岭	37	1.366	天水	32	1.4	安顺	13	0.946
抚顺	37	1.372	白银	38	1.648	毕节	21	1.169
本溪	36	1.368	定西	38	1.614	黔西南	20	1.196
辽阳	36	1.37	甘南	32	1.4	铜仁	15	0.9
鞍山	35	1.359	金昌	39	1.739	南宁	14	1.124
丹东	36	1.371	临夏	38	1.614	桂林	17	1.041
大连	32	1.336	陇南	28	1.4	百色	15	1.178
营口	35	1.366	平凉	34	1.478	玉林	16	1.162
盘锦	36	1.354	庆阳	34	1.456	钦州	14	1.14
锦州	37	1.462	武威	40	1.605	北海	14	1.168

城市名	倾角/°	电量	城市名	倾角/°	电量	城市名	倾角/°	电量
葫芦岛	36	1.447	银川	36	1.571	梧州	16	1.126
石家庄	37	1.564	石嘴山	39	1.72	柳州	16	1.075
保定	32	1.273	固原	34	1.478	河池	14	1.075
承德	42	1.695	中卫	37	1.673	防城港	14	1.14
唐山	36	1.441	吴忠	38	1.645	贺州	17	1.098
秦皇岛	38	1.553	西宁	34	1.459	来宾	14	1.103
邯郸	36	1.531	果洛	36	1.612	崇左	14	1.161
邢台	36	1.531	海晏	34	1.459	贵港	15	1.122
张家口	38	1.48	平安	34	1.459	海口	10	1.346
沧州	37	1.574	共和	38	1.825	三亚	15	1.476
廊坊	40	1.605	格尔木	38	1.825	琼海	12	1.462
衡水	36	1.553	德令哈	41	1.754	白沙	15	1.479
太原	33	1.444	同仁	39	1.803	保亭	15	1.473
大同	36	1.587	玉树	34	1.667	昌江	13	1.415
朔州	36	1.603	广州	20	0.98	澄迈	13	1.414
阳泉	33	1.451	清远	19	1.065	儋州	13	1.393
长治	28	1.254	韶关	18	1.141	定安	10	1.342
晋城	29	1.329	河源	18	1.137	东方	14	1.503
忻州	34	1.484	梅州	20	1.219	乐东	16	1.482
晋中	33	1.445	潮州	19	1.245	临高	12	1.402
临汾	30	1.325	汕头	19	1.249	陵水	15	1.471
运城	26	1.285	揭阳	18	1.235	琼中	13	1.466
吕梁	32	1.444	汕尾	17	1.184	屯昌	13	1.455
呼市	35	1.452	惠州	18	1.162	万宁	13	1.449
包头	41	1.723	东莞	17	1.095	文昌	10	1.328
乌海	39	1.711	深圳	17	1.173	五指山	15	1.493
赤峰	41	1.661	珠海	17	1.241	长沙	20	0.987
通辽	44	1.689	中山	17	1.204	张家界	23	1.183
呼和浩特	47	1.549	江门	17	1.167	常德	20	1.05
兴安盟	46	1.614	佛山	18	1.066	益阳	16	0.982
伊盟	40	1.723	肇庆	18	1.08	岳阳	16	1.002
锡盟	43	1.667	云浮	17	1.096	株洲	19	1.075
阿拉善	36	1.661	阳江	16	1.213	湘潭	16	1.005
巴盟	41	1.701	茂名	16	1.193	衡阳	18	1.053
乌布	40	1.695	湛江	14	1.211	郴州	18	1.075
郑州	29	1.314	成都	16	0.859	永州	15	1.016
开封	32	1.409	广元	19	1.009	邵阳	15	1.009

续表

城市名	倾角/°	电量	城市名	倾角/°	电量	城市名	倾角/°	电量
洛阳	31	1.416	绵阳	17	0.875	怀化	15	0.918
焦作	33	1.452	德阳	17	0.867	娄底	16	0.992
平顶山	30	1.329	南充	14	0.872	湘西	15	0.88
鹤壁	33	1.469	广安	13	0.861	南京	23	1.152
新乡	33	1.452	遂宁	11	0.87	徐州	25	1.226
安阳	30	1.342	内江	11	0.804	连云港	26	1.281
濮阳	33	1.452	乐山	17	0.86	盐城	25	1.235
商丘	31	1.416	自贡	13	0.814	泰州	23	1.181
许昌	30	1.366	泸州	11	0.808	镇江	23	1.143
漯河	29	1.292	宜宾	12	0.83	南通	23	1.217
信阳	27	1.282	攀枝花	27	1.556	常州	23	1.159
三门峡	31	1.416	巴中	17	0.914	无锡	23	1.152
南阳	29	1.292	达州	14	0.876	苏州	22	1.143
周口	29	1.292	资阳	15	0.85	淮安	25	1.236
驻马店	28	1.347	眉山	16	0.846	宿迁	25	1.229
济源	28	1.273	雅安	16	0.907	扬州	22	1.147
武汉	20	0.984	甘孜	30	1.295	杭州	20	1.064
十堰	26	1.202	西昌	25	1.363	绍兴	20	1.107
襄樊	20	1.094	阿坝	35	1.64	宁波	20	1.138
荆门	20	0.983	济南	32	1.325	湖州	20	1.149
孝感	20	1.09	青岛	30	1.05	嘉兴	20	1.138
黄石	25	1.208	淄博	35	1.521	金华	20	1.127
咸宁	19	1.047	东营	36	1.546	丽水	20	1.173
荆州	23	1.164	潍坊	35	1.521	温州	18	1.171
宜昌	20	1.068	烟台	35	1.533	台州	23	1.182
随州	22	1.115	枣庄	32	1.452	舟山	20	1.168
鄂州	21	1.138	威海	33	1.533	衢州	22	1.146
黄冈	21	1.145	济宁	32	1.465	福州	17	1.099
恩施	15	0.848	泰安	36	1.531	莆田	16	1.114
仙桃	17	1.022	日照	33	1.459	南平	18	1.296
天门	18	0.98	莱芜	34	1.515	厦门	17	1.207
神农架	21	1.006	临沂	33	1.48	泉州	17	1.218
潜江	27	1.208	德州	35	1.553	漳州	18	1.202
南昌	16	1.115	聊城	36	1.531	三明	18	1.219
九江	20	1.105	滨州	37	1.561	龙岩	20	1.217
景德镇	20	1.127	菏泽	32	1.465	宁德	18	1.125
上饶	20	1.167	合肥	27	1.146	六安	23	1.147

城市名	倾角/°	电量	城市名	倾角/°	电量	城市名	倾角/°	电量
鹰潭	17	1.143	芜湖	26	1.251	马鞍山	22	1.142
宜春	15	1.048	黄山	25	1.192	宿州	30	1.388
萍乡	15	1.036	安庆	25	1.213	铜陵	22	1.135
赣州	16	1.14	蚌埠	25	1.217	宣城	23	1.133
吉安	16	1.117	亳州	23	1.201	淮南	28	1.317
抚州	16	1.129	池州	22	1.128	阜阳	28	1.307
新余	15	1.104	滁州	23	1.137	淮北	30	1.394

上表数据是根据网络公开资料，再结合实际折算系数，进行了优化调整而得出的。

3.1.3 建设条件分析

（1）工商业建筑资料。光伏项目建设所需的工商业建筑资料如表3-4所示。

表3-4 工商业建筑资料

序号	名称	备注
1	营业执照复印件	项目备案
2	房产证复印件	
3	土地证复印件	
4	建筑施工图	项目设计
5	建筑结构图	建筑荷载分析
6	建筑电气图	项目设计

（2）屋顶情况。对工商业屋顶的考察需注意以下几个方面：

① 建筑物周围及屋顶上附属建筑物的阴影遮挡，如有遮挡，在组件排布设计时需排除阴影遮挡面积，设计标准为冬至日早上9点到下午3点，光伏阵列无阴影遮挡。

② 屋面朝向，以朝南为最佳，日照时间最长，同等装机容量下，发电量最大。

③ 屋顶类型，可分为混凝土屋顶和彩钢瓦屋顶，混凝土屋顶通常按最佳倾角安装，彩钢瓦屋顶一般沿屋面平铺。按最佳倾角安装则对太阳能辐照利用率最高，沿屋面平铺安装，则装机容量较大，可根据项目特征，优化安装方案。

④ 如果是彩钢瓦屋面，需观察彩钢瓦的使用年限，表面锈蚀情况，彩钢瓦的类型（主要由角驰型、直立锁边型、梯形等），根据彩钢瓦类型，设计导轨的安装方式。

⑤ 屋面防水。如果屋面有渗漏现象，应在安装组件导轨前，先做防水处理。

⑥ 根据屋面与并网点之间的相对位置，合理设计光伏电缆走向，优化电缆用量，减少传输损耗，节省建设成本。

⑦ 评估屋面荷载。混凝土屋面设计荷载一般在$200kg/m^2$，都能满足光伏系统的荷载要求。彩钢瓦屋面需根据建筑结构图重新核算载荷。

⑧ 厂房周边环境。厂房周边道路交通便利情况，是否有足够空间吊装光伏设备等。

（3）企业配电情况分析。主要考察企业内部变压器容量和企业周边电网输送线路电压等级及线路接入容量,结合项目装机容量,确定最佳并网模式。

（4）企业用电情况分析。拉取企业近一年用电清单,了解企业的用电量和电价水平,分析企业对光伏发电项目所发电能的消纳能力,探索光伏项目最佳收益率的运营模式。

（5）企业的经营性质分析。分析企业所处的行业和车间的功能设计,一般避免使用排放腐蚀性气体（如化工车间、化学清洗车间等）、排放粉尘（如铸造车间）等厂房屋顶,以免排放物腐蚀、污染光伏组件,影响光伏系统的发电量和使用寿命。

现场踏勘是光伏项目前期开发工作中重要的一环,除了搜集与项目有关的文件资料,还需辅以一些测量工具,如卷尺、测距仪、定位仪、卫星地图等,详细的现场踏勘细节可参考表 3-5 和表 3-6。

表 3-5　分布式光伏发电现场踏勘信息表

填表人		填表时间	
1. 基本信息			
1）企业名称:			
2）地址:			
3）坐标点:			
4）所属类型:□国有企业　□上市公司　□外资　□民营			
5）是否有总平面图:□有　□无			
6）全年投产情况描述:			
2. 配电信息			
1）企业月用电量:最大 kW·h,最小 kW·h,平均 kW·h, 用电量最多月份;用电量最小月份。			
2）企业工作班制:□一班　工作时间至□两班　□三班			
3）变压器规格:台 kV·A			
4）企业用电电价描述:			
5）场内电缆敷设方式:□全场电缆沟　□穿管+检修电缆井　□直埋			
3. 电网接入和高配信息			
1）上一级变电站情况:	所在位置:		
	变电站电压等级（kV）、容量（kV·A）		
	是否有间隔:□有　间隔信息:		□无
2）接入点距离　km,接入线路电压等级: kV,是否专线:□是　□否			
3）计量方式:□高供高计　□高供低计			
4）开关柜型号、出厂日期、生产厂家			
5）操作电源:□交流 V　□直流 V			
6）主接线图或模拟图:□拍照			
7）当前电流和有功功率读数:			
8）有几个备用间隔			
9）图纸资料:□电气　□土建　□暖通			
4. 配电间一			
1）所在位置:			

2)高压测:□开关柜型号出厂日期 □环网型号出厂日期 □仅负荷开关
3)变压器数量、容量:
4)电压配电柜型号、尺寸、出厂日期、生产厂家:
5)无功补偿容量和投入比例:
6)当前低压总柜电流和有功功率读数:
7)有无自备发电机:□有,投切装置手动/□自动 □无
8)剩余可利用空间尺寸:
9)图纸资料:□电气 □土建 □暖通
5. 配电间二
1)所在位置:
2)高压测:□开关柜型号出厂日期 □环网型号出厂日期 □仅负荷开关
3)变压器数量、容量:
4)电压配电柜型号、尺寸、出厂日期、生产厂家:
5)无功补偿容量和投入比例:
6)当前低压总柜电流和有功功率读数:
7)有无自备发电机:□有,投切装置手动/□自动 □无
8)剩余可利用空间尺寸:
9)图纸资料:□电气 □土建 □暖通
6. 建筑一
1)建筑朝向:建筑物高度: m 进出道路情况: 上屋顶方式:□楼内 □外墙
2)周围建筑物遮挡情况: 可利用面积: m²(长: m,宽: m)
3)场地是否满足工程车辆作业:□满足 □不满足
4)厂房类型:□厂房 □办公室 □仓库 主体结构:□混凝土 □钢结构
5)屋面结构:□彩钢,类型 □角驰/□直立锁边 □梯型 □混凝土 □预制板
6)活荷载设计值: kN/m²
7)防水材料类型: 屋面防水现状(有无损伤):
8)是否有刚性防水层:有无屋面排水坡度: % 女儿墙高度: m
9)图纸资料:□结施 □建施 □水电暖
7. 建筑二
1)建筑朝向:建筑物高度: m 进出道路情况: 上屋顶方式:□楼内 □外墙
2)周围建筑物遮挡情况: 可利用面积: m²(长: m,宽: m)
3)场地是否满足工程车辆作业:□满足 □不满足
4)厂房类型:□厂房 □办公室 □仓库 主体结构:□混凝土 □钢结构
5)屋面结构:□彩钢,类型 □角驰/□直立锁边 □梯型 □混凝土 □预制板
6)活荷载设计值: kN/m²
7)防水材料类型: 屋面防水现状(有无损伤):
8)是否有刚性防水层:有无屋面排水坡度: % 女儿墙高度: m
9)图纸资料:□结施 □建施 □水电暖
8. 建筑三
1)建筑朝向:建筑物高度: m 进出道路情况: 上屋顶方式:□楼内 □外墙

续表

2）周围建筑物遮挡情况：	可利用面积： m²（长： m，宽： m）
3）场地是否满足工程车辆作业：□满足　□不满足	
4）厂房类型：□厂房　□办公室　□仓库　主体结构：□混凝土　□钢结构	
5）屋面结构：□彩钢，类型　□角驰/□直立锁边　□梯型　□混凝土　□预制板	
6）活荷载设计值： kN/m²	
7）防水材料类型： 屋面防水现状（有无损伤）：	
8）是否有刚性防水层：有无屋面排水坡度： ％ 女儿墙高度： m	
9）图纸资料：□结施　□建施　□水电暖	

表 3-6　分布式光伏项目投资评审表

项目基本信息	项目名称				项目编号	
	项目地址					
	项目投资类型	□公司自投	□合作投资	□其他	屋顶面积	
	屋顶类型	□混凝土	□彩钢瓦	□混凝土＋彩钢瓦	屋顶建造年份	
	产权信息	□房产证	□土地证	□企业营业执照	资源来源	
	图纸（平面图、建筑图、电气图、结构图）	□电子稿CAD	□纸质图纸	□部分图纸	建筑物照片	□多角度照片（包括屋面、瓦型、底部钢构、门头等）
	业主企业性质	□政府企事业单位	□上市公司	□私营企业	是否行业龙头	□是（提供证明）□否
	用电负荷及配电情况	用户最近以用电负荷、主变容量等。提供一年电费发票			用电电价折扣	
业务部门补充信息与会签：						
技术评估	项目装机容量	预计安装 kW（附件：安装排布图）				
	屋面承载情况	□承载报告成承载计算书		□无（需说明承载预估判断）		
	屋面防水面积	情况描述：				
	电力接入情况	情况描述：（需说明接入电压等级、接入点数量、接入距离、电气布线情况、附上电气一次主接线图）				
	电力消纳情况	情况描述：（需说明发用电量对比、发用电功率对比情况，附上发用电功率和发用电量曲线图）				
	电站勘查情况	情况描述：（附上踏勘表）				

（6）相关规范、政策分析。屋顶分布式电站的发展，离不开国家相关政策的推动；反之，针对分布式光伏电站的政策调整必将对屋顶分布式光伏的建设产生重大影响。例如2016年8月1日国家出台的"屋顶分布式电站结构国家标准"中规定，屋顶分布式电站设计应严格遵循国家现行强制性标准要求，即2016年8月1日起施行的《门式刚架轻型房屋钢结构技术规范》（GB 51022—2015），规范对在门刚式建筑上做屋顶电站产生了极大影响，主要包括以下两点：第一，风荷载标准值的计算，在旧规基础上，对于刚架主体，要求乘以1.1的系数，对于檩条等构架要求乘以1.5的系数；第二，基本雪压取值改为按照100年重现期取值，而旧规程为50年。新的计算要求直接导致了许多建筑，即便不新增光伏荷载也无法计算通过。而根据"新屋顶分布式电站结构国家标准"中规定：新建、扩建或改建的并网光伏发电站和100kW及以上的独立光伏发电站，在既有建筑物上增设光伏发电系统，必须进行建筑物结构和电气的安全复核，并应满足建筑结构及电气的安全性要求。也就是说对于门刚屋顶，加固设计应严格依据现行有效的国家强制性标准，再不能以旧规程计算代替。新标准导致2017年新开发的电站每瓦成本将增加0.3元以上。

新屋顶分布式结构标准出台后，影响的不仅仅是电站建设成本，在法律责任以及保险理赔方面也带来了巨大影响。在法律责任方面，结合国家标准化法，自2017年新开发的屋顶分布式项目，如果违反国家相关强制性标准的要求，在分布式光伏电站设计中不进行建筑可靠性鉴定，或者不遵循现行国家标准，即可能面临行政处分；如果因此造成质量安全事故，还会面临严重的行政处罚和刑事责任，相关企业负责人将会受到惩罚。

2017年新开发的分布式电站在保险理赔风险保障方面也进一步受到了影响，对于违反国家法律、行政法规中的禁止性规定、设计错误、原材料缺陷或工艺不善引起的损失和费用等将列为保险合同免责的事由，在保险发生事故发生后有权不予赔偿。

另一方面，地方政府对项目所在企业地块的规划也会影响屋顶分布式光伏电站项目的稳定性和收益。

（7）地方保护政策分析。尽管国家相关政策规定，地方不得出台针对光伏项目投资的地方保护政策，但在实际操作中，仍然有不少地方政府出台相关限制性政策。例如合肥市投资光伏电站项目，必须采购当地产品名录内的组件和逆变器，否则无法享受合肥市0.25元/kW·h的度电补贴。

（8）当地自然条件分析。调取项目所在地近50年大雪、大风、地震等气象数据，根据可能出现的异常天气现象，在项目建设和运维期间，采取相应的防范措施。对于沿海地区的屋顶分布式光伏项目，要充分考虑台风影响，增加光伏阵列和电气设备的防风等级。

3.2 商务评估

对于分布式光伏电站项目的商务评估主要包括以下几个方面。

（1）屋顶业主的企业性质。众所周知，分布式光伏项目运行周期长达25年，这意味着用于建设分布式光伏电站的企业屋顶至少要存在25年之久，而据国家工商总局数据显示，近6成企业的平均寿命在6.09年左右，远远达不到光伏电站运行所需的年限。据数据显示，其中批发和零售业企业倒闭数量最多，占退出市场企业总量的36.2%；其次是制造业，占比17.1%；租赁和商务服务业居第三位，占比9.7%。因此，挑选出合适的企业是确保分布式光伏项目长期运行的关键，根据中国国情和市场经验，通常具有国资背景的企事业单位、经营状况良好和有行业竞争力的上市企业、有核心技术的私营企业存活时间较长，是开发建设分布式光伏项目的首选。

（2）企业诚信度。企业的诚信度是光伏项目运行的潜在风险，特别是对"自发自用、余电上网"模式的光伏项目，直接关系着能否按时、足额收取电费，影响项目的收益率。在对分布式光伏项目做商务评估时，可先登录"国家企业信用信息公示系统"（http://www.gsxt.gov.cn/index.html），查询拟租用屋顶的企业的诚信状况。

（3）所租用屋顶所属房产的抵押情况。如果所租用屋顶所属房产已经抵押给银行或金融机构，则存在房产被用于抵债、查封、拍卖的风险，需在屋顶租赁协议中对这一风险订立应对条款。

（4）地方政府和电网公司对补贴和电费的结算流程和周期也是对分布式光伏项目进行商务评估时需要考虑的因素。结算周期的长短与电站的收益和资金成本直接相关。

3.3　评估量化机制

分布式光伏项目建设期成本一般包括组件、逆变器、支架、施工、输配电线路、辅材等部分，各部分所占比例如表 3-7 所示。对于 10kV 及以上电压等级的光伏电站还需增加升压站的建设成本，将在下文另做分析。

表 3-7　分布式光伏电站成本构成

名称	占比	名称	占比
组件	65%	逆变器	6.5%
支架	4.6%	桥架	1%
电缆	4.5%	施工	6.5%
其他设备及辅材	12%		

光伏电站建成投入运营后，需要建立完善的运维管理制度，配备相关的运维人员或者把运维工作外包给第三方公司，通常每年的运维费用约为 0.04 元/W。

场地租金是光伏电站运营期间的另一项较大支出，场地租金可分两种方式支付，一种是与场地业主采取能源管理合同的方式，给予电价打折，这种方式适用于用电量较大的场地业主，一般可以在供电公司用电电价的基础上打 8 折到 9 折；另一种支付方式是在 25 年内以固定的价格按占用面积支付租金，根据各地辐照资源、补贴政策的不同租金也有高低之分，通常可占到电站发电年平均收益的 6% 左右。

光伏组件和逆变器是光伏电站的核心设备，其中光伏组件的使用寿命为 25 年，25 年内组件功率衰减不大于 20%，在电站 25 年运营周期内，只需要做正常的清洁维护，基本不需要更换。逆变器的质保期一般在 5 年，使用寿命通常在 10 年左右，随着使用年限的增加，逆变器中的电子元器件逐渐老化，转换效率降低，达到使用寿命后，需要整体更换。随着技术进步，逆变器价格逐渐下降，本章中假定更换时，逆变器价格为建设期价格的 80%。光伏电站中涉及到的其他辅材所占比例较小，在此不做分析。

涉及光伏发电的主要税收包括增值税、所得税、附件税。增值税方面，按照国家能源局综合司下发的《关于减轻可再生能源领域涉企税费负担的通知》的规定，截止到 2020 年 12 月 31 日，对纳税人销售自产的利用太阳能生产的电力产品，实行增值税即征即退 50% 的政策。企业所得税方面，太阳能光伏发电企业符合《企业所得税法》第二十七条第二款、《企业所得税法实施条例》第八十七条及《公共基础设施项目企业所得税优惠目录（2008年版）》"由政府投资主管部门核准的太阳能发电新建项目"条件的，自项目取得第一笔生产经营收入所属年度起，第一至第三年免征所得税，第四年至第六年减半征收企业所得税的规定。

现以安徽省合肥市某2.9MW项目为例，对光伏电站进行量化评估分析。该项目采取10kV全额上网的并网模式，并网时间在2017年6月，光伏并网电价为合肥市标杆上网电价0.98元/kW·h，合肥市级补贴0.25元/kW·h，连续补贴15年。该项目成本构成如表3-8所示。

表格3-8 合肥某2.9MW 10kV并网分布式光伏电站成本分析

名称	单价/ （元/W）	名称	单价/ （元/W）	名称	单价/ （元/W）
组件	3.1	逆变器	0.295	数据采集器	0.011
环境监测仪	0.006	高压柜	0.171	汇流箱	0.045
变压器	0.203	无功补偿设备	0.105	二次设备	0.133
通信设备	0.188	直流电缆	0.102	交流电缆	0.178
项目单价/（元/W）			5.4		
总投资额/（万元）			1548.18		

该项目银行贷款占总投资额的70%，银行综合年利率9%，以等额还本付息的方式，分10年偿还银行贷款，设备折旧年限10年，项目各项量化经济指标如表3-9、表3-10所示。

表3-9 合肥某2.9MW 10kV并网分布式光伏电站经济效益分析（一）

年份	发电量 /kW·h	电价 /（元/kW·h）	销售额 /万元	银行利息 /万元	设备折旧 /万元	运维费 /万元	场地租金 /万元
1	290.7	1.23	357.56	94.69	131.87	11.6	29
2	288.4	1.23	354.70	88.12	131.87	11.6	29
3	286.1	1.23	351.86	80.94	131.87	11.6	29
4	283.8	1.23	349.05	73.07	131.87	11.6	29
5	281.5	1.23	346.26	64.48	131.87	11.6	29
6	279.3	1.23	343.49	55.07	131.87	11.6	29
7	277.0	1.23	340.74	44.78	131.87	11.6	29
8	274.8	1.23	338.01	33.53	131.87	11.6	29
9	272.6	1.23	335.31	21.22	131.87	11.6	29
10	270.4	1.23	332.63	7.76	131.87	11.6	29
11	268.3	1.23	329.96	0.00	0.00	11.6	29
12	266.1	1.23	327.32	0.00	0.00	11.6	29
13	264.0	1.23	324.71	0.00	0.00	11.6	29
14	261.9	1.23	322.11	0.00	0.00	11.6	29

续表

年份	发电量 /kW·h	电价 /(元/kW·h)	销售额 /万元	银行利息 /万元	设备折旧 /万元	运维费 /万元	场地租金 /万元
15	259.8	1.23	319.53	0.00	0.00	11.6	29
16	257.7	0.98	252.55	0.00	0.00	11.6	29
17	255.6	0.98	250.53	0.00	0.00	11.6	29
18	253.6	0.98	248.52	0.00	0.00	11.6	29
19	251.6	0.98	246.54	0.00	0.00	11.6	29
20	249.6	0.98	244.56	0.00	0.00	11.6	29
21	247.6	0.3693	91.42	0.00	0.00	11.6	29
22	245.6	0.3693	90.69	0.00	0.00	11.6	29
23	243.6	0.3693	89.97	0.00	0.00	11.6	29
24	241.7	0.3693	89.25	0.00	0.00	11.6	29
25	239.7	0.3693	88.53	0.00	0.00	11.6	29

表 3-10　合肥某 2.9MW 10kV 并网分布式光伏电站经济效益分析（二）

年份	设备更换费 /万元	增值税 /万元	所得税 /万元	附加税 /万元	利润 /万元	净利润 /万元	净现金流 /万元
0							−1548.18
1	0	0.00	0	0.00	90.40	90.40	222.27
2	0	0.00	0	0.00	94.11	94.11	225.98
3	0	0.00	0	0.00	98.45	98.45	230.32
4	0	12.94	0.00	0.00	103.51	90.57	222.44
5	0	0.00	13.66	0.00	109.31	95.64	227.51
6	0	0.00	14.49	0.00	115.95	101.45	233.32
7	0	26.44	23.53	2.91	94.14	70.60	202.47
8	0	49.11	19.37	5.40	77.50	58.12	189.99
9	0	48.72	21.88	5.36	87.54	65.65	197.52
10	0	48.33	24.69	5.32	98.75	74.06	205.93
11	84.6	47.94	37.89	5.27	151.55	113.66	113.66
12	0	35.27	61.89	3.88	247.57	185.68	185.68
13	0	47.18	57.93	5.19	231.74	173.80	173.80
14	0	46.80	57.39	5.15	229.56	172.17	172.17
15	0	46.43	56.85	5.11	227.40	170.55	170.55
16	0	36.70	42.80	4.04	171.22	128.41	128.41
17	0	36.40	42.38	4.00	169.52	127.14	127.14
18	0	36.11	41.96	3.97	167.84	125.88	125.88
19	0	35.82	41.54	3.94	166.17	124.63	124.63
20	0	35.53	41.13	3.91	164.52	123.39	123.39

续表

年份	设备更换费 /万元	增值税 /万元	所得税 /万元	附加税 /万元	利润 /万元	净利润 /万元	净现金流 /万元
21	0	13.28	9.02	1.46	36.08	27.06	27.06
22	0	13.18	8.87	1.45	35.47	26.60	26.60
23	0	13.07	8.71	1.44	34.86	26.14	26.14
24	0	12.97	8.56	1.43	34.25	25.69	25.69
25	0	12.86	8.41	1.42	33.65	25.24	25.24
内部收益率				12%			

通过对分布式光伏项目的量化评估，可以更有效分析光伏项目各成本构成的影响大小，优化项目成本控制，实现投资收益最大化。

◆ 参考文献 ◆

［1］ 周志敏. 分布式光伏发电系统工程设计与实例. 北京：中国电力出版社，2014.

［2］ 沈洁. 光伏发电系统设计与施工. 北京：化学工业出版社，2017.

［3］ 丁杰，周海等. 风力发电和光伏发电预测技术. 北京：中国水利水电出版社，2016.

［4］ 李芬. 光伏资源精细化评估与预报技术研究. 北京：气象出版社，2016.

［5］ 郭家宝. 光伏电站设计关键技术. 北京：中国电力出版社，2014.

第4章

分布式光伏电站的商业模式及融资方式

对于分布式光伏电站的所有者来说，其目的必然是通过出售电站所发电量获得利润，从这个角度来说分布式电站的商业模式很简单。但在分布式电站开发、备案、接入设计、融资、建设、运营及可能的所有权转让等诸多环节中涉及到多方面的利益体：建筑所有者、光伏电量使用者、初期投资者、托底投资者（所有者）、银行（或其他金融机构）、电力公司、总包商、运维商、中介服务商等等。这些利益体有不同的心态和利益诉求，它们有时是分别独立的，有时又是合并的，一个光伏电站能够顺利并网运营必然是各方利益得到满足的结果。而平衡各方诉求、最终能够保证电站并网发电的具体可行的操作方案，我们在本书里统称为分布式光伏电站的商业模式。在现实操作中有多种商业模式存在，具体采用何种商业模式取决于建设电站的并网情况、资金来源、预期经济效益、屋顶业主类型等多重因素。根据目前国内的实际情况，我们主要讲述以下三种并网接入的分布式电站：①建设于一般工商业屋顶的电站；②家庭户用电站；③扶贫电站。对于离网的独立分布式电站，由于其建设规模小、储能成本高、应用场景特殊等原因，往往由使用单位（个人）或政府、公益机构直接出资进行招标建设，商业模式简单，本书不再赘述。

4.1 建设于一般企事业单位屋顶的电站[1~5]

众所周知，并网分布式光伏发电有利可图，目前国内光伏发电领域的投资行为也没有市场准入要求，门槛较低，凡是有一定资金实力或融资能力的个人或单位实体均可投资光伏电站。因此很多生产耗能大、屋顶面积大且建设条件好的企业会考虑自己投资在自身屋顶上进行光伏发电。但真正自己出资在厂房屋顶建设光伏电站的企业仍是少数，只有部分光伏行业内的上下游企业会落地实施，大部分企业仍然采用引入外部电站投资者出资，自身靠出租屋顶或享受用电优惠的方式获利。本章也是针对此种电站投资者与建筑所有者为不同实体的情形进行讲述。

4.1.1 大部分光伏电量能够"自发自用"的电站——合同能源管理模式

由于国内的工商业电价明显高于居民用电价，居民用电价格也明显高于脱硫燃煤标杆电价，而且国家对于自用的光伏电量有额外补贴，因此在大部分地方光伏发电"自发自用"另加国家补贴后的总电价往往高于全额上网的标杆电价，这样建在工商业屋顶的分布式光伏电站一般来说会优先采用"自发自用"或"自发自用、余电上网"的并网模式，即在电站设计时便考虑所发光伏电量的绝大部分能够被建筑屋顶的所有者即时使用掉，这种情况下电站投资的收益可以最大化。电站投资者可以通过签署合同能源管理协议给予建筑所有者一定程度的电价优惠以抵充屋顶租金（建筑所有者用电越多则双方得到的利益都会更多），或者直接支付屋顶租金而电价没有优惠。这种模式下一般采取的步骤如下：

（1）电站投资者（或其成立的项目公司）与建筑所有者签订《合同能源管理协议暨屋顶租赁与使用协议》（见协议模板附录4-1及附录4-2），双方约定租金的支付方式和电费结算方式；并根据建筑所有者提供的建筑结构设计图及竣工图纸，聘请第三方有资质的单位对建筑屋顶进行载荷评估，出具载荷报告以确定屋顶承载光伏电站的安全性或达到安全标准所必需的加固方案。

（2）电站投资者（或其成立的项目公司）在项目所在地发改委部门进行投资备案；并向当地电力部门提出入网申请，由电力部门经现场勘验后出具分布式光伏电站接入意见书。

（3）电站投资者（或其成立的项目公司）完成融资过程，聘请有资质的单位进行设计、采购、建设施工、并网调试、监理等工作。

（4）由发改委、电力等相关部门对电站进行验收，验收合格后电站投资者（或其成立的项目公司）与电力部门签订相应购售电合同。

在大多数情况下，建筑所有者与光伏电站使用者是同一单位，因此合同能源管理协议（电费结算协议）与屋顶租赁使用协议可以合二为一。但有时建筑所有者已经将建筑整体出租给第三方使用，即用电单位为第三方，在此种情形下可分两类情况处理：

a. 若第三方用电单位与建筑所有者或建筑所有者聘请的物业管理公司进行电费结算：这种情形往往出现在一些小型工业园区中。在上述步骤（1）中，电站投资者（或其成立的项目公司）应额外与第三方签订屋顶使用同意书，即第三方同意电站投资者使用屋顶建设电站；或者将第三方纳入到《合同能源管理协议暨屋顶租赁与使用协议》中签订三方协议，协议中写明第三方同意电站投资者使用屋顶。之所以要征得第三方的同意，是因为第三方与建筑所有者已经签署了租赁协议，从法律上来说若此租赁协议中没有关于屋顶使用的特别约定，则建筑整体（包括屋顶）的使用权在租赁期内已归第三方所有。此种情形下若要第三方同意建设屋顶电站，在实际操作中电站投资者必然要额外分出一部分利益给第三方。若第三方要求过多且电站投资者考虑到25年光伏运营期内租户变动的不确定性，往往会放弃投资或考虑转为"全额上网"模式，因此项目落地的成功率不高。笔者曾经见证过某屋顶光伏项目建筑所有者与第三方租户签署的租赁协议中（因某些特殊原因）将屋顶使用权排除在外，这样电站投资者可以完全按照上面步骤（1）～（4）进行项目落地，而不必会第三方租户，但这种情况很少见。

b. 若第三方用电单位直接与电力公司进行电费结算：这种情形往往出现在政府所有并运营的大型工业园区中。在上述步骤（1）中，理论上电站投资者（或其成立的项目公司）应分别与建筑所有者签订屋顶租赁使用协议、与第三方签订合同能源管理协议（电费结算协议）及屋顶使用同意书。这样电站投资者既要付出屋顶租金也要给出电费优惠，并且考虑到第三方与建筑所有者的租约很可能远短于光伏运营期25年，电站投资者往往放弃投资或另考虑"全额上网"模式，因此这种形式的项目在现实中很难落地。

在实际的分布式电站开发过程中，电站投资者往往是通过中介（熟人或其他光伏相关企业）与有意向在屋顶建设光伏电站的建筑所有者取得联系，并在中介的协调下使双方达成一致签订合同能源管理协议及租赁协议，在进场施工和并网初期收取电费期间也需要中介协调双方相关事宜，因此在整个分布式电站开发的链条上中介的作用不可忽视。一般来说若中介是与光伏行业本身无关的个人或实体，则电站投资者（或其成立的项目公司）可在上面步骤1中与中介同时签订咨询协议来分期支付其相应服务费用；若中介也是光伏行业相关企业，则电站投资者（或其成立的项目公司）可在上面步骤（3）中酌情给予其分包合同，若中介是光伏系统中某设备的生产企业，则可在项目建设过程中优先采购其产品。

附录4-1与附录4-2是"自发自用"前提下的合同能源管理模式的样板协议，这两个协议的相同点是：

① 没有提到签订协议后立即缴纳的保证金（或诚意金、押金、维修基金等）事宜。由于后期发改委备案、电网接入意见以及政府政策变化引起的项目不确定性，电站投资者一般不愿意提前拿出保证金，而建筑所有者认为东西租出去了就应该有保证金，否则协议若没有执行下去耽误了屋顶出租也是一种损失。这是大部分情况下双方不能达成一致的重要因素之一。

② 没有过多提及关于建筑本身所有权是否已经抵押的因素。若建筑物产权已经抵押给银行，有的光伏电站投资者会要求银行有一定的承诺。

③ 没有提及若建筑发生拆迁后关于光伏电站的具体补偿事宜。建筑物发生拆迁往往是政府行为，非协议双方所能控制，但理论上也不属于不可抗力因素，因此双方要根据现实情况综合考虑如何在协议中进行描述。

两个样板协议的不同点在于：

① 附录4-1明确了屋顶使用的起止日期，若建筑使用者选取收取租金、电费不打折的模式，则电站投资者需要在固定日期开始付租金，而不论电站是否建成；附录4-2则没有明确使用日期，仅是在电站投资者认为符合动工条件时通知建筑所有者交付屋顶供其使用。

② 附录4-2中用不少篇幅提到由"自发自用"模式向"全额上网"模式的转变条件及细则；附录4-1中未有提及此点，而更着重于电费结算的约定。

③ 附录4-1中甲方为光伏电站投资者，乙方为建筑所有者，附录4-2中反之。

另外给予光伏电量使用者的电价优惠额度目前市场上一般为5％～30％不等，但这个优惠额度仅为相对值，是从每个光伏电站投资者的目标电价绝对值与光伏电量使用者的用电平均电价比较后得出的，而光伏电站投资者的目标电价绝对值又是其根据自身的收益测算模型得出的。总的来说电价优惠额度主要决定于以下几个因素：

① 用电类型。商业用电比工业用电电价高；一般工业比大工业电价高；大工业比直供电工业电价高；35kV工业直供电比110kV工业直供电电价高，工业电价比教育用电电价高；教育用电比农业用电电价高。因此很多时候给商业客户电价打九折比给大工业客户电价打八五折实际上优惠的力度更大。

② 峰平谷划分。电网给予一般工业电价为分时电价，分为尖峰、峰段、平段、谷段，电价也逐级降低，特别是谷电远低于其他时段电价。由于光伏发电仅在白天进行，早8点至晚6点的时段划分对光伏电价影响明显，这个时段在全国大部分地区都处于尖峰、峰段、平段，没有谷段，因此按照白天时段每小时光伏发电量加权平均得出的光伏电量的平均电价比较高，接近于峰电的价格；然而在部分地区（例如杭州）中午11～13点为谷段，恰好是一天中光伏发电出力功率最大的时间，这样按照每小时光伏发电量加权平均得出的光伏电量平均电价就较低，与平段电价相近。有时光伏投资者为了规避这一风险，与光伏电量使用者协商一个固定电价，而不是以电网的分时电价为结算基准，附录4-1模板协议条款4.1中即给

出了这样的选项。

③ 用电时段与用电习惯。由于"自发自用、余电上网"模式中，自用的光伏电量收益明显高于未被消纳而上网的余额电量，因此光伏电站在设计时就应充分考虑光伏电量使用者的实际用电时段与用电习惯（例如某台变压器或某个厂房在某个季节和时段的用电量），确保在光伏电站发电出力最大的季节和时刻用户都能把大部分光伏电量消纳掉。只有在对用户的用电时段与用电习惯深刻了解的基础上，有针对性的进行光伏电站设计，才能准确计算出实际的光伏发电收益，进而给出合理的电价优惠额度。

④ 电站投资者的建设成本、财务成本、运维要求及目标投资收益率。这些是光伏电站投资者在使用其经济性测算模型推演光伏电价的主要影响因素。有些企业可以得到国家策略性银行的低息长期贷款，有些则只能拿到商业银行的高利率短期项目贷款；有些企业对光伏投资的收益率目标仅为 8％，有些则要达到 12％；有些企业对分布式电站使用远程监控、无人值守、定期巡检的后期运维方式，有些则必须雇佣现场全职员工；有些投资者可以接受使用国产电气零部件，有的则要求必须进口品牌或指定品牌；等等此类，不一而足。因此针对同一项目，不同的光伏电站投资者会给出差别很大的电价优惠额度，因为这是个性化的，无法跟风其他人。

由以上分析可见这个电价优惠额度是每个投资者根据自身情况及对项目考察的深度决定的，切不可为了先把屋顶租下来而人云亦云，搞恶性竞争，最终只会害人害己。

总之，附录协议仅做为参考模板，真实协议中的具体条款要符合项目实际情况，符合双方的合理利益诉求才能使项目真正实施落地。

4.1.2 光伏电量"全额上网"的电站——纯租赁模式

根据目前的分布式光伏政策，"自发自用"的光伏电量收益显著高于"全额上网"的光伏电量，但现实中大部分的分布式电站仍然选择"全额上网"模式，甚至不选择"自发自用、余电上网"的中间道路，主要基于以下几个原因。

（1）对于光伏电量使用者的不信任。这种不信任包含两个层面，一是否有意愿、有能力依据协议按时、足额支付电费，有些用电企业恶意拖欠，或者使用长期承兑汇票支付，更有甚者以实物来抵充光伏电费，而光伏电站投资者面对此种情况并没有有效的反制措施，虽然个别地区（例如浙江诸暨市）分布式光伏电费可由当地电力公司代收，但无法全面彻底地解决此问题；二是否能在 25 年光伏运营期内稳定经营，其业务发展和经营情况直接影响到自用部分的电量数额及能否收到电费，而这个不确定性对于光伏电站投资者来说完全无法把控，甚至对于光伏电量使用企业自身来说都无法保证。因此很多投资者舍弃了表面很完美但充满风险的"自发自用"模式，宁愿选择收益率较低，但更有保障的"全额上网"模式，因为"全额上网"是向电力公司收取电费，而电力公司是国有企业，不按时足额支付电费的概率很小。反过来说，那些最终采用"自发自用"或"自发自用、余电上网"模式的分布式电站，其中光伏电量使用者往往是国企、央企、事业单位、主板上市公司、或者至少是当地的龙头企业，因为它们违约的概率小或者违约的成本高，所以投资者才愿意与它们按照"自发自用"或"自发自用、余电上网"的模式合作。

（2）屋顶可用面积（即最大光伏装机容量）与可消纳电量之间的矛盾。在分布式电站实际开发过程中普遍存在的问题是：符合光伏电站建设要求的屋顶面积较大，可安装的光伏装机容量也大，而所发的大部分电量受限于变压器容量或光伏电量使用者的用电情况而无法消纳。例如大型体育场馆和学校就属于此类。这样的情况下有两种选择：一是尽量利用全部屋顶安装最大的光伏装机容量，通过升压方式跨过厂区变压器直接"全额上网"；二是根据变压器容量或用电量的大小反推全部光伏电量能被用掉的光伏装机容量，从低压侧"自发自用"，这种情况下装机容量往往小很多，屋顶利用率也很低。理论上也可以采用第三种方式，即按照屋顶面积安装最大装机容量，然后采用"自发自用、余电上网"的并网模式，但这在实际中是不可行的，因为过多（超过变压器容量）的余电上网会引起电网供电的不稳定，电力公司不会同意。即便同意也会要求花费很多资金购买各种保护设备和新增变压器，最终在投资收益上也无法满足要求，因此只能选择一或二两种方案之一。对于投资者来说，不论光伏项目大小，融资过程和手续资料都是一样的复杂，因此大体量的项目更受青睐，而且装机容量越大单位成本越低；对于建筑所有者（光伏电量使用者）来说，装机容量越大所占屋顶面积也越大，则租金收益肯定大于小体量电站发电的电价优惠收益，这样它就会舍弃光伏电量使用者的身份，即不再考虑用电优惠，而是以纯粹的屋顶出租者身份参与进来。由此从利益各方的角度来看"全额上网"成为最佳选择。

（3）从目前电力行业改革的趋势来看，将来发电厂会与用电客户直接进行市场化的购售电交易，电网公司仅收取过网电量的过路费。这种高压侧的"全额上网"模式在技术上更有利于将来市场化购售电行为（见 4.1.3）的实现，因此也受到有志于此的光伏投资者的喜爱。

"全额上网"光伏电站项目的具体操作方案与"自发自用"基本一致，只不过不用在4.1.1 节步骤 1 中签署《合同能源管理协议暨屋顶租赁与使用协议》，而是直接签订《屋顶租赁与使用协议》，可在附录 4-1 或附录 4-2 的基础上直接简化，去除关于电费结算的约定并明确租金数额即可。或可参照附录 4-3。

在《屋顶租赁与使用协议》中最核心的条款是关于租金的约定。首先，目前市场上的租金水平约为 4～8 元/(m² • a)，在一些有地方政府补贴的区域会高一些，但最高未见到超出10 元/(m² • a)；另外关于具体面积的计算，可按照光伏区域实际需求面积，亦可按照房产证面积，但笔者认为按照光伏电站的实际装机容量更为公允（即元/MW • a），这样可以避免一些不适于安装光伏（例如遮阴部分）的面积计算在内，一般来说正常的彩钢瓦屋顶每一万平方米可安装一兆瓦光伏系统，也就是说 4～8 元/(m² • a) 的租金对应 4 万～8 万元/(MW • a)，其次，与租赁房屋不同，光伏电站屋顶的年租金水平是固定的，一般每年不会递增，因为按照目前的上网政策光伏电站的收益也基本是 20 年锁定的。再次，租金的支付可以是每 1～3 年支付，最多不超过 5 年一付，若建筑所有者要求多年一次性支付，则应适当降低租金水平。

4.1.3　区域市场化电力交易

为吸引更多资本力量投资分布式光伏领域，需要面积广阔的屋顶建设大体量的光伏发电系统，而大规模的屋顶一般都来自多个不同产权人，或存在着多个电力用户。在当前的政策环境下，一套计量表对应一个电力用户，以一个点来结算的模式增加了光伏电站项目设计的难度和电费收取的困难。常见问题有：电站设计大了，厂区内用户可能用不掉，而余电低价值高成本上网，即使采用全额上网模式也只是权宜之计，一定程度上违背了推广分布式光伏电站的本意；设计小了则可能会浪费建设条件好的屋顶；用户欠缴、拒缴光伏电费，甚至用电客户频繁更换造成管理难、收费难。每个工商业分布式光伏电站都可能存在此类问题，投资者难以规避因此产生的资金回收或资金链断裂的风险。

解决以上问题的一个直接方案是在某区域内或某电压等级下的局域网内设立集中管理平台来智能地调配区域内分布式光伏上网电量，此平台也同时具备交易和结算的功能。这种区域电力交易的方案既可以使大面积屋顶电站中无法自用的部分给"邻居"使用，避免屋顶资源浪费，又可以优先交易光伏电量，达到推广分布式新能源的初衷，还可以即时结算以有效规避收光伏电费难的风险，可谓一举多得。

在政策层面上，光伏区域电力交易结算方式符合《中共中央国务院关于进一步深化电力体制改革的若干意见》（中发【2015】9号文件）和《配电体制改革配套文件——附件5：关于推进售电侧改革的实施意见》中所提出的可实行交易方案，电网的输配电功能使得光伏系统发电输出的效益达到投资预期目标，供电公司已有的电费收缴模式和渠道也可得到有效的应用，无需重复开发电费管理系统。在技术层面上，需要一个智能微网管理平台，起到如下作用：

① 针对每个屋顶间实际距离远，巡检维护困难，将分散的分布式光伏电站进行统一管理，结合单个地点坐标与地区气象大数据进行实时功率的理论分析，对每个小范围的光伏系统输出进行精细计量与预测，保证电力供、需侧平衡；

② 针对不同时期在同一地区新开发的分布式光伏电站，系统提供扩展容量，可以接纳一定量的分布式光伏电站；

③ 针对电网难以参与实际操作分布式光伏电站的权限问题，平台提供双闭环监视与控制电站，远程控制并、离网，与供电部门可以紧密连接，执行规范制度，随时操作；

④ 每个并网点的保护测控终端对电网实时监测，能随时被中心控制，实现故障预警，有效地抑制问题与故障的扩散，保障安全；

⑤ 服从电网调度指挥操作各个并网点逐个并、离网，将有效地缓解因日全食、区域停电维修导致的光伏系统短时间内同时停、开机对主电网和电器的冲击；

⑥ 完善电力的发、购、输、配、售的电力改革环节，积极应对未来适应高比例可再生能源接入，适应电力市场发展的新型电网架构可能会要求的改变。达到以上基本要求仍须大量的技术开发工作，特别是在较低电压等级侧满足这些技术要求。

区域光伏电力交易的方案一旦推广开来，将会对分布式光伏电站的商业模式造成深远的影响。一方面投资者无需担心光伏电量能否用掉的问题，类似于"全额上网"只需将屋顶租赁下来即可；另一方面，可在交易平台上将光伏电量以市场价格卖出，不用担心"全额上网"电价较低导致投资收益率低的问题，而且电量即卖电费即收，现金流有保证。

在2016年夏天，国家能源局的相关部门领导曾在浙江杭州与当地的电网部门就分布式发电区域市场化交易展开讨论，地方电网公司对这一举措表示了支持。进入2017年3月，国家能源局综合司发出《关于征求对〈关于开展分布式发电市场化交易试点的通知〉意见的函》，即国能综新能【2017】167号文件。该文件中指出分布式发电实行市场化交易机制，项目单位与配网内就近用户进行电力交易，电网企业收取过网费。分布式项目可在110kV变电台区内进行市场化电量交易。在正式文件出台后，地方政府将向国家能源局上报试点方案，最终的试点城市将在2017年5月31日前批复，并于7月1日起启动交易。国家能源局将在2017年底前完成对试点地区的总结评估，并酌情确定推广范围和时间。根据这个文件的精神，对分布式光伏项目有以下影响。

（1）分布式光伏发电可有三种交易模式

① 直接售电给电力用户，向电网企业支付过网费。交易范围不超过110kV变电台区，

可理解为在一个变电站覆盖的负荷消纳区域内卖电给任何电力用户，即实现了大家常说的卖电给邻居；

② 委托电网企业代售电给电力用户。电网企业扣除过网费后将剩余售电收入转付给分布式光伏发电企业，即实现了电网代收电费；

③ 电网企业全额收购分布式光伏发电项目的上网电量。收购电价为本地区煤电标杆电价加 110kV 输配电价，即"全额上网"项目有了电量全额收购保障。假设脱硫煤标杆上网电价是 0.39 元/（kW·h），110kV 输配电价 0.2 元/（kW·h），那么全额上网分布式光伏电站在不算补贴的前提下已实现 0.59 元/（kW·h）的收入，实现保本。

（2）过网费标准及执行办法

① 采用电网代售和直接交易模式的，过网费按接入电压等级和输电距离确定，原则上电压等级越低，输电距离越近，过网费越少；

② 电力用户"自发自用"（含微电网内部）或者在 10kV（20kV）电压等级的同一变电分区内消纳的，免收过网费；

③ 接入电压等级为 35kV 到 110kV，在同一变电台区内消纳的，过网费等于本地区最高输配电价减去电力用户所在电压等级输配电价。

（3）具备交易的资格

① 接入电压等级 110kV 及以下的配电网内，可实现就近消纳；

② 单体容量不超过 20MW，原则上接入电压等级不超过 35kV，总装机量不超过就近交易变电台区年平均负荷的 80%；

③ 交易需求方（电力用户）需符合产业政策，达到环保节能标准，没有电网结算方面的不良记录。

（4）电费收缴、结算、补贴支付和碳减排量

① 分布式光伏上网电量、电力用户自发自用之外的购电量由当地电网公司负责计量，包含分布式光伏发电交易电量在内的电力用户从电网所购买的全部电量均由当地电网公司负责收缴；

② 电网公司扣除过网费后的分布式光伏发电所有售电电费，均由电网公司代缴后转付给分布式光伏发电企业，按月结算；

③ 可实施交易保证金和预付费制度，保障电力用户和售电企业的结算安全；

④ 现阶段国家分布式光伏度电补贴由电网公司转付；

⑤ 分布式光伏交易电量对应的节能量计入购电方，碳减排量归属由交易双方协商约定。在实行可再生能源电力配额时，通过电网交易的可再生能源电量计入当地电网企业的可再生能源电力配额完成量。

（5）设立分布式电力交易平台

① 依托市县级电网公司调度机构，建立分布式电力交易平台信息管理系统。或者在省级电网调度机构设立市县级电网区域分布式电力交易信息管理系统设立子模块；

② 分布式光伏发电供需双方均需接受调度管理，不需要分布式光伏发电项目的上网电力与电力用户用电负荷进行实时平衡；

③ 分布式光伏发电项目经向当地能源主管部门备案，并经电网企业进行技术审核后，即可与就近电力用户按月（或年）签订电量交易合同。在分布式发电交易平台登记，经交易平台审核同意后，供需双方即可进行交易。

（6）分布式发电市场交易试点工作组织

① 选择分布式可再生能源资源和场址条件好，当地电力需求较大，电网接入条件好，能够实现分布式发电就近接入配电网和接近消纳，并且可以达到较大总量规模的市县级区域及经济开发区、工业园区、新型城镇化区域等；

② 2017 年 4 月 30 日之前，各地完成试点方案编制，进行交易平台建设准备。2017 年 5 月 31 日之前，国家发改委、国家能源局批复第一批试点方案。2017 年 6 月 30 日之前，第一批试点地区完成交易平台建设、制订交易规则等相关工作，7 月 1 日起启动交易。2017 年 12 月 31 日之前，对试点工作进行总结评估，完善有关机制体系，视情况确定推广范围和时间。试点顺利的地区可扩大试点或提前扩大到省级区域全面实施。

随着此政策的推出，分布式即将迎来新的时代，此次试点工作是否是真正意义上的分布式光伏市场化发展的"引爆点"，那还要看其落地执行能否得到电网公司的强力支持。事实上，电网不仅可代收电费，还能保证补贴及时到位。

4.1.4 分布式光伏电站的融资

建于一般工商业屋顶的分布式光伏电站融资可以有多种渠道，具体要求和难易程度不同。总的来说分布式电站的各方面风险越低，融资门槛也就越低，特别是区域市场化电力交易全面推行后，预计会有更多的资金方关注分布式新能源发电领域。目前根据资金直接来源方式的不同，主要有以下几种融资形式。

（1）银行项目贷款。银行贷款是各个行业企业获得发展资金的最传统方式，虽然利率较其他金融机构更低，但对贷款主体和担保方都有较高的要求，且放款时间较长，贷款比例一般不超过项目总投资额的 80%。对于分布式光伏电站项目来说，首先项目公司的股权要质押给银行，项目公司股东或第三方要提供银行认可的相应的资金担保实力，且电费收益权也要质押给银行，即电费收款账户由银行监管，所收电费在贷款期内只能用于偿还本金和利息。由于分布式电站往往体量不大，单体项目所需资金有限，因此为了避免重复繁琐的贷款手续，在实际操作中往往由光伏电站投资者出面为将来开发的多个分布式项目向银行打包申请授信额度。

（2）新能源基金和债券。投资分布式光伏电站的收益虽然比不上某些行业，但很稳定，具有很强的可预测性，因此一些把资金安全放在首位而对收益要求不高的投资人愿意投资和持有光伏电站。在此基础上即可以基金形式或发债形式按照金融监管要求公开从市场上募集多个有此意愿的投资人的资金，完成光伏电站的建设。

（3）设备融资租赁。融资租赁是指出租人（金融机构）根据承租人（光伏电站投资人或其项目公司）对租赁物件（光伏系统设备）的特定要求和对供货人（光伏设备供应商）的选择，出资向供货人购买租赁物件，并租给承租人使用，承租人则分期向出租人支付租金，在租赁期内租赁物件的所有权属于出租人所有，承租人拥有租赁物件的使用权。租期届满，租金支付完毕并且承租人根据融资租赁合同的规定履行完全部义务后，对租赁物的归属没有约定的或者约定不明的，可以协议补充；不能达成补充协议的，按照合同有关条款或者交易习惯确定，仍然不能确定的，租赁物件所有权归出租人所有。另外融资租赁是一种全额信贷，它对租赁物价款的全部甚至运输、保险、安装等附加费用都提供资金融通。融资租赁是集融资与融物、贸易与技术更新于一体的新型金融产业。由于其融资与融物相结合的特点，出现问题时租赁公司可以回收、处理租赁物，因而与银行贷款相比在办理融资租赁时对企业资信和担保的要求不高，所以非常适合中小企业融资。虽然融资租赁通常也要在租赁开始时支付一定的保证金，而且利率比银行贷款更高，但目前大部分的分布式光伏电站是通过设备融资租赁的方式建成的。

（4）托底投资者及垫资总包商介入。在实际案例中，有不少光伏电站的初期投资者之所以要开发分布式电站，是因为他们准备建成后转让电站给托底投资者，以便赚取建设成本和卖出价格之间的差价。一般来说托底投资者是有较低财务成本且银行授信额度较大的央企或国企。当初期投资者与托底投资者达成电站转让意向性协议后，会有具备一定资金实力的工程总包企业愿意根据托底投资者的技术要求垫付资金进行电站建设。这种情形即为光伏业界常说的所谓"BT 模式（Build-Transfer，建成转让）"或"BOT 模式（Build-Own-Transfer，建成后持有再转让）"。有些案例中，初期投资者在电站建成、通过并网验收后，立即将电站项目公司股权转移给托底投资者，即为 BT；另一些案例中，初期投资者在电站建成、通过并网验收后仍继续持有电站，享受电费收益，经过一定时间后再将电站项目公司股权转移给托底投资者，即为 BOT。

4.2　家庭户用电站及小企业屋顶电站[6]

随着光伏知识的普及和工商业屋顶分布式的发展，越来越多的人将目光投向小企业屋顶和家庭居民的屋顶。有部分光伏投资企业套用一般工商业屋顶的模式，以自身作为贷款主体，租赁小企业和居民屋顶，通过"自发自用"或"全额上网"的模式开发分布式电站，但每个电站规模过于微小零碎，每家每户的用电情况、屋顶状况、信用等级差别巨大，因此推进效果不大。目前小企业和家庭屋顶电站开发中有效的主流模式是以小企业或居民为银行贷款主体，小企业或居民与光伏建设企业签订总包合同，由光伏建设企业负责设备采购、安装、质保和系统运维，小企业或居民以光伏电费的收入来偿还贷款本金和利息，贷款期结束后小企业或居民享受全部的发电收益。

由于面向家庭分布式电站的光伏建设企业在资质、信用、质量、价格等方面参差不齐，对于电站建成后的发电量和运维没有有效保障，一旦发生问题会导致大量居民无法依靠电费还贷，进而引发投诉、维权等社会问题，因此从 2017 年开始陆续有地方政府出台针对家庭屋顶分布式的管理规范。本文以最早出台相关管理细则的浙江省嘉善县为例，讲述家庭户用电站开发需要注意的相关细节。

4.2.1　家庭光伏建设管理规范

浙江省是户用分布式光伏市场成熟度最高的省份之一，其安装量也在全国名列前茅。2017 年 3 月 22 日，针对户用分布式光伏市场，浙江嘉兴市嘉善县正式出台了《关于加强居民家庭光伏建设管理的通知》，部分细则如下。

① 开展居民家庭光伏建设的企业，必须具备相关资质、符合有关要求。各镇（街道）可自行选择具备一定规模和实力的企业在本镇（街道）区域内实施居民家庭光伏集中开发建设（建议每个镇、街道控制在 3～5 家）。光伏企业凭与镇（街道）签订的意向书，向发改部门申请备案，并向供电部门申请并网登记。后续安装补贴按备案情况进行拨付，未经备案的企业建设家庭屋顶光伏工程不享受县级财政补贴政策。

② 以市场化推进为主，通过全款出资、商业贷款、出让屋顶、合同管理等建设模式，

推动镇村独立住宅屋顶或庭院、新农村建房等既有建筑屋顶建设家庭光伏发电系统。

③ 居民家庭光伏电站建设应与美丽乡村建设相结合，按照"统一规划、统一设计"的原则，保证建筑美观。积极引导业主优化屋顶布局，既要有利于光伏组件安装，又要在形状、色彩等方面同建筑风格协调统一。鼓励光伏产品生产商开发符合家庭屋顶特色的光伏产品。

④ 所有企业在开展居民家庭光伏安装业务前，须凭与镇（街道）签订的意向书，在县发改局进行备案。企业未备案开展业务的，供电公司不予受理；由未备案企业安装的居民光伏项目不享受县级安装补贴。

⑤ 进入备案管理的企业应符合以下规定。生产企业注册资金 3000 万元以上，服务及代理商注册资金 500 万元以上，企业需注册在嘉兴市范围内。光伏建设企业在项目所在地有售后服务网点并有固定办公场所；光伏建设企业提供企业 10 人以上的社保证明，分公司按总公司为准；光伏建设企业提供 2 人以上电工上岗资格证书；光伏建设企业提供 5 人以上《太阳能利用工》职业资格证书，初级以上；光伏建设企业提供的太阳能组件必须为 A 级品且多晶不低于 260W/块，单晶不低于 275W/块，并且必须是经国家认监委批准的认证机构认证且达标的产品；光伏建设企业提供的并网逆变器必须是通过 CQC 国家光伏领跑者认证的产品，并且提供 10 年的质保承诺；光伏建设企业提供的配电箱必须为成套配电箱，表箱材质要求使用不锈钢材质。箱内必须配备符合安全需求的闸刀、断路器、浪涌保护器、自复式过欠压保护器五大件，必须提供成套箱子的 3C 认证和出厂检验报告；直流电缆采用光伏专用型，保障 25 年的抗紫外线老化。

⑥ 光伏建设企业与用户签订的协议或者合同，且能向用户开具发票。协议或合同内容需要包括：光伏组件提供 10 年工艺质保和 25 年功率有限质保；并网逆变器不低于 10 年的质保约定；不低于 5 年的一切意外险承保、因电站引起的房屋渗漏维修义务；运行维护约定，光伏安装公司需确保所安装点能确保电站运行期间的承重结构符合电站运行期间的负载要求等内容。

总的来说，家庭光伏电站的开发、建设与运维逐渐不再是简单的居民、银行与光伏建设企业的三方交易，而变为政府强力介入和监管的民生工程。

4.2.2　家庭及中小企业光伏贷款

光伏在中国各个地区市场都在逐步打开，尤其是屋顶分布式的发展，在全国农村市场迅速发展，虽然光伏的成本在不断地下降，但是不少低收入地区的百姓还是在安装电站的资金上出现了问题。为响应国家节能减排政策，支持地方新农村建设，2015 年银行业对个人用户建设光伏电站贷款开始放开，光伏贷款的推出，为不少想要安装光伏电站的百姓带来了福利。

（1）贷款条件。根据国家开发银行联合国家能源局制定的《关于支持分布式光伏发电金融服务的意见》，信用状况良好、无重大不良记录的企事业法人以及具备完全民事责任的自然人都可以申请银行贷款。

（2）贷款额度、期限及还款方式。参照我国有关投资项目资本金制度的规定，用户至少应筹集项目总投资 20% 的资本金，相应申请银行贷款的比例最高可达 80%。参照电力项目中长期贷款，根据贷款人及项目实际，分布式光伏发电项目贷款期限一般最长可达 15 年。还款方式一般可实行等额本息或等额本金的还款方式。

（3）贷款所需资料。申请银行贷的借款人一般需准备的材料：自然人身份证明、个人资产证明或企业经营执照、公司章程、近三年财务审计报告、项目备案、电网接入批复、用地或屋顶租赁协议、电力购买协议、能源管理合同等有关文件。一般情况贷款发放前应完成项目备案以及电力购买协议、能源管理合同等有关协议的签订。

（4）贷款申请流程。光伏贷款申请主要分为三个阶段，申请及评审、审核签订合同及贷款发放。

① 申请及评审。项目完成备案后，携带自然人身份证明、个人资产证明或企业经营执照、公司章程、近三年财务审计报告、项目备案、电网接入批复、用地或屋顶租赁协议、电力购买协议、能源管理合同等有关文件向市节能减排中心提交贷款申请材料。通过市减排中心的初审和复审后，市减排中心将在 10 个工作日内组织项目路勘和评审，并将推荐意见及相关材料递交银行和担保公司。银行和担保公司将同步开展担保审核工作，银行及区县财政局将提供审核意见。

② 审核签订合同。担保公司在收到银行的审核意见和相关材料后的 5 个工作日内完成担保审核工作，并签订担保合同。银行收到担保合同 2 个工作日内与贷款个人或企业签订贷款合同。

③ 贷款发放。银行将根据进度分期拨付贷款。项目通过市节能减排中心的专项验收并办理担保公司相关抵押手续后，银行发放贷款尾款。

④ 贷款模式。模式基本是以电站项目电费和补贴等未来收益作为抵押，还有采取"零首付"、"零月供"的方式，3 年、5 年、10 年贷款期限。

目前光伏贷款各地银行机构都有所涉及，据统计全国各省市共有约 42 家银行由"光伏贷"相关金融产品。

① 上海市"阳光贷"

a. 贷款对象：在上海注册的中小企业在本市投资建设的分布式光伏项目（以就近开发利用为主）。

b. 贷款申请条件：贷款企业或其上级控股公司成立一年以上，项目完成备案。

贷款期限：1 年、3 年、5 年。

c. 贷款额度：单笔不超过项目投资的 70%，单个公司担保贷款余额不超过 2000 万元人民币。

d. 贷款费用：原则上为基准利率，最高浮动不超过 15%，担保费 1%。

e. 技术要求：组件满足"领跑者"技术，逆变器效率也有要求。

f. 放贷银行：浦发银行上海分行、上海银行、北京银行上海分行等 6 家商业银行，4 家同业担保机构签订了融资担保协议。

② 江苏省

a. 江苏银行"光伏贷"——贷款对象：投资建设和经营光伏发电项目的企业法人，既可以是项目公司，也可以是项目公司的主要控股股东。贷款条件：企业成立时间或主要控制人从事本行业从业时间在 1 年以上，且企业或主要控制人要有成功建成光伏发电项目的经验；贷款金额不超过项目总投资的 70%，贷款期限不超过八年（含建设期）。银行贷款利率原则上为人民银行基准利率（较同类贷款项目综合成本下调 2%，维持 8% 左右）。可以是抵押、保证和质押担保方式的多种组合，创新了以收费权和光伏发电设备分别质押和抵押的担保方式；光伏发电项目贷款应根据贷款对应的光伏电站项目未来产生的现金流合理确定还款计划，同时接受借款人利用其他收入来源（如财政补助资金等）偿还贷款本息。

b. 江苏常州江南农村商业银行"绿能融"——贷款对象：常州及周边地区中小企业投资建设的分布式光伏项目。贷款额度：贷款额度为单笔贷款金额不超过项目投资的70%。贷款期限：5年期项目贷款。贷款利率：银行贷款利率原则上为人民银行基准利率（视项目情况最高浮动在15%左右）。

c. 江苏洪泽农村商业银行——单户金额达10万元，自筹资金不得低于投资电站的30%；贷款期限最长3年；贷款利率按照该行保证担保利率的8折执行。

③ 浙江省

a. 浙江诸暨农商银行"光伏贷"——贷款对象：辖内信用状况良好、具有稳定收入来源的个人和企业；贷款额度：个人客户贷款额度为20万元，企业用户不超过300万元，可采用信用、保证、抵押、质押等多种担保方式。

b. 浙江永康农商银行"光伏贷"——贷款对象：辖内自然人和企业；贷款额度：自然人最高不超过30万元（含），企业不超过500万元（含）。

c. 浙江金华成泰农商行"光伏贷"——主要针对分布式光伏项目；最长期限5年，并实行优惠利率，采用按揭贷款方式。

d. 浙江海宁农商银行"光伏贷"——贷款对象：辖区内分布式光伏电站的个人和企业；贷款额度：个人20万元以下（含），企业10万～500万元；贷款期限：一般控制在5年，最长不得超过10年；贷款利率：按照该行利率定价办法执行。

e. 浙江龙游县"幸福金顶"小额贷款。

f. 浙江磐安县农信联社"光富贷"——个人贷款最高20万元，企业最高200万元。低收入农户还可享受基准利率及财政最高13500元的补助和全额贴息。

g. 浙江桐乡农商银行"绿能贷"。

h. 浙江玉环农村合作银行"光伏贷"——安装分布式光伏电站费用可全额贷款；贷款额度：个人最高20万元，企业最高500万元。

i. 浙江武义农商银行"光伏贷"——贷款额度：个人不超过10万元，企业不超过30万元；贷款期限：最长期限5年。

j. 嘉兴禾城农商银行推出"光伏贷"。

k. 邮储银行浙江省分行。

l. 临安信用联社。

m. 东阳农商银行光伏贷——贷款额度：个人不超过20万元，企业不超过100万元；贷款期限：一般控制在5年以内，最长不超过10年。

n. 浙江兰溪农合行。

o. 浙江苍南农商银行——贷款额度：不超过10万元；贷款期限：最长可达8年。

p. 衢江农信联社"金屋顶"光伏贷——零首付、贷款期限最长可达15年。

④ 江西省

a. 农行江西分行"金穗光伏贷"——最多可贷款10万元；用"政府风险补偿基金＋贷款对象"方式放贷的，不仅贷款期限可以延长到10年，而且在5年的贷款宽限期内，政府给予贷款贴息，极大地减轻贫困农户的贷款负担。

b. 邮储银行赣州分行推出"光伏贷"——贷款期限最长3年，贷款最高不超过5万元。

c. 邮储银行新余市分行——贷款期限最长3年，贷款最高不超过5万元。

d. 邮政银行宜春市分行——贷款期限最长 3 年。

e. 江西古龙岗镇"扶贫光伏贷"。

f. 江西兴国新华村镇银行——贷款额度最高 5 万元，期限最长 15 年。

g. 农行吉安分行"金穗扶贫光伏贷"——贷款最高 10 万元，期限不超过 8 年；用"政府风险补偿金＋农户"方式放贷的，不仅贷款期限可延长至 10 年，而且在 5 年的贷款宽限期内，政府给予贷款贴息，极大地减轻了贫困户的贷款负担。

⑤ 安徽省

a. 安徽霍邱县光伏小额扶贫贷款——贷款对象：在县扶贫部门建档立卡并已确定为光伏扶贫对象，且符合贷款条件的贫困村、贫困户。贷款期限：光伏扶贫小额贷款最长期限三年，分别按 3∶3∶4 比例分年偿还；利率及贴息按相关规定执行。

b. 安徽阜南农商银行光伏扶贫贷款——开展对乡镇认可的 5000 家贫困户贷款支持安装 3kW 太阳能光伏发电站，每户最高限额 8000 元信用或保证贷款。

c. 邮政银行安徽省分行"惠农易贷"。

⑥ 山东省

a. 山东庆云农商银行光伏按揭贷款——贷款期限：商业类客户最长不超过 5 年，贫困类客户最长 10 年。

b. 山东淄博邮储银行"光伏小额贷"。

c. 东营银行——零首付、无抵押、无反担保。

⑦ 山西省

a. 山西省"长治黎都农商银行"——最高可贷款金额为项目的 70％，贷款期限最长 5 年。

b. 沁水县农信社"光伏贷"。

c. 山西安泽联社。

⑧ 河南省

河南省"清洁贷款"——贷款对象：辖域内注册的中资企业或中资控股企业（即"项目业主"）。贷款额度：项目申请贷款一般不超过 7000 万元人民币，重大项目不超过 3 亿元人民币（原则上最高不超过总投资的 35％）。贷款期限：一般不超过 3 年，对于公益性显著、投资回收期长的项目，可适当延长至 5 年。贷款利率：在同期人民银行指导利率基础上下浮 15％。

⑨ 陕西省

陕西户县农村信用社推出"公司＋农户＋信用社＋保险"的光伏贷款模式，贷款期限最长为 10 年，利率为 6.9％。

⑩ 河北省

中国邮储银行邯郸市分行"光伏贷"。

⑪ 湖北省

农行黄冈市分行"银光闪耀"光伏扶贫贷款——信用贷款，单笔金额 8000 元，政府提供风险补偿；贷款期限 5 年，从第 3 年开始，分别按 3000 元、3000 元、2000 元还本。

⑫ 北京市

北京工商银行"光伏贷"。

以上 41 家是截至 2017 年明确可为分布式电站提供贷款的银行机构，具体贷款情况不做过多的阐述，但不管是光伏贷还是阳光贷，都是贯彻政府支持光伏产业健康有序发展的重要举措。对于老百姓来说，安装家用光伏发电站初期投资成本高，有了贷款的政策支持，建电站不需要花一分钱，等于多了一个长期的、稳定的收入来源。对于政府和社会而言，推动"光伏＋"与农村切合的创新模式，对于节能减排、改善能源结构和保护自然环境具有重大意义。

4.3　扶贫电站[7]

我国贫困人口主要集中在 14 个连片地区，这 14 个集中连片区主要分布在我国的西北部地区，淮河以北省份，如青藏高原的荒漠地区、云南、四川等，特点是传统产业占的比例大，但是发展滞后，群众生活缺少产业支撑，根本原因是人均自然资源占有量低。但是这些地区很大一部分光热资源较好，年均日照小时数在 1200h 以上，这些地区发展光伏产业有着得天独厚的条件。同时光伏电站由于其收益长期稳定、运维简便经济、发电过程清洁环保等特点，近几年成为扶贫的重要方式。光伏扶贫项目开启了扶贫开发由"输血式扶贫"向"精准扶贫"的转变，一次投入、长期受益。从光伏产业角度看，实现了拉动产业发展、光伏应用与农村资源的有效利用。

2016 年 3 月 28 日，国家发改委、国务院扶贫办等五部门联合发布《"十三五"光伏发电扶贫工作指导意见（含 16 省 471 县列表）》（以下简称《意见》）：在 2020 年之前，重点在前期开展试点的、光照条件较好的 16 个省的 471 个县的约 3.5 万个建档立卡贫困村，以整村推进的方式，保障 200 万建档立卡无劳动能力贫困户（包括残疾人）每年每户增加收入3000 元以上。2016 年 5 月 6 日，国家能源局综合司、国务院扶贫办发布《关于印发光伏扶贫实施方案编制大纲（试行）的函》（以下简称《大纲》），要求各省（区、市）能源主管部门会同扶贫办，以县为单位编制光伏扶贫实施方案，并要求在 2016 年 5 月 15 日之前将第一批项目清单上报至国家能源局。

根据《意见》的内容，对于扶贫电站开发的定义：根据扶贫对象数量、分布及光伏发电

建设条件，在保障扶贫对象每年获得稳定收益的前提下，因地制宜选择光伏扶贫建设模式和建设场址。中东部土地资源缺乏地区，可以村级光伏电站为主（含户用）；西部和中部土地资源丰富的地区，可建设适度规模集中式光伏电站。采取村级光伏电站（含户用）方式，每位扶贫对象的对应项目规模标准为 5kW 左右；采取集中式光伏电站方式，每位扶贫对象的对应项目规模标准为 25kW 左右。

对于积极参与扶贫的光伏企业，国家和部分省份都表示会有奖励措施。《意见》中提出：出台适当优惠政策，优先支持参与光伏扶贫的企业开展规模化光伏电站建设，保障参与企业的经济利益。在《意见》和《大纲》出台后，山西、陕西、河北、山东等省区也相继出台了支持扶贫光伏电站建设的细节政策。

根据《意见》和《大纲》的内容中确定的光伏扶贫的原则性指导意见，将扶贫电站与商业电站的区别分类列出在表 4-1 中，供读者参考。

表 4-1 商业电站的区别分类

序号	项目	扶贫电站	商业电站
1	路条发放与国补指标	以县为单位优先下达年度建设计划，优先分配国补指标	以省为单位下达年度建设计划，按"先建先得"或"竞争电价"分配国补指标
2	开发类型	相当于自开发	需要找开发商合作开发
3	土地来源	地方政府提供	企业自己解决
4	土地使用税	不属于征收范围	视具体地址而定
5	接网及配套电网投资建设	电网公司承担	企业自己承担
6	限电情况	不限电	视具体地区，存在部分限电
7	国补发放	优先保障，不拖欠	拖欠 1～2 年
8	资本金比例	20%，地方政府的平台公司与光伏企业共同出资	企业自己出 20%～30%
9	贷款利率	基准利率基础上适度下浮	按市场行情，较高
10	扶贫利益分配（20 年）	10MW 对应扶贫 400 户，每户分配收益 3000 以上	无
11	配套商业电站的建设指标	优先支持和安排	无
12	建成后股权转让	否	可以

4.3.1 光伏扶贫的开展类型与模式

目前光伏扶贫的项目类型主要有 4 种，分别为：户用光伏项目、村级光伏电站、光伏农业大棚、地面光伏电站。

（1）户用光伏发电扶贫

利用贫困户屋顶或院落空地建设 3～5kW 的发电系统，产权和收益均归贫困户所有。

（2）村级光伏电站扶贫

以村集体为建设主体，利用村集体的土地建设 100～300kW 的小型电站，产权归村集体所有，收益由村集体、贫困户按比例分配，其中贫困户的收益占比在 60% 以上。

（3）光伏农业大棚扶贫

利用农业大棚等现代农业设施建设的光伏电站，产权归投资企业和贫困户共有。

（4）地面光伏电站扶贫

利用荒山荒坡建设 10MW 以上的大型地面光伏电站，产权归投资企业，企业捐赠一部分股权，股权收益分配给贫困户。

在国家扶贫办、国家能源局的领导下，各地充分结合本地区的条件，开展了各种模式的光伏扶贫。在此，以不同的资金结构、运作模式进行划分，几个比较典型、知名的模式如表4-2。

表 4-2　几个典型、知名的光伏模式

出资方	模式
中央、地方财政	政府全额出资
	PPP(Public Private Partnership)模式
中央、地方、企业	扶贫资金＋地方财政配套＋企业垫资
	扶贫资金(70％～80％)＋企业投资(20％～30％)
	企业捐赠
政府、企业、农户贷款	扶贫资金(60％～70％)＋农户贷款
	扶贫资金(5％～10％)＋农户贷款(90％～95％)
	县级政府(1/3)＋农户贷款(1/3)＋企业(1/3)

① 政府全额出资

案例：安徽省合肥市光伏下乡扶贫工程

建设 100 个 3kW 的家庭分布式发电站。工程预算资金 300 万元（10 元/W），由市、县（市）政府安排，其中市级财政安排 200 万元，县级财政配套 100 万元。合肥供电公司按结算周期向贫困农户全额支付上网电费，电站自发自用和余电上网部分优先享受到国家、省、市度电补贴，收益全部归贫困农户所有。通过公开招标方式选择符合资质条件、具有社会责任心的光伏企业组织实施，运维服务由建设企业提供基本培训以及使用手册，日常维护由专业化公司负责，费用纳入县（市）财政预算。设施故障由系统供应商提供维修，建立售后服务网点。

② PPP 模式（政府全额出资购买服务）

案例：岳西县光伏扶贫 PPP 项目

逆变器企业阳光电源为岳西县建设 5000 个 3kW 户用扶贫光伏电站，建设 40 个 60kW 村级扶贫光伏电站，配置 50MW 配套光伏电站建设指标，形成"户＋村＋地面电站"光伏电站体系，总体建设规模为 67.4MW。阳光电源负责户用项目、村级电站、光伏电站的投融资、建设、运行维护。共帮助 40 个村、5000 户家庭脱贫，每年直接为每个贫困户增收 3000 元，为每个贫困村增收 6 万元。

上述①和②两种模式下，光伏扶贫项目资金由中央扶贫资金和地方财政配套，农户、光伏企业均没有负担。

③ 扶贫资金＋地方财政配套＋企业垫付模式

案例：山西临汾光伏扶贫项目

山西临汾建设 100kW 光伏地面电站约需要 80 万元，共由三部分组成：山西光伏扶贫项目专项资金承担 50 万元，临汾扶贫项目开发资金承担 10 万元，剩余 20 万元，本着自愿原则采取企业垫资或者直接捐资等方式解决。

④ 扶贫资金（70%～80%）＋企业投资（20%～30%）模式

案例 1：贵州罗甸木引镇光伏扶贫项目

贵州罗甸木引镇光伏扶贫项目一期为 38 户村民安装户用光伏发电系统，采用当地政府出资 80%、光伏企业垫付 20% 的融资模式，后期农户以发电收益分期偿还企业的垫付资金。

案例 2：安徽泗县光伏扶贫项目

安徽泗县 2015 年建设 36 个贫困村为主的 5000 户贫困户户用 3kW 光伏发电系统，总投资 1.2 亿元。该项目由当地政府出资 70%，光伏企业垫付 30%，后期农户以发电收益分期偿还投资公司。

⑤ 企业捐献模式

案例：河北黑崖沟光伏扶贫项目

河北黑崖沟光伏扶贫项目一期 50 套户用发电系统，由泰联新能源、三晶电气、晶科、易事特、金友电缆等爱心企业捐赠设备、现金、义务建设外加国家中央财政支持的模式帮助村子建设扶贫电站。

上述③、④、⑤三种模式下，光伏扶贫项目资金由中央扶贫资金、地方财政配套、光伏企业垫资或捐赠等共同解决，农户均没有负担。

⑥ 扶贫资金（60%～70%）＋农户贷款模式

案例：云南红河县光伏扶贫试点项目

云南红河州 300 户 3kW 户用光伏发电系统。多晶硅发电系统 200 套，薄膜发电系统 100 套。项目总投资 900 万元，其中，政府出资 600 万元，由政府担保、农户从信用社贷款 300 万元，并享受农村信用社的贴息贷款。

⑦ 扶贫资金（5%～10%）＋农户贷款（90%～95%）模式

案例：江苏盱眙西湖村

江苏盱眙西湖村安装了户用光伏系统，总投资 261 万元，政府出资 9 万元（3.4%），第三方担保公司担保，农户从当地农商行贷款 95% 以上。贷款期 15 年内每年净收益 1000 元，15 年后每年收益 3000 元。

⑧ 县级政府 1/3＋光伏企业 1/3＋农户贷款 1/3 模式

案例：金寨县光伏扶贫项目

安徽金寨县 2008 户贫困户，每户安装 3kW 的光伏系统。每户需要投资 2.4 万元，县政府出资 8000 元，信义光伏出资 8000 元，无力自筹的贫困户资金则由银行提供无息贷款，后期用发电收益来分期还款（分 6 年还清）。

上述⑥、⑦、⑧三种模式下，光伏扶贫项目资金扶贫资金、光伏企业解决一部分，另一部分由农户通过无息贷款解决，利用未来的发电收益进行分期还款，相当于农户也没有负担。

4.3.2　未来光伏扶贫类型和模式的探讨

由于产品质量、后期运维、房屋承重、并网容量受限等因素，户用项目用于光伏扶贫的弊端日渐显现。而集中式光伏电站由于规模太大，有的省份明确限制其比例，如云南省刚刚颁布的《云南省光伏扶贫实施意见（征求意见稿）》中就提出：以政府投资为主分散建设（含户用）或相对集中建设的村级电站为主，商业化投资建设的集中式光伏扶贫电站覆盖建档立卡贫困户的比例不超过 15%。因此，小型的村级电站备受青睐，预期将成为未来光伏扶贫项目的主要类型。

随着光伏扶贫开展的深入，预计 PPP（Public-Private Partnership）形式将成为主流模式。2016 年 8 月 10 日，国家发展和改革委员会发布了《关于切实做好传统基础设施领域政府和社会资本合作有关工作的通知》（发改投资〔2016〕1744 号）。文中提出推广 PPP 模式重点项目，能源领域包括的电力及新能源类：供电/城市配电网建设改造、农村电网改造升级、资产界面清晰的输电项目、充电基础设施建设运营、分布式能源发电项目、微电网建设改造、智能电网项目、储能项目、光伏扶贫项目、水电站项目、热电联产、电能替代项目等。安徽省 2016 年的光伏扶贫几乎都以 PPP 形式开展，浙江省的"光伏小康"工程也是以此形式开展。预计未来，PPP 模式将成为光伏扶贫最重要的模式之一。

自国家能源局发布《可再生能源发展"十三五"规划实施的指导意见》（国能发新能【2017】31 号文件）之后，2017 年 8 月 1 日国家能源局、国务院扶贫办又联合下发了《"十三五"光伏扶贫计划编制有关事项的通知》（国能发新能【2017】39 号文件）。"十三五"可再生能源发展规划中指出，2017 年度新增建设规模优先建设光伏扶贫电站，不再单独下达集中式光伏扶贫电站规模，且村级扶贫电站不纳入年度规模管理。而通知中则要求合理选择建设模式，以村级光伏扶贫电站为主要建设模式，单个村级电站容量控制在 300kW 左右（具备接入条件的可放大至 500kW）；集中式光伏扶贫电站要严格按照政府投资入股、按股分成的资产收益模式建设，限电省份不安排集中式光伏扶贫电站。规模方面，村级电站由国家能源局和国务院扶贫办根据各省光伏扶贫需求，确定脱贫攻坚期间各省村级电站建设规模，并于 2017 年一次性下达；集中式光伏扶贫电站分年度分批下达规模，并纳入各省光伏发电年度总规模统筹考虑。从两份文件中更是可以看出，光伏扶贫备受国家照顾，一是因为光伏扶贫取得的成效确实明显，特别是一些加入了农光互补、渔光互补的扶贫项目，都成功帮助当地贫困民众脱贫致富；二是光伏扶贫电站建设周期短，落地灵活，所以见效快而且有至少 20 年的红利期，足以达到扶贫目的。目前扶贫电站已成为光伏电站开发中的一个独特市场。

4.3.3 扶贫电站实施方案的上报流程

县发改委、扶贫办具体负责编制本县今年的光伏扶贫实施方案，并报送市发改委、扶贫办和省发改委（能源局）、扶贫办审核；省发改委（能源局）、扶贫办根据各县扶贫实施方案和条件的成熟情况，分批上报国家能源局和国务院扶贫办审核。国家能源局和国务院扶贫办在审核通过后批复，同时下达各县的扶贫建设指标。实施方案主要包括扶贫人口数、扶贫收益和分配方式，资金筹措情况，市、县的出资方案等。具体上报流程如图 4-1。

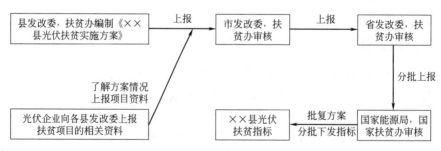

图 4-1　扶贫电站实施方案的上报流程

县政府组织本县发改、扶贫、国土、林业、财政及电网、金融机构等有关部门和单位，成立光伏扶贫领导小组，由县政府主要领导任组长。

① 领导小组。统筹本县光伏扶贫工作中的各项事宜。主要包括协调明确相关单位和部门的任务分工、明确拟采取的配套支持政策、组织编制实施方案，统一落实本县光伏扶贫项目用地、资金筹措与电网接入等，分批次上报条件成熟的光伏扶贫项目，确保光伏扶贫工作有效推进；

② 发改部门。牵头负责光伏扶贫实施方案制订、建设规模争取与安排、配套电网规划建设等工作；

③ 扶贫部门。牵头负责宣传发动、选择贫困村和贫困户、拟定年度计划、牵头组织财政专项扶贫资金的项目实施；

④ 国土、林业、规划等部门。按照各自职责，负责协调落实光伏扶贫工程建设用地、规划选址等工作；

⑤ 财政部门。负责相关财政资金的筹集、拨付与监管；

⑥ 金融管理部门。负责协调金融机构对光伏扶贫项目给予贷款支持；

⑦ 物价部门。负责光伏扶贫工程电价政策；

⑧ 电网企业。负责光伏扶贫工程电网接入、并网运行、电费及补贴结算等工作。

4.3.4 投资扶贫电站的风险分析

具体的光伏扶贫实施方案和操作细则是由各地县级光伏扶贫领导小组负责制定和推进的。而目前绝大部分的县政府都还没有出台明确的政策和文件；另外，扶贫项目涉及多方利益，有地方各级政府、村委会、贫困户和投资企业、电网企业等，后期的利益分配和协调也存在一定的不确定性。除此以外，扶贫项目还需要关注以下的风险点：

① 外线投资进度和限电风险。贫困地区农村的电网架构比较薄弱，供电可靠性较差。由电网企业负责外线和配电网的投资建设，可能会与电站的建设进度存在一定的滞后性，这就要考虑可能存在的并网滞后和限电风险，并及时关注电网公司的外线投资计划和施工进度。

② 资本金来源。对于20%的资本金，地方政府很可能不会与光伏企业共同按等比例出资，甚至会全部由光伏企业出资，也就是资本金完全由光伏企业承担。

③ 指标获取。中东部地区并没有足够的适合建设集中式光伏电站的土地，在一些热门的投资省份，很可能集中式光伏电站的扶贫指标会比较少，这样就造成投资门槛水涨船高。

④ 不利于电站的后期转让。《大纲》中明确要求，项目业主经选定后，不能转让项目资产及其权益。

相较于商业电站，扶贫电站是国家大力提倡的，扶贫的年度指标将优先发放，且不限电，国补不拖欠，不需要缴纳土地使用税，融资成本相对较低。在Ⅰ类和Ⅱ类资源区投资扶贫电站，收益率并不低，如果能够通过参与扶贫而获得商业电站的指标，还是值得投入的，但在扶贫上也存在一些不确定性因素，企业在投资时需要仔细考虑相关的政策、民风民俗、电网接入与消纳和多方权益的分配等潜在风险，以便在投资建设与运营管理工作中获得更好的效益。

4.3.5 扶贫的收益分配和支付方式

扶贫电站与商业电站在不少投资项目的费用上都存在差异，那么项目总投资收益率方面。由于具体地区的条件存在差异，以下测算因素仅供比较和参考：

① 地区和规模选择。集中式电站或分布式村级电站，位于哪类资源区；

② 资本金。20％的资本金按照全部由光伏企业出资计算；

③ 限电因素。考虑贫困地区的外线和配电网建设的滞后性；

④ 扶贫项目的收益测算模式。按不考虑配套商业电站带来的收益/配套商业电站并溢价0.15元/瓦转让路条/配套商业电站、建成后溢价1元/瓦转让三种情况分别测算（河北按1：2.5配套商业电站，其他省份按1：1配套）；

⑤ 融资成本。扶贫电站也会存在建设期垫资，贷款利率统一按基准利率；

⑥ 开发成本。扶贫电站，以及由此配套的商业电站，都按自开发模式；

⑦ 土地费用。电站造价不包含土地使用税，扶贫电站的土地费用考虑耕地占用税；商业电站的也考虑耕地占用税，并分有土地使用税和没有土地使用税两种情况测算。

《大纲》要求由县光伏扶贫领导小组和光伏企业共同明确集中式光伏扶贫电站年售电收入的分配方案，贫困户的收益一部分来自土地租金的部分收入，还有一部分来自税后利润中政府平台公司比例对应部分全部作为对应贫困户收益。但是根据《大纲》意见，不能确保每个贫困户每年获得3000元收入；因此各地很可能会直接要求光伏企业每年支付给贫困户3000元，如山东费县的管理办法：由山东东方商业集团自2016年起20年内，每年向对应贫困户支付3000元/每户。

对于分配给贫困户收益的支付方式，《意见》和《大纲》中都没有明确说明，各地的做法会有差别。参照山东费县的管理办法，费用由供电公司按月直接从上网电费中扣除拨付给乡政府，乡政府按月支付给相应贫困户。

4.4 光伏与碳交易[8,9]

随着全球对"地球变暖"担忧的加剧，气候变化已经成为人类未来生存和发展必须面对的问题。中国政府一直为应对气候变化作着积极的努力，从2013年6月份开始，全国7个省市：深圳、北京、上海、天津、广州、武汉、重庆已经陆续建立了碳减排交易所或交易中心。2015年12月，中国在巴黎气候大会上宣布，将在2017年全面启动碳排放权交易市场。目前国内的碳交易仍处于试点阶段，而光伏电站在整个生命周期内所发出的清洁电力远远超出生产制造光伏系统各种设备所耗费的电力，对减少碳排放贡献巨大，因此理论上完全可以参与碳交易，为光伏电站投资者争取另一部分收益。

碳交易所主要包含两种市场：强制性合规交易市场（Regulatory/Compliance Market）和自愿性非合规交易市场（Voluntary/Non-compliance Market）。在强制性合规交易市场中又有两大类交易：以配额为基础的交易（Allowance-based）及以项目为基础的交易（Project-based）。在中国的碳配额制度下，企业实际碳排放量超出其得到的分配总量时，超出部分需购买；实际排放量少于分配总量时，结余部分可出售，这种碳配额属于强制减排。其他没有碳配额的企业则可以通过申请以项目为基础的国家核证自愿减排量（CCER，Chinese Certified Emission Reduction）来参与碳交易。光伏电站发电本身没有排放，因此光伏电站项目公司不可能有碳配额，通过CCER参与碳交易是最可行的途径。

可再生能源发电、植树造林、农业、建筑、交通运输等多个专业领域，都可以开发CCER项目。不同领域的不同项目，对应有不同的评估方法学。方法学是指用于确定项目基准线、论证额外性、计算减排量、制定监测计划等的方法指南。国家发展改革委已公布了181 个备案的 CCER 方法学。地面式光伏电站对应的方法学是 CM-001-V01 版，这种方法学适用于装机容量 15MW 以上光伏电站，CM-001-V01 基本上就是的"京都议定书"中清洁发展机制（CDM）方法学 ACM0002 的中文版，目前申报碳减排项目的光伏电站，大多使用这种方法学；对于自发自用余电上网的光伏电站，对应的方法学是 CMS-003-V01，但它主要适用于 15MW 及以下的光伏项目。按照对应的方法学，一座光伏电站的发电量可以折算成自愿减排量。业主如果想把它开发成 CCER 项目，那么需要走完项目文件设计、审定、备案、实施与监测、减排量核查与核证、减排量签发 6 个流程。随后，该项目便可赴碳市场参与交易，由碳配额不够用的单位购买。

光伏电站实际碳减排量是它的实际上网电量对应的兆瓦时乘以项目所在地区电网的排放因子（环评专用术语，是指排放标准中限定的某种具体污染物，比如废水中的 COD、烟气中的二氧化硫等）。举例来说，华东电网的排放因子是 0.77865，它的单位是每兆瓦时对应的碳减排量的吨数。因此若光伏电站并网发电一亿度（相当于 10 万兆瓦时），则在华东电网相当于 7.78 万吨碳减排量；以此类推，同样光伏发一亿度电，在西北电网的对应的碳减排量约等于 8.3 万吨，华北电网约等于 9.3 万吨。按照目前 CCER 碳减排价格是约人民币 20 元每吨，那么某个处于西北电网的 70 兆瓦的光伏电站，假设在不限电的情况下，上网发电量是一亿度电，大概产生 8.3 万吨的碳减排量，则这个光伏电站业主就可以获得大概 160 万元人民币的碳减排收益。按照类似的计算，在华东地区某自发自用的 1 兆瓦分布式电站每年的碳减排量对应大约 1.5 万元人民币，但是扣除申报、核查等各项与手续相关的费用，装机容量在 15 兆瓦以下的光伏项目申报 CCER 有时并不划算。但若今后 CCER 价格高了，比如 CCER 每吨的价格涨到三四十块钱了，那么对于这种装机较小的分布式光伏项目，做 CCER 项目就有一定收益。

碳减排量的最终购买者毫无疑问会是被各地发改委列为控制排放的企业，这些被控制排放的企业是支撑碳减排行业的基石，没有他们也就没有光伏企业所获得的额外收益。当然除了这些最终购买者，还有一些中介性的购买者，他们希望以较低的价格购买后再次以较高价格卖出去。这些中介性的购买者主要是有原来的 CDM 买家（或者原来 CDM 有关参与人投资的公司）、金融机构（或其内部成立的碳资产部）以及某些最终购买者设立的贸易公司或碳资产公司。

一个还没有做 CCER 的光伏电站相当于原材料，使其在国家发改委备案成温室气体自愿减排项目，想当于把原材料变成了半成品，只有把 CCER 的碳指标签发出来才能变成成品。目前根据国家发改委发布的审定与核证指南中规定，要求一个项目在开始阶段就要考虑碳减排事宜，如果我们现有的光伏电站已经拿到当地发改委的备案和环评批复、节能评估批复，并且项目已经准备开工了，就可以考虑碳减排项目申报。适合做 CCER 的项目类型非常多，除了光伏之外，风电、水电、生物质发电等可再生能源项目都可以做 CCER。从经济学角度看，碳减排量价格的高低也是取决于供需关系的。在市场需求不变的情况下，当供给量小时，价格必然会提高；而供给量大时，必然价格会降低。

◆ 参考文献 ◆

[1]　魏东. 中国合同能源管理现状与对策. 北京:社会科学文献出版社,2016.

[2]　赵争鸣,刘建政等. 太阳能光伏发电及其应用. 北京:科学出版社,2005.

［3］ 王东，杨冠东，刘富德．光伏电池原理及应用．北京:化学工业出版社,2014.

［4］ 王东．太阳能光伏发电技术与系统集成．北京:化学工业出版社,2011.

［5］ 王长贵,王斯成．太阳能光伏发电实用技术．北京:化学工业出版社,2005.

［6］ 国家电网公司．小型户用光伏发电系统并网技术规定．北京:中国电力出版社,2015.

［7］ 杨秋宝．精准扶贫、脱贫攻坚—公务员读本．北京:中国人事出版社,2017.

［8］ 唐方方．气候变化与碳交易．北京:北京大学出版社,2012.

［9］ 刘靖．我国节能与低碳的交易市场机制研究．上海:复旦大学出版社,2010.

附录 4-1

×××××××××公司（甲方-光伏电站投资者或其项目公司）

与

×××××××××××××公司（乙方-建筑所有者及光伏电量使用者）

分布式光伏电站合同能源管理协议

暨

屋顶租赁及使用协议

____年____月____日

目　　录

本《分布式光伏电站合同能源管理协议暨屋顶租赁及使用协议》（以下称"本协议"）由以下双方于＿＿＿年＿＿＿月＿＿＿日在＿＿＿＿＿签署：

甲方：
×××××××××公司
法定代表人或授权代表：＿＿＿＿＿＿＿
住所：＿＿＿＿＿＿＿

乙方：
×××××××××××公司
法定代表人或授权代表：＿＿＿＿＿
住所：＿＿＿＿＿＿＿＿

鉴于：

1. 甲方为一家依据中国法律成立并有效存续的＿＿＿＿＿＿＿公司（甲方《营业执照》如附件一所示），拟租赁建筑物屋顶用于建设光伏电站。

2. 乙方为一家依据中国法律成立并有效存续的＿＿＿＿＿＿＿公司（乙方《营业执照》如附件二所示），拟出租其所拥有的建筑物屋顶供甲方建设光伏电站。

经甲乙双方友好协商，现就甲方租赁乙方建筑物屋顶建设分布式光伏电站事宜，双方达成以下协议，以兹共同遵守。

第一条　定义与解释

1.1　定义

本协议中所用术语，除上下文另有要求外，定义如下：

1.1.1　光伏电站：指甲方拟建于＿＿＿＿＿＿＿＿＿＿＿＿，由甲方拥有，并将经营管理的一座计划总装机容量为＿兆瓦（MW）的发电设施以及延伸至产权分界点的全部辅助设施。

1.1.2　协议屋顶：指乙方合法拥的有位于＿＿＿＿＿＿＿＿＿＿的建筑物屋顶，拟出租于甲方使用。

1.1.3　租赁期限：指　二十五（25）　年，自＿＿＿年＿＿＿月＿＿＿日起至＿＿＿年＿＿＿月＿＿＿日止，如法律法规规定的最长租赁期限延长的，租赁期限应相应延长至法律法规规定的最长租赁期限。

1.1.4　并网接驳点：指光伏电站与电网的连接点。

1.1.5　工作日：指除法定节假日以外的公历日。如约定电费支付日不是工作日，则电费支付日顺延至下一工作日。

1.1.6　不可抗力：指不能预见、不能避免并不能克服的客观情况。包括：火山爆发、龙卷风、海啸、暴风雪、泥石流、山体滑坡、水灾、火灾、超设计标准的地震、台风、雷电、雾闪等，以及核辐射、战争、瘟疫、骚乱等。

1.2　解释

1.2.1　本协议中的标题仅为阅读方便，不应以任何方式影响对本协议的解释。

1.2.2　本协议附件与正文具有同等的法律效力。

1.2.3　本协议对任何一方的合法承继者或受让人具有约束力。但当事人另有约定的除外。

1.2.4　除上下文另有要求外，本协议所指的年、月、日均为公历年、月、日。

1.2.5　本协议中的"包括"一词指：包括但不限于。

1.2.6　协议中的数字、期限等均包含本数。

1.2.7　本协议中引用的国标和行业技术规范如有更新，按照新颁布的执行。

第二条　建筑物屋顶租赁及用途

2.1　乙方合法拥有位于_____的建筑物，该建筑物屋顶总面积为_____平方米。乙方应在本协议签署之日向甲方提交下述第 2.1.1 和 2.1.2 项文件：

2.1.1　房屋所有权证复印件作为本协议附件三

2.1.2　土地使用权证复印件作为本协议附件四

2.1.3　其他：_____

2.2　乙方同意将上述建筑物屋顶中_____平方米的屋顶出租给甲方（以下称"协议屋顶"），供甲方建设、安装、运营光伏电站（以下称"光伏电站"），并为甲方建设及运维人员安排办公场所。

2.3　协议屋顶由甲方或甲方聘请的第三方判断是否符合协议光伏电站建设、安装工程的条件。

第三条　租　赁　期　限

3.1　协议屋顶租赁期限为 二十五（25）年，自____年____月____日起至____年____月____日止（以下称"租赁期限"，如法律法规规定的最长租赁期限延长的，本协议租赁期限应相应延长至法律法规规定的最长租赁期限）。其中，自_____年_____月_____日起至_____年_____月_____日止为免租期，甲方无需按照本协议第 4.1 款的约定支付租赁或实行优惠电价。

3.2　本协议生效后，乙方应于____年____月____日前将协议屋顶交付甲方使用。

3.3　自协议屋顶交付之日起，协议屋顶的使用权归乙方所有，其合法权益受国家法律保护。

3.4　在租赁期限届满后，甲乙双方可就协议屋顶租赁及使用事宜另行协商。

第四条　租金或节能效益支付

甲方按照以下第_____种的方式向乙方支付协议屋顶租金：

4.1.1　甲方按照_____元/平方米/年的标准向乙方支付租用协议屋顶的租金，甲方需向乙方开具含17％增值税的租赁费用增值税发票，租赁费用按年支付（在协议光伏电站并网发电的当月支付首年租赁费用，后续支付以该日期为起始日）。

4.1.2　甲方将协议光伏电站所发电力以优惠电价____元/千瓦时的标准供乙方使用，同时向乙方收取光伏发电的电费并开具发票，甲方无需另行支付协议屋顶租赁费用。无论工业电价是否上涨，该电价在协议光伏电站的运行期内保持不变。乙方应在收到甲方支付电费通知后的七（7）个工作日内全额缴纳电费。

4.1.3　甲方将协议光伏电站所发电力以优惠电价_____元/千瓦时（保留小数点后三位小数，第四位四舍五入）的标准供乙方使用，同时向乙方收取光伏发电的电费并开具发票，甲方无需另行支付协议屋顶租赁费用。优惠电价为现供电部门供给乙方白天用电的平均电价_____元/千瓦时（保留小数点后三位小数，第四位四舍五入）下浮__%，在合同期内，如乙方与电力公司结算电价有调整（以调整后次月乙方与电力公司的电费结算单为参照），调整后的第二个月甲方与乙方结算电价按调整后的电价进行相应调整，优惠比例始终按照供电部门平均电价下浮__%执行。乙方应在收到甲方支付电费通知后的七（7）个工作日内全额缴纳电费。

4.1.4　如甲方按照第 4.1.2 项或 4.1.3 项方式向乙方收取电费，双方将签署如附件五所示《电费结算协议》。

第五条　协议光伏电站的基本情况

5.1　协议光伏电站的建设、安装、运营及审批等全部费用由甲方承担，建设完成后协议光伏电站及由甲方投资建设的配属设施所有权归甲方所有。

5.2　因协议光伏电站发电所获得的碳排放指标，按照以下第 5.2.1 种的方式进行分配：

5.2.1　由甲方所有

5.2.2　由乙方所有

5.2.3　其他：_____。

5.3　本协议项下的光伏电站项目所获的包括但不限于国家、省、市关于光伏项目补贴及其他补贴，补贴款皆为甲方享有。乙方应为甲方申请前述补贴提供配合与协助。

5.4　根据甲方设计（数据为暂定，以最终实际设计方案为准），协议光伏电站的具体情况如下：

5.4.1　装机容量：____MW（____万千瓦）

5.4.2　电池板数量：约____块

5.4.3　逆变器数量：约____台

第六条　光伏电站的建设施工

6.1　光伏电站的施工方案应由甲方提出，并经乙方确认。乙方应提供合理的空间供甲方建设、安装光伏电站设备。

6.2　乙方应为光伏电站建设、施工提供以下便利条件：

6.2.1　成立光伏电站工作组，乙方公司内部各部门对于光伏电站的问题协调，统一由光伏电站工作组与甲方项目部对接协调；

6.2.2　符合甲方建设电站实际要求的施工通道；

6.2.3　经甲乙双方确认，电力公司并网接入方案中的并网接入点；

6.2.4　建设电站期间临时用电、用水等能源，但相应费用应按乙方的计量标准计算并由甲方承担；

6.2.5　建设电站期间存放电站所需关键设备、材料及工具的符合甲方要求的相关场所；

6.2.6　电站建设所需的其他合理条件。

第七条　光伏电站产权分界和运营维护

7.1　光伏电站的所有权归属于甲方，除法律法规或者本协议另有约定外，未经甲方书面同意，乙方不得拆解、移除。因乙方原因导致建成光伏电站及相应设备、设施故障、损坏的，乙方应予以赔偿。本条所述光伏电站包括：太阳能电池板、支架、逆变设备、输电线路、计量设备等接至电力并网接驳点前的一切所需设备设施。

7.2　甲乙双方产权分界示意图如附件六所示。

7.3　甲乙双方对各自享有产权的设备设施承担维护、保养义务并承担相关费用，在供电设施上发生的事故引起的法律纠纷导致的法律责任，甲乙双方应根据相关法律法规及本协议的约定承担责任。

7.4　甲方负责电站的安全及运营维护管理，并承担相关费用。甲方的运营维护方案必须经乙方事先书面确认后方可实施。在电站的运营维护过程中，乙方应提供协助与配合。

7.5　甲方对电站设备进行维护、检查等工作时应通知乙方，并在工作过程中遵守乙方的相关规定。

第八条　协议屋顶的维护和使用

8.1　乙方负责协议屋顶的正常维护和保养，乙方对协议屋顶进行维护需提前三（3）个工作日通知甲方并取得甲方的同意，但出现紧急情况或经甲方同意则可不受该约束。

8.2　未经甲方事先同意：

8.2.1　乙方的雇员或其聘请的任何第三方不得进入协议屋顶作业；

8.2.2　乙方不得将协议屋顶提供给其他任何第三方使用；

8.2.3　乙方不得从事其他可能影响协议屋顶安全的活动。

8.3　甲方按照光伏电站的寿命（25年）对光伏电站进行维护和检修时，乙方应按照甲方的需求提供一切必要的便利。

8.4　在建设光伏电站施工之前，双方应对协议屋顶现状及协议屋顶屋面防水状况进行勘察，同时甲、乙双方应对协议屋顶屋面现状拍照取证留存；勘查后发现协议屋顶屋面存在明显破损或漏水情况的，乙方应在【一（1）个月】内完成对破损和漏水的修补工作，费用由乙方承担，或【在五（5）个工作日内双方协商以其他方式解决】。

8.5　在租赁期限内，如协议屋顶发生破损或漏水等情况，影响光伏电站运营的，乙方应在接到甲方通知后【一（1）个月】内完成对破损和漏水的修补工作，费用由乙方承担，或【在五（5）个工作日内双方协商以其他方式解决】。

8.6　在租赁期限内，未经甲方同意，乙方不得对协议屋顶进行改造、拆迁或拆除。

8.6.1　如果确实需要对协议屋顶进行改造的，不得影响其用于安装光伏电站的功能，乙方应保证改造后，协议屋顶仍能按照原有功能供甲方安装和运营光伏电站，改造方案应经过甲方书面同意，甲方不承担由改造产生的一切费用；

8.6.2　如因乙方原因导致需要拆除光伏电站的，乙方需给予甲方不少于一百八十（180）个自然日的时间进行拆除工作，并赔偿以上一年度甲方发电收益（扣除成本后）为计算依据，自拆除之日起至租赁期限届满之日止甲方所应获收益。同时，乙方应尽最大努力提供其他相同面积和条件的屋顶用于甲方重新安装光伏电站；

8.6.3　如因政府原因需对协议屋顶所在房屋进行拆迁，需要对光伏电站进行拆除的，拆迁方案应经过甲乙双方共同认定，协议屋顶光伏电站拆迁工作的具体实施由甲方负责与政府有关部门进行沟通；所有与光伏电站相关补贴、赔偿等权益归属甲方所有。

第九条　双方的责任和义务

9.1　在本协议生效日，甲方的责任和义务如下：

9.1.1　租赁期限内，甲方应当按照约定的用途使用协议屋顶；

9.1.2　在进行光伏电站的安装及协议解除或终止后的拆除过程中，不得对协议屋顶及其附属设施造成损害，造成损害的，经双方共同对损害进行评估并确认后，由甲方承担有关维修费用；

9.1.3　光伏电站在日常运营、维护和检修时，甲方不得对乙方的正常经营造成不利影响；

9.1.4　甲方负责光伏电站和供电部门的接入协调事项；

9.1.5　甲方负责光伏电站和发改委备案、电力部门并网申请、国家政策支持及工程验收等相关事项；

9.1.6　甲方应依法承担本公司的税赋。

9.2　在本协议生效日，乙方的责任和义务如下：

9.2.1　乙方应持续拥有协议屋顶的所有权，协议屋顶所涉及的房屋上在本协议签署时不存在抵押或任何权利限制，且在本协议有效期内不设定任何抵押权。乙方签署本协议无需取得任何第三方的同意或批准，不违反任何对乙方有约束力的合同义务，其提供协议屋顶给甲方建设、安装及运营光伏电站不存在任何限制；

9.2.2　若乙方出售转让房屋涉及协议屋顶所有权的转让，乙方应提前通知甲方并应确保房屋的受让方同时受让本协议，并同意承担本协议下乙方承担的所有义务；

9.2.3　乙方应全面配合甲方申请国家各级政府的政策支持和项目审批/备案；

9.2.4　乙方应为甲方建设、运维人员安排办公场所；

9.2.5　乙方应依法承担本公司的税赋。

第十条　违约责任

任何由于一方违约而导致另一方遭受损失的，守约方有权要求违约方赔偿因其违约而遭受的任何直接损失。该等赔偿不应妨碍守约方行使其他的权利，包括但不限于根据本协议的规定终止本协议的权利。

第十一条　争议解决与合同解除

11.1　甲乙双方如在执行本协议过程中发生争执，应首先通过友好协商解决，如双方不能达成一致意见时，任何一方均有权向协议屋顶所在地人民法院起诉。

11.2　乙方未按本协议履行本协议相关义务的，甲方有权单方解除或终止协议。

11.3　因甲方光伏电站投资大、回收期长，租赁期限内乙方不得单方解除本协议。如乙方单方解除本协议，乙方应以上一年度甲方发电收益（扣除成本后）为计算基础赔偿自解除之日起至租赁期限届满之日止甲方所应获收益。

11.4 如遇国家产业政策调整，或者发电、供电政策变化，致使甲方光伏电站项目终止的，甲方应及时通知乙方，自通知到达乙方之日起本协议自动解除。

第十二条 不 可 抗 力

甲乙双方的任何一方由于不可抗的原因，应及时向对方通报不能履行或不能完全履行的理由，以减轻可能给对方造成的损失，在取得有关机构证明以后，在对方认可的情况下，允许延期履行、部分履行或者不履行本协议，并根据情况可部分或全部免予承担违约责任。

第十三条 保 密

甲乙双方对以下信息均承担保密责任：

13.1 甲乙双方基于本协议签订及履行过程中，所知悉的对方的所有商业或技术的文件、资料、信息等商业秘密；

13.2 本协议条款内容。

第十四条 其 他

14.1 本协议未尽事宜，由甲乙双方共同协商确定，作为本协议补充条款，与本协议具有同等效力。

14.2 本协议自双方于文首日期签署或盖章之日起生效。

14.3 本协议一式肆（4）份，由甲乙双方各持贰（2）份，各份具有相同的法律效力。

14.4 本协议附件包括：

附件一：甲方《营业执照》

附件二：乙方《营业执照》

附件三：房屋所有权证

附件四：土地使用权证

附件五：电费结算协议

附件六：产权分界示意图

（以下无正文，后附签字页）

（本页为《分布式光伏电站合同能源管理协议暨屋顶租赁及使用协议》签字页）

甲方：

_____（公司盖章）

授权代表签字：

日　期：

乙方：

_____（公司盖章）

授权代表签字：

日　期：

附件一：甲方《营业执照》

附件二：乙方《营业执照》

附件三：房屋所有权证

附件四：土地使用权证

附件五：电费结算协议

电费结算协议

本《电费结算协议》（以下称"本协议"）由以下双方于＿＿年＿＿月＿＿日在＿＿签署：

甲方：

＿＿＿＿＿＿＿＿＿

法定代表人或授权代表：＿＿＿＿＿＿＿＿

住所：＿＿＿＿＿＿＿＿＿＿＿＿＿＿＿＿

乙方：

＿＿＿＿＿＿＿＿

法定代表人或授权代表：＿＿＿＿＿＿＿＿

住所：＿＿＿＿＿＿＿＿＿＿＿＿＿＿＿＿

鉴于：

1. 甲方为一家依据中国法律成立并有效存续的＿＿＿＿＿＿＿＿＿＿公司。
2. 乙方为一家依据中国法律成立并有效存续的＿＿＿＿＿＿＿＿＿公司。
3. 甲乙双方已于＿＿＿＿＿＿年＿＿＿＿＿＿月＿＿＿＿＿＿日签订《分布式光伏电站合同能源管理协议暨屋顶租赁及使用协议》，乙方将其所拥有的建筑物屋顶出租给甲方，供其建设、安装、运营光伏电站，并按照其中条款 4.1 的约定，甲方按照优惠电价的方式完成租金的支付。

经甲乙双方友好协商，现双方就电费结算等事宜，经过协商一致，达成如下协议，以兹共同遵守。

第一条　用电量计算

1.1　甲方按照国家规定在入网前端双方认可的位置安装双方共同检测无误的用电计量装置。该用电计量装置的记录作为双方计算用电量与电费的唯一依据。用电计量装置的安装、移动、更换、校验、拆除、加封、启封、定期检测、维修、更换及连接线等均由甲方负责，乙方应提供协助及配合。甲方保证用电计量装置的准确性已通过国家计量检测部门的检验认证，并定期对其进行校验，由此产生的费用由甲方承担。

1.2　计量点位于：_____。

1.3　乙方的用电量以乙方所在地电网公司抄录电表数据为准。

第二条　电费支付

2.1　电费由乙方通过如下第_____种方式支付：

(1) 银行直接支付；

(2) 其他支付方式：_____。

2.2　甲乙双方约定，乙方按_____为一期向甲方支付电费。

2.3　甲方根据乙方所在地电网公司抄录电表数据根据第2.2款约定的周期向乙方发送支付电费通知。

2.4　乙方应在收到甲方支付电费通知后的七（7）个工作日内全额缴纳电费。

第三条　其　　他

3.1　甲方确保正常、安全供电的情况下，乙方有下列情况之一时，甲方可采取相关措施中止供电：

(1) 危害供电安全、扰乱供电秩序的行为发生时；

(2) 乙方拒绝对供电设备、设施、线路等进行检查时；

(3) 拖欠电费连续达_____个工作日以上时；

(4) 确有窃电行为时；

(5) 遭遇不可抗力或紧急避险需要。

3.2　乙方未能按本协议约定及时交付电费的，乙方应向甲方计收电费违约金。违约金自逾期之日起计算至交费之日止，按当期应缴纳电费每日_____计算。

3.3　甲方如变更户名、银行账号，应及时书面通知乙方。如甲方未及时通知乙方，造成支付电费延时，乙方不承担有关责任。

3.4　本协议自甲方、乙方签字，并加盖公章后生效。有效期与《分布式光伏发电屋顶租赁及使用协议》一致。

3.5　本协议正本、副本各一式两份，作为《分布式光伏发电屋顶租赁及使用协议》的附件。甲方、乙方各执一份，效力均等。

3.6　本协议未尽事宜由双方另行协商解决。

（以下无正文，后附签字页）

（本页为《电费结算协议》签字页）

甲方：

_____（公司盖章）

授权代表签字：

日 期：

乙方：

_____（公司盖章）

授权代表签字：

日 期：

附件六：产权分界示意图

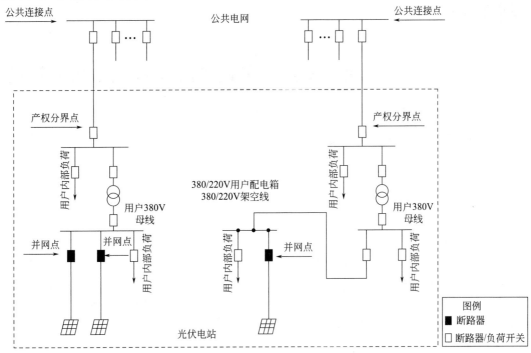

附录 4-2

××××××××公司屋顶分布式光伏电站合同能源管理协议

甲方：×××××××××公司【建筑所有者及光伏电量使用者】

联系地址：

法定代表人：

乙方：×××××××××公司【电站投资者或其项目公司】

联系地址：

法定代表人：

在真实、充分地表达各自意愿的基础上，根据《中华人民共和国合同法》及其他相关法律法规的规定，本协议双方同意就投资建设、运营管理分布式屋顶光伏发电项目签订本合同能源管理协议（以下简称"本协议"）。

第一条 项目内容

1.1 甲方同意向乙方出租、乙方同意向甲方承租如下建筑物的屋顶（以下简称"屋顶"或"项目现场"）用于建设、运营光伏发电系统项目（以下简称"项目"）。

屋顶地址		自发自用比例	80%～100%
屋顶面积		承重数据	
屋顶结构		产证编号	
抵押状况			

1.2 本项目预计在甲方现有厂房屋顶投建容量为【＿＿】MW的光伏发电系统（实际装机容量以电力公司批复意见为准），运营期限自项目建成并网之日起算二十五（25）年（以下称"运营期限"），项目所发电能由甲方优先使用，实现企业节能降耗目标，剩余电能接入公共电网，电能的相关收益（包括电费收入、碳减排收益及政府补贴等）由乙方享有。

1.3 甲方承诺在本协议运营期限内的用电过程中优先使用乙方光伏电站项目所发电能。

1.4 项目的建设周期约三个月，自乙方收到电网公司出具项目接入电网意见函、发改委备案同意及银行贷款次日起计算。

第二条 租赁期限及租金

2.1 经乙方通知指定日期，甲方应向乙方交付建筑物屋顶供乙方进行项目建设。甲方向乙方交付屋顶之日为起租日期，双方应当签署《屋顶租赁事宜确认函》（见附件一）。

2.2　建筑物屋顶租赁期限自起租日期之日起算二十（20）年。二十（20）年期限届满后，自动续租至运营期限届满之日为止，且相关租赁条件不变。

2.3　甲乙双方确认，甲方优先使用乙方生产光伏电量，甲方使用光伏电量结算电价按电力公司同期电价的8折享受优惠，乙方向甲方开具增值税发票，光伏电费按月结算；甲方向乙方收取零元屋顶租金，即甲方享受乙方电价优惠后不再向乙方收取屋顶租金。

第三条　电费的结算

3.1　甲方的实际用电量均以供电局第三方计量设备计量，争议时也可邀请有计量资质权威检定为准。

3.2　甲方使用光伏电量的电费计费标准：项目运营期限内，按照甲方在当地电网同时段（尖峰谷）缴纳给电网公司的电价为基准，甲方使用乙方的光伏电价按基准电价的＿＿折结算。协议期间内，如遇国家电价调整，则从调整当日起，按照国家调整后的电价进行相应变动。

3.3　甲方用电结算方式如下：

3.3.1　电费结算方式为按月结算，双方应以每月电力公司抄表的时间为准来确认上个月电费金额，甲方应在确认并收到乙方开具的相应发票后5个工作日内支付乙方上个月电费。

3.3.2　甲方应按确定的金额以电汇或银行转账方式将相应的款项支付给乙方。

3.3.3　乙方收款前根据甲方的当月实际光伏用电量，根据国税要求向甲方开具相应的增值税发票。

3.3.4　如甲方对任何实际用电量存在争议，应于收到付款申请之日起3日内向乙方提出书面异议。如甲方逾期未提出书面异议的，视为甲方对实际用电量已确认。

第四条　甲方的权利义务

4.1　甲方应按本协议第2.1款的约定及时向乙方交付项目场地，并授权乙方为进出和使用项目场地之目的与甲方、其他租户（若有）共同使用项目场地所在建筑物的公共区域和公共设施。

4.2　甲方应当按照本协议的约定及时向乙方支付电费。

4.3　甲方承诺对提供的项目场地（屋顶）的基础建筑物拥有完整的、有效的所有权，甲方应确保乙方对项目现场的占有、使用不会受到甲方或其他第三方的干扰、妨碍、阻挠或发生其他将对电站项目建设、运行、维护和管理造成不利影响的情况。

4.4　在租赁期限内，若甲方需要翻新修理屋顶的，则甲方承诺如下：

4.4.1　协议期间，甲方确因生产经营发展需要，需要对屋顶实施改、扩建、翻修等项目的，甲方需提前2个月以书面形式告知乙方，并将预计的实施时间告知乙方，乙方协助进行项目移除，相关费用各自承担。改后的项目场地仍符合安装光伏发电系统的设计要求。

4.4.2　项目运营期限自修整且造成光伏电站停电之日起中断计算，待光伏电站重新安装完毕发电之日起恢复计算。

4.5　在租赁期限内，若甲方需要出售屋顶所在建筑物，或将建筑物赠与、互易、设立抵押权等造成建筑物所有权发生变动或有可能影响本协议继续履行的，甲方应提前六十（60）日以书面形式通知乙方，协助乙方使屋顶所在建筑物的受让方或者实际所有权人继续履行本协议。

4.6 在租赁期限内，如因国家或地方政策导致项目场地所在建筑物被征收、拆迁或第三方商业开发的，甲方应在得到征收、拆迁信息后的 5 个工作日内以书面形式通知乙方。有关政府给予的补偿或赔偿等经济利益，甲方依据实际补偿情况与乙方项目利益相关的诉求，酌情给予补偿。

4.7 甲方同意向乙方提供如下协助：

4.7.1 向乙方提供涉及施工设计的相关资料。设计完成后乙方应将图纸完整的归还给甲方。

4.7.2 为乙方项目施工及运营提供必要的条件，乙方用水、用电所实际发生的费用由乙方负担。

4.7.3 协助乙方办理本项目实施所需合法合规的政府许可文件及节能减排项目申报。

4.7.4 如乙方需要办理租赁登记的，甲方应予以配合，租赁登记费用由乙方承担。

4.8 甲方只使用乙方的自发电，对于乙方设备及相应故障只有异常通知义务，其他概不负责。

4.9 甲方享有对该项目安全运行风险及日常管理风险的知情权，乙方应有相应的义务对甲方进行相应培训，对于未知事项造成的一切后果，甲方概不负责。

第五条 乙方的权利义务

5.1 乙方有权在租赁期限内持续且不受干扰地占有、使用项目场地。

5.2 乙方应当自行负责项目的设计、政府许可或备案文件的办理、设备采购、施工建设以及项目运维管理并承担由此发生的费用（本协议另有约定的情况除外）。在运营期限内，乙方需在征得甲方同意后，可对项目进行优化项目进行改造，所有改造费用均由乙方承担，甲方将予以配合。

5.3 乙方应当确保光伏系统设置足够的防雷设施，防止雷电感应及雷电波侵入对用户侧电气设备造成危害，由此造成的一切损失由乙方承担。

5.4 乙方保证定期对项目电站进行检测、保养、清洗和维护，并负责项目电站的故障处理，由此产生的费用均由乙方自行承担。

5.5 乙方在运营期间，如乙方光伏阵列所占区域造成屋顶漏水应负责及时修复并承担费用。如接到甲方书面通知后一个月内不采取维修措施的，甲方有权请第三方进行维修，相关维修费用书面通知乙方，费用由乙方承担，若乙方拒绝支付费用，甲方有权从下月电费中扣除。

5.6 项目施工过程中以及项目建成后的运维过程中，乙方应当确保项目不影响甲方以及周边居民的正常生产与生活。

5.7 在甲方将与项目有关的甲方内部规章制度和特殊安全规定要求及时、准确地告知乙方的前提下，乙方应当确保其工作人员或者其聘请的第三方在项目实施、运行和维护的整个过程中遵守甲方的相关规章制度。

第六条 项目的更改或用电模式变更

6.1 如在项目的建设期间出现乙方无法预料的情况，从而导致原有项目方案需要修改时，则乙方需在征得甲方同意后，可对原有项目方案进行修改并实施修改的方案，甲方将给予配合。

6.2 当以下情形之一出现时，乙方有权将节能效益分享模式变更为全部电量上网模式，乙方项目所发电量全部并入公共电网，届时甲方同意乙方电站使用甲方屋顶的租金单价为【＿＿＿】万元/MW/年，因变更上网模式乙方需要进行场地施工的，甲方应予以配合：(1)甲方在合同有效期内连续3个月或累计六(6)个月每月实际用电低于约定的自发自用用电比例；(2)甲方拖欠乙方应付电费累计超过三个月或金额超过五十万的；(3)甲方因停产、歇业、破产、并购重组、控制人变更等原因导致甲方用电负荷显著减少（含消失）和供用电关系无法继续履行的。

6.3 当以下情形之一出现时，甲方有权将节能效益分享模式变更为租金模式或终止合作，届时乙方项目所发电量全部并入公共电网，乙方同意使用甲方屋顶的租金单价为【＿＿＿】万元/MW/年，或甲方可提出终止合作，乙方将无条件进行拆除。(1)乙方在合同有效期内连续发电不稳定，造成甲方机台波动，机器损坏的情况，相应损失由乙方承担。(2)乙方实际发电量连续三个月低于预计发电量的50%。(3)乙方因停产、歇业、破产、并购重组、控制人变更、设备安全运行风险等原因导致供用电关系无法继续履行的。(4)经查实，乙方存在弄虚作假，电量数据作弊的。

6.4 本款的约定并不影响双方追究在本协议项下其他违约责任。变更上网模式后，甲乙双方应签署《分布式光伏电站屋顶租赁协议》，明确双方变更后的权利义务关系。如因甲方欠付电费导致变更上网模式的，甲乙双方均同意就甲方欠付的电费和乙方按照后续签署的《分布式光伏电站屋顶租赁协议》所应支付的屋顶租金进行直接抵扣，直至甲方无欠付电费之日为止。

第七条 资产所有权以及风险责任

7.1 本项目下的所有由乙方采购并安装的设备、设施和仪器等固定资产（简称"项目资产"）的所有权属于乙方。在本协议有效期内，乙方有权为融资目的而在其所有的项目资产上设定抵押或其他担保物权，甲方有义务在符合国家法律法规的情况下协助乙方完成上述活动。

7.2 甲方在本协议有效期内不得处置项目资产或将项目资产抵押、质押或在项目资产上设定其他形式的第三方权利。

7.3 运营期限届满且甲乙双方均无意展期的，甲乙方协商后另行确定以下两种方式之一处理乙方的电站项目资产：

7.3.1 乙方将项目资产的所有权无偿转让给甲方，并将项目的技术资料与项目资产清单一并移交给甲方；

7.3.2 乙方应在运营期限届满后的三十（30）日内，自行拆除位于项目现场的乙方电站资产。

第八条　违约责任

8.1　如甲方未按照本协议的规定及时向乙方支付电费，则每天按应付电费的千分之三向乙方支付滞纳金，直到甲方全额支付电费为止。甲方拖欠乙方应付电费累计超过三（3）个月或金额超过五十（50）万的，乙方有权终止向甲方供电，并更改项目模式，全部发电量均并入公共电网。若乙方更改项目模式的，甲方应无条件予以配合。如甲方不予配合的，乙方有权解除协议。

8.2　若甲方未能按本协议的约定及时向乙方交付项目场地，乙方有权解除本协议。

8.3　若乙方未能按本协议的约定及时向甲方支付屋顶租金，每逾期一天，乙方应当向甲方支付年度租金的千分之三的违约金。乙方逾期超过九十（90）日的，甲方有权解除本协议并追究由此而导致的甲方损失。

8.4　若因乙方原因双方停止合作，要求乙方按规定时间拆除相关设备，并保证甲方屋顶与甲方交付与乙方使用前状态一致，由此产生的相关损失由乙方负责。

第九条　不可抗力

9.1　不可抗力是指水灾、地震、瘟疫、台风、战争、动乱、暴乱、武装冲突、罢工等不能预见、不能避免、不能克服的客观情况。

9.2　在不可抗力事件持续期间受影响方的履行义务暂时中止，相应的义务履行期限相应顺延，受影响方不应承担相应责任。在不可抗力事件结束后，受影响方应该尽快恢复履行本协议下的义务。

第十条

除本协议另有约定之外，如果因为不可抗力事件的影响，双方达成一致无法继续履行相关义务，则双方任何一方均可提出解除协议，双方不承担任何责任。

10.1　本协议可经由甲乙双方协商一致后书面解除。除本协议另有约定外，本协议履行过程中，甲乙双方均不得擅自解除本协议。

10.2　协议一方主动申请破产、清算、重整，或被提出上述申请的，另一方可书面通知对方解除本协议。如甲方系破产方的，乙方解除本协议后，有权立即取回项目资产，甲方或甲方的破产管理人应予以配合。如乙方系破产方的，则甲方行使解除权后应允许乙方取回项目资产，不得就乙方的拆除行为予以干扰和阻碍，亦无权留置项目资产。

10.3　任何第三方要求行使甲方设定在项目场地所在建筑物上的抵押等担保物权，或者建筑物被法院查封并拍卖、变卖，使得本协议无法继续履行的，乙方可书面通知甲方解除本协议。

第十一条　争议解决

因本协议引起的任何争议、纠纷，本协议双方应友好协商解决，如不能协商解决，由协议履行地人民法院管辖。

第十二条　协议的生效及其他

12.1　本协议自双方签字盖章之日起生效，至项目建成并网发电后的二十五年运营期限期满后终止。

12.2　本协议履行过程中的税费，根据法律规定由相应方承担。

12.3　协议文本一式四（4）份，具有同等法律效力，双方各执 2 份。

12.4　本协议由双方于【_____】年【____】月【____】日在【_____】签订。

12.5　本协议的附件为本协议不可分割的组成部分，与协议正文具有同等法律效力。

（以下无正文）

甲方：　　　　　　　　　　　　　乙方：

法定代表人：　　　　　　　　　　法定代表人：

附件一：屋顶租赁事宜确认函

甲方：××××××××××公司【建筑所有者】

乙方：×××××××××公司【电站投资者或其项目公司】

根据《分布式屋顶光伏电站屋顶租赁协议》的约定，甲方已于【　　】年【　】月【　】日向乙方交付了项目场地。现甲、乙双方在此确认，前述日期为项目场地的起租日。

甲方：【屋顶业主】（盖章）　　　　　　　乙方：【项目公司】（盖章）

签署日期：　　　　　　　　　　　　　　签署日期：

附录 4-3

屋顶租赁与使用协议

_____年____月

屋顶租赁与使用协议

合同编号：_____

甲方（出租方）：×××××××××公司（建筑所有者）
地址：

乙方（承租方）：××××××公司（光伏电站投资者或其项目公司）
地址：

甲方在法律、法规、国家政策允许的范围内，充分利用其所属区域内适合安装太阳能发电系统的屋顶资源，与乙方在新能源及节能减排领域开展多层次的业务合作。乙方将依托其自主品牌及丰富的系统集成经验，利用资源优势，通过资本与专家团队的优化组合，推动新能源业务结构调整，打造新能源业务新的经济增长点。为促进新能源产业的跨越发展，并推动甲方节能减排，甲乙双方经友好协商，达成如下租赁协议：

第一章　租赁物及其权属状况

第一条　本合同所称的租赁物为_____（地址）内建筑物屋顶及附属配套设施，利用租赁物建设太阳能屋顶光伏电站，其中利用屋顶面积约_____平方米（以实际测量为准），（租赁具体位置以附件一租赁房屋平面图中红色框内部分区域为准，双方盖章确认）。

第二条　甲方对租赁物享有所有权（见附件二：房屋所有权证复印件或合法转租权证明，上述证明需经甲方盖章确认）。

第二章　租赁期限、用途

第三条　租赁期限和优先权

3.1　租赁期限为20年，租赁期限自项目合同签订之日起计算，租赁期限届满后自动续展5年，租赁条件不变。

3.2　双方约定租赁物交付暂定日期为_____年____月____日前，以乙方进场施工日期为准。

3.3　优先购买权：租赁期内，房产所有权人（甲方）欲出售租赁屋顶下的厂房和土地时，甲方应提前90天将房屋出售价格、付款期限等主要内容书面告知乙方，乙方享有同等条件下优先购买的权利。

3.4　优先承租权：乙方如要求继续承租，应在租赁期限届满前__1__个月向甲方发出书面通知，乙方享有同等条件下优先承租的权利。甲方应在收到乙方继续承租的请求后15天内书面回复，逾期未回复的视为同意。

第四条　租赁用途及转租

4.1　乙方承租租赁物的用途：屋顶光伏电站项目及相关配套设施建设。

4.2　乙方有权在租赁期限内将租赁物转租给第三方，需经甲方同意后，本租赁协议终止，第三方与甲方重新签订租赁协议。未经甲方同意，乙方不得转租给第三方。

第三章　租赁费用及支付

第五条　租赁费用及其他费用

固定租赁费用：自合同签订之日起 25 年内，按照__万元/MW·年支付（以实际装机容量核算），每年元月 15 日之前支付当年租赁费。本合同所定义的租赁费用包括：该租赁物的租金、附属设施设备实际占用的面积。

第六条　电站所有权归属乙方，由乙方承担电站的运营、维护和占用屋面维护等相关职责，并享有电费收益、国家相关政策补贴和电站的处置权，建设光伏电站一次性补助（若有）归甲方所有。电站在建设、运营、维护等过程中因乙方造成的损失由乙方全额承担，所占屋面维护费用由乙方负责承担。电站建设、运营、维护过程中的一切安全责任由乙方承担。

第四章　双方权利义务

第七条　甲方的权利义务

7.1　甲方可使用乙方所建项目产生的电力资源，经乙方同意后另行签订购售电协议。

7.2　甲方应当按时交付租赁物并配合乙方开展电站的设计、建设、调试、验收、维护等相关工作，发生的费用由乙方承担。

7.3　甲方应当向乙方提供光伏电站必备电气设备安装所需的场地和走线（含电缆、光缆、电源线）路由、外内墙走线槽/管及管井空间等，所需的一切费用由乙方全额承担。

7.4　甲方为乙方维护、检测、修理及清洗项目设施和设备提供便利，费用由乙方负担，保证乙方可合理地接触与本项目有关的设施和设备。

7.5　在屋顶租赁期间，甲方有责任帮助乙方顺利地进行相关维护工作保证电站安全运行，如设备发生故障、损坏和丢失，甲方应在得知此情况后告知乙方，配合乙方对设备进行维修和监管，发生费用由乙方承担。

7.6　租赁期内，甲方转让租赁物，须保证乙方对屋顶使用的延续性，不得影响乙方的权益。甲方应向新的所有权人如实告知租赁情况、本合同的签订及履行，并做好交接工作，租赁物所有权转让后，本合同对租赁物新的所有人和乙方继续有效。如本电站项目实施期限发生项目所有权转移，甲方有义务协助乙方完成项目所有权转移，并使本合同延续执行完成。

7.7　租赁期间，甲方须保证屋顶具备屋顶电站项目建设所要求的基本使用性能。租赁期间，甲方应负责房屋的正常维修（乙方使用屋面以外的部分）；因乙方施工或使用过程中造成屋面的损坏，由乙方负责修复，由此发生费用由乙方承担。

7.8　甲方移交给乙方的租赁物符合国家相关规定并已通过政府有关部门合法的验收和年检。

7.9　租赁期内，甲乙双方因履行本合同发生任何争议或纠纷，在争议或纠纷未最终解决之前，甲方不得采取任何措施妨碍光伏电站安全和正常运行。

第八条　乙方的权利义务

8.1　乙方应按本合同约定用途使用租赁物，不得作为他用。

8.2　乙方应按照本项目方案文件规定的技术标准和要求以及本协议的规定，聘请有国家认可资质的设计单位按时完成本项目的方案设计，并按设计方案按期完成项目建设，做好项目运营以及维护管理，所发生的费用由乙方承担。

8.3　乙方应当确保其工作人员和其聘请的第三方严格遵守甲方有关厂规厂纪、施工场地安全和卫生等方面的规定。

8.4　项目建成后应建立健全项目运行维护管理制度，双方应当严格执行该制度。因违反管理制度造成的人身财产损失由违规方承担。在施工和维护中造成第三方和甲方的损失由乙方承担。

8.5　乙方在项目建设、运营、维护的过程中，乙方向甲方按实结算甲方所提供的水电费用。

第九条　甲、乙双方共同确认并承诺，其向对方提供的所有文件、资料、证照均真实；任何一方除因向有关行政部门和单位申办经营手续所需或司法机关要求而披露对方资料、文件、与本合同权利义务相关之任何约定等信息外，均不得向其他人披露该等信息。本保密条款在本协议终止后仍对甲乙双方具有法律约束力。

第五章　违约责任

第十条　双方的违约责任

10.1　甲方违约：

10.1.1　如甲方提前解除本协议或因甲方原因导致本协议无法履行（政府拆迁、政府要求改建及不可抗力导致房屋拆除除外），甲方应当赔偿乙方全部损失，甲方应按未满20年部分电站运营可获取的净收益的100%，一次性赔偿给乙方。赔偿金额计算公式为：赔偿金额＝合同解除上一年度乙方通过电站运营获取的全部净收益×（20-已运行年数）×100%。

10.1.2　甲方未按合同约定履行而给乙方造成损失的，甲方应当赔偿乙方相应直接或间接损失。

10.2　乙方违约：

10.2.1　因乙方的项目安全、质量、标准不符合要求导致甲方和第三方损失的，乙方应承担相应责任和赔偿。

10.2.2　因乙方重大过错需要拆除电站的，乙方应承担电站拆除、屋面恢复费用，乙方必须将屋面原样恢复。

10.2.3　乙方未按合同约定履行而给甲方造成损失的，乙方应当赔偿甲方的全部的直接和间接损失。

第六章　不可抗力和拆迁

第十一条　不可抗力

11.1　不可抗力指甲、乙双方无法克服、无法预见且无法避免，使得一方或双方部分或者完全不能履行本合同的事件，包括但不限于地震、水灾、雪灾、冰雹、海啸、台风、战争、动乱等。

11.2　如不可抗力的发生使甲、乙双方无法履行本合同义务，则该义务应在延迟期间内中止且各方无需为此承担责任。

11.3 提出受不可抗力影响的一方应及时书面通知另一方，并且在随后的＿＿日内向另一方提供不可抗力发生以及持续期间的充分证据。

11.4 发生不可抗力，双方应立即进行磋商，寻求一项公正的解决方案，并且尽一切合理的努力将不可抗力的影响降至最小。

第十二条 政府拆迁

12.1 基于诚实信用原则，甲方负有将已知悉政府或其他部门发出的改变租赁物用途、土地征用、批租、市政规划拆迁、政府要求改建等信息书面通知乙方的义务。

12.2 租赁期内，因改变租赁物用途、土地征用、批租、市政规划拆迁、政府要求改造引起的对甲方经营和甲方人员的安置、装修、搬迁费用等方面的补偿，归甲方所有；与电站相关的任何补偿，归乙方所有。

第七章 争议解决

第十三条 凡因本合同的解释或履行引起的任何争议，双方应首先努力通过友好协商解决；协商不成的，双方同意依法将争议提请项目所在地仲裁委员会仲裁，仲裁的裁决为最终判决，对双方均有约束力。

第八章 其他约定

第十四条 本合同及附件一式四份，由甲、乙双方各执两份，经双方盖章后生效，本合同所有内容手写无效。本协议的有效期20年。协议期间，如乙方的股份结构和名称自行调整，经甲方同意则由新的执行主体继承乙方作为本协议的全部权利义务。

第十五条 本合同未尽事宜，经甲、乙双方协商一致，可订立补充条款。补充条款及附件均为本合同组成部分，与本合同具有同等法律效力。

第十六条 本合同签订后，如在光伏电站项目正式开工前，经乙方现场勘查发现屋顶不符合光伏电站建设要求的，乙方可书面通知甲方解除本协议，原则上双方互不承担责任，乙方应赔偿已给甲方造成的损失费用（若有）。

附件一：《租赁区域平面图》
附件二：房屋所有权证复印件、合法转租权证明
房屋所有权证号：＿＿＿＿＿＿＿
（以下无正文）

甲方： 乙方：

签约代表人： 签约代表人：

签约日期： 年 月 日

第5章

分布式光伏电站的设计与施工

分布式光伏的设计与施工过程中需要丰富的经验以及遵循诸多标准与规范，分布式电站的设计要由浅入深，根据建筑和供配电网以及用电情况的现状，设计合适的安装形式、并网形式，进而深入到倾角选择、排布设计、阴影分析、组串设计、支架设计、强度计算以及接入系统设计、电气一次设计、二次设计、电缆及电气元器件选型，系统防雷接地及消防设计等。电站的建设涉及项目管理、土建、安装、电气施工等，项目施工作业标准化，质量、安全、进度项目管理的对工程质量及其重要性。在分布式电站的选址、设计、实施预计运营中的经济型影响因素的分析与控制直接影响分布式光伏电站的投资。

5.1　电站的设计[1~4]

分布式光伏电站常与建筑相结合，这种安装形式相比于集中式光伏电站的优势在于不占用土地资源，巧妙利用闲置屋顶；同时光伏电站所发电力又能就近使用，减少了输电环节的资源损耗。常见的安装形式有钢筋混凝土屋顶分布式光伏、钢结构彩钢板屋顶分布式光伏、瓦屋顶分布式光伏、停车棚分布式光伏以及 BIPV 分布式光伏。每种安装形式所依附的建筑形式不同，光伏阵列的安装形式也有所不同，本章中针对常用的安装形式及注意事项进行，其中涉及屋顶形式、基础形式、支架形式、光伏阵列安装形式及其倾角的选择等。

在光伏电站的排布设计中，阴影分析对光伏电站设计合理性及发电效率至关重要，光伏电站排布设计中需要合理避让建筑物对光伏阵列产生的阴影以及光伏阵列之间产生的阴影。

在电站的设计中需要根据建筑的实际情况，考虑电站的整体排布设计，光伏阵列的排布不仅需要避开遮阴区域，还需要考虑排布的合理性、检修通道、组串等因素，综合对光伏阵列的排布进行优化设计。光伏支架的强度设计直接影响光伏电站后期安全和抗风能力。光伏组串设计合理性对发电效率和电气安全性至关重要。电气一次系统设计和二次系统设计，光伏接入系统方案是光伏电站设计的重点工作。光伏系统主要材料设备的选择，是否满足设计要求和使用要求，光伏系统的防雷接地和消防等安全设计至关重要。本节对光伏电站的设计工作进行叙述说明。

5.1.1　分布式光伏电站的安装形式

分布式光伏主要安装在工商业厂房、农村屋顶等，主要的屋顶类型有钢筋混凝土屋顶、钢结构彩钢板屋顶、瓦屋顶、停车棚以及 BIPV 等。分布式光伏的设计需要根据附着物的不同，来设计适合的倾角、朝向、安装形式以及节点连接形式。

（1）钢筋混凝土屋顶光伏阵列安装形式

钢筋混凝土屋顶一般分为上人屋面和不上人屋面两种，其中上人屋面的设计承载能力为 $200kg/m^2$，不上人屋面的设计承载能力为 $50kg/m^2$。

上人屋面新增光伏阵列屋面承载能力没问题，此类屋面可选择的光伏阵列的形式主要有两种：第一种形式是固定式水泥基础的光伏阵列安装形式（如图 5-1 所示）；第二种形式是采用配重块将光伏阵列通过重力固定在屋顶上（如图 5-2 所示）；第三种形式是采用小倾角背后安装导流板的形式（如图 5-3 所示）。

图 5-1　固定式水泥基础

图 5-2　配重式水泥基础

固定式基础通过钢筋与屋顶梁连接，基础比较牢固，能够承受较大的负风压产生的拉力载荷，此类安装形式可将光伏阵列设计成最佳发电量的倾斜角度，但这种结构形式的水泥基础需要坐落在屋顶的梁上，并通过钢筋与屋顶梁连接，水泥基础的防水也需要与屋顶做成一体，如果是已投入使用的屋面，需要将原屋面的防水保温层局部切割掉，露出屋顶结构层，将化学植筋与原屋顶结构层固定（如图 5-4 所示），然后制作钢筋笼和水泥基础，完成后再将破坏的防水保温部分进行修复（如图 5-5 所示）。

固定式水泥基础光伏阵列支架适宜选用热浸锌碳钢支架，光伏支架与水泥基础之间的固定，可选择水泥基础预埋固定件的形式，也可以选择化学植筋的形式。光伏阵列的应增加防侧风的后侧斜支撑（如图 5-6 所示）。光伏电站的设计寿命应达到 25 年，光伏支架镀锌层厚

图 5-3　导流板式

图 5-4　固定式基础钢筋笼

度不应低于 $60\mu m$，紧固件应选用热浸锌或者不锈钢 SUS304 的。若所选支架或紧固件防腐能力不够，使用几年后将产生锈蚀并不断扩散，影响使用寿命及强度。

　　配重形式光伏阵列与屋顶之间没有直接连接，只是通过重力来抵御光伏阵列在负风压的情况下承受的拉力，所以，这种安装形式不足以抵御较大的风荷载，在地域空旷的环境、高度较高的屋顶以及较大的光伏阵列倾斜角度的情况下，不宜采用此种固定形式。这种配重式固定形式的优点是采用预支水泥块作为配重物，不破坏原屋面防水保温层，施工周期短。但这种安装形式光伏阵列的倾斜角度不宜超过 20 度，配重块的质量及排布要充分考虑抗风和光伏阵列受风时的整体结构稳定性。考虑到光伏阵列受到负风压，影响整体稳定性，光伏阵列前后排之间需要通过支架连接成整体（如图 5-7 所示），这样在负风压情况下，后柱脚不宜抬起或移动。在配重式固定形式设计时，设计配重要充分考虑风荷载，后柱脚处受风作用力较大，建筑屋顶四周区域会产生乱气流，配重设计时边缘区域配重质量达到其他区域配重质量的 1.3 倍时，有利于增加整体抗风能力。

　　配重物较多采用预支水泥块，水泥块的单体尺寸设计应充分考虑支架形式、放置稳定性以及施工可操作性。单个配重块过重会给施工和搬运造成不便，配重块内宜配筋，避免将来

图 5-5　固定式基础防水修复

图 5-6　固定基础支架形式

图 5-7　配重式形式前后排连接

破碎。支架与配重块的固定常见两种形式：一种形式是将配重块压在支架上，这种压的形式要确保稳定性；另一种形式是支架通过化学植筋的形式固定在配重块上，这种方式在极端环境下更加稳固。

对于光伏阵列采用小倾角，背后安装导流板的形式，在受到风荷载的作用下，都转化成水平和向下的力，不存在向上的拉力，避免了光伏阵列在收到负风压时产生的向上拉力，并巧妙地利用导流板将风压转化成向前和向下的力。所以，这种安装形式不需要过多的配重。这种安装形式倾角一般不超过 10 度，整个光伏阵列前后排连接，这种安装形式对于屋顶新增静荷载单位平米不超过 30kg，远远低于配重的安装形式，所以，对于不上人水泥屋面受限于其承载能力，只能采用这种安装形式。

（2）钢结构彩钢板屋顶的光伏阵列安装形式

随着分布式光伏迅猛发展，工商业屋顶成为分布式光伏电站的主要建设载体，工商业建筑中 70% 左右的建筑形式为钢结构彩钢板形式，钢结构彩钢板建筑相对于钢筋混凝土建筑具有成本低、建设周期短等优点，适合大型工业建筑，彩钢板的形式多种多样，彩色涂层钢板的分类详见表 5-1。彩钢板涂层分为底漆和面漆，底漆分为环氧底漆、聚酯底漆、丙烯酸底漆以及聚氨酯底漆；面漆分为聚酯（PE）和聚偏氟乙烯（PVDF）。

表 5-1　彩色涂层钢板的分类

类型	说明	用途
冷轧基板彩色涂层钢板	没有镀层的彩涂钢板	临时设施或室内使用
热镀锌彩色涂层钢板	镀 $180\sim270g/m^2$ 的彩涂钢板	建筑用
热镀铝锌彩色涂层钢板	含 5% 铝的镀铝锌彩涂钢板	建筑用
	含 55% 铝的镀铝锌彩涂钢板	

压型钢板的分类详见表 5-2。

表 5-2　压型钢板的分类

分类标准	类别	说明
按用途分	屋面压型板	基本功能是防水，屋面板的连接有搭接式连接和隐藏式连接
	墙板压型板	
	楼面压型板	分开口式和闭口式（燕尾压型钢板）
按造型分	高波板	波高 $50\sim75mm$，适用于楼盖板、屋面和墙面
	中波板	波高大于 75mm，适用于屋面
	低波板	波高小于 50mm，适用于墙面和坡度较大的屋面

常见彩钢板压型规见表 5-3。

表 5-3　常见彩钢板压型规

序号	型号	截面简图	展开尺寸 /mm	有效宽度 /mm	使用部位
1	YX35-125-750 （V125）		1000	750	墙面内外板 屋面底板
2	YX130-300-600 （W600）		1000	600	屋面板

续表

序号	型号	截面简图	展开尺寸 /mm	有效宽度 /mm	使用部位
3	YX52-600 （U600）		724	600	屋面板
4	YX51-360 （角驰二）		500	360	屋面板
5	YX51-380-760 （角驰三）		1000	760	屋面板
6	YX114-333-666		1000	666	屋面板
7	YX28-150-750		1000	750	墙面内外板 屋面底板
8	YX28-205-820		1000	720	墙面内外板 屋面底板
9	YX15-225-900		1000	900	墙面内外板 屋面底板
10	YX12-110-880		1120	880	墙面内外板 屋面底板
11	YX10-105-840		1000	840	墙面内外板 屋面底板
12	YX32-210-840		1000	840	墙面板 屋面板
13	YX25-21-840		1000	840	墙面板 屋面板
14	YX30-160-800		1000	800	墙面板 屋面板
15	YX26-205-820		1000	820	墙面板

续表

序号	型号	截面简图	展开尺寸/mm	有效宽度/mm	使用部位
16	YX75-600（AP60）	600　175　125　125　175　75	1000	600	墙面板
17	YX28-200-740（AP740）	740　170　200　200　170　28	1000	740	墙面板
18	YX51-421	51　421	600	421	墙面板
19	YX39-450	39　450	600	450	墙面板

分布式光伏设计需充分了解屋面板的规格尺寸，除此之外，还需要考虑屋顶的现状情况，包括屋面板已经使用的年限，屋顶老旧情况，剩余使用寿命，对于屋顶表面有锈蚀的，需要对屋顶进行除锈和防腐处理。钢结构屋顶预留荷载较小，所以，屋顶新增光伏阵列需要结构设计院对原建筑结构的承载能力进行校核，如果建筑承载能力不足，需要对原结构进行加固或者将光伏阵列排布进行调整。光伏阵列与彩钢板一般通过夹具连接，夹具固定在彩钢板楞上，彩钢板的楞通常分为角驰、直立锁边和梯形（如图5-8所示），角驰和直立锁边都可以通过夹具夹在楞上，不破坏彩钢板，梯形板通过螺栓将固定件固定在屋面板上。常见夹具类型详见图5-9，如果屋面板楞的尺寸没有现成可以选用的夹具，可以现场测量楞的详细尺寸，根据尺寸进行开模制作夹具。在选用屋面板夹具时，不仅仅是确定夹具类型，需要将夹具带到现场进行锁紧测试，确认夹具与屋面板楞的尺寸是否合适。另外，需要注意的是，有可能一个屋面用到两种类型及以上的夹具。

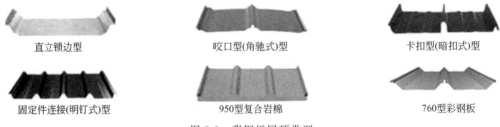

直立锁边型　　　　咬口型(角驰式)型　　　　卡扣型(暗扣式)型

固定件连接(明钉式)型　　　950型复合岩棉　　　　760型彩钢板

图5-8　彩钢板屋顶类型

彩钢板屋顶光伏阵列选用支架一般采用铝合金材质的，主要是质量比碳钢的要轻，能够降低原建筑单位平米新增的静荷载。铝合金型材的界面样式光伏支架厂家都根据经验进行了轻量化优化设计，更加节省材料、降低成本，铝合金型材常见的截面形式详见图5-10，具体截面形式的选用，根据安装形式和操作的方便进行设计。

彩钢板屋顶一般有5度的泛水坡度，光伏阵列在彩钢屋顶上的常见安装方式是与屋顶平行铺设的形式（图5-11所示），也有些项目为提高发电量，将光伏阵列朝南设置一定的倾角

图 5-9　彩钢板常用夹具形式

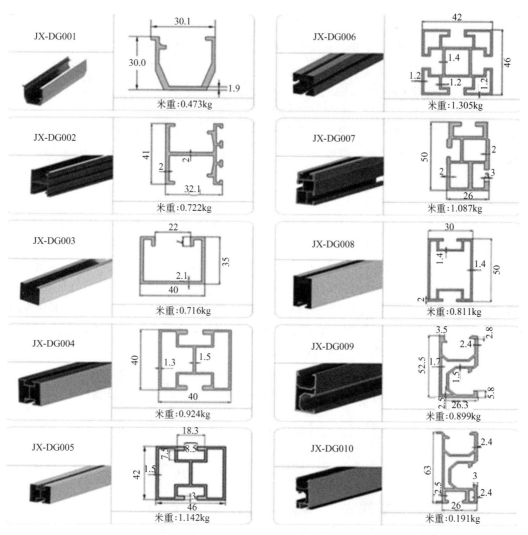

图 5-10　铝合金型材常见截面样式

（图 5-12 所示），但受限于彩钢瓦屋顶的承载能力，光伏阵列设计倾斜角度时要经过充分论证，光伏阵列与屋顶间设计夹角，在风荷载作用下，会产生压力或拉力，要校核原钢结构及

图 5-11　彩钢板屋顶光伏阵列一

图 5-12　彩钢板屋顶光伏阵列二

屋面板的承载能力。

　　选定彩钢瓦夹具类型和檩条类型后，T 型夹具需要通过螺栓打进屋面板，在夹具与屋面板之间需要增设防水橡胶垫。如果施工效果不好，需要涂防水胶。两个夹具之间的固定间距直接影响檩条的强度和单个夹具固定点的屋面板受力，一般 1.2m 左右为佳。建筑边缘区域在受风情况下会产生乱气流，建筑周边区域可增加夹具数量来增加光伏阵列的抗风能力。

　　在确定光伏支架细节时，将适合的夹具带到屋顶进行装配和拉力试验（如图 5-13 所示），在不同地方分别取点测试，如彩钢瓦檩条处 1 点、边缘 1 点、中间 1 点及彩钢瓦顶部 1 点。屋面板及夹具的单点承受拉力要到达 60kg 以上，若无法承受该拉力，应进行强度校核，强度不满足设计要求是，应增加固定点。

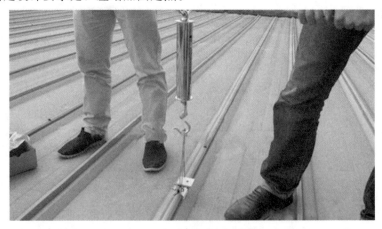

图 5-13　彩钢板夹具拉力试验

（3）瓦屋顶的光伏阵列安装形式

随着光伏的迅速发展，农村光伏市场的热度在迅猛发展，光伏扶贫也成为精准扶贫的有效途径，为支持户用光伏的发展，有些地区的地方财政专门针对户用光伏出台丰厚的补贴政策，有些增加初装费补贴，有的增加度电补贴。农民对光伏发电的认识也从遥不可及转变成了高科技理财产品。户用光伏大部分屋顶为瓦屋顶，瓦屋顶通过挂钩与屋顶内部结构进行连接，并从瓦片的上下接缝处伸出来（详见图 5-14 及图 5-15），固定点在建筑结构上，确保固定的可靠性，同时不破坏瓦的防水结构，也就确保了屋顶的防水性能不受破坏。

图 5-14　瓦屋顶光伏安装形式

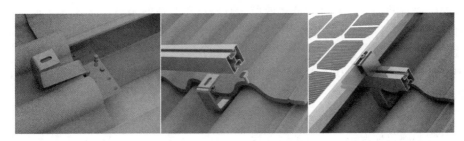

图 5-15　瓦屋顶光伏安装形式

屋顶瓦片和结构的不同，所适用的挂钩也有些细节的不同，常见瓦片及挂钩样式如图 5-16 所示，挂钩的材质分为不锈钢 SUS304 和热镀锌普通碳钢两种，如果屋顶结构是木檩条形式，挂钩与屋顶结构选用木螺丝固定，每个挂钩至少固定三个木螺丝；如果屋顶结构是混凝土结构，挂钩与预定之间用化学螺栓固定，每个挂钩用两个化学螺栓。檩条可以选用热镀锌碳钢和铝合金两种形式。

（4）停车棚光伏安装形式

光伏车棚是将光伏发电与车棚相结合的系统。既能为车辆遮风挡雨，又能利用太阳能创造出清洁光伏能源供电动车充电、灯光照明和并入电网。此系统建造几乎没有地域限制，非

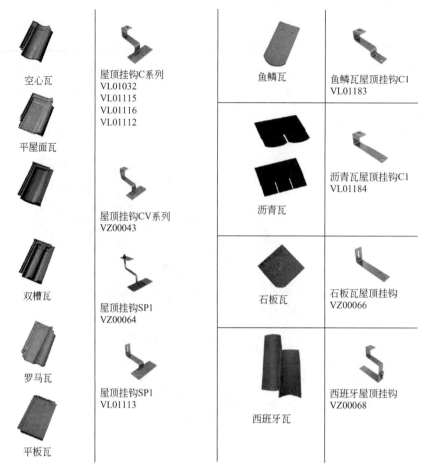

空心瓦

屋顶挂钩C系列
VL01032
VL01115
VL01116
VL01112

平屋面瓦

双槽瓦

屋顶挂钩CV系列
VZ00043

屋顶挂钩SP1
VZ00064

罗马瓦

屋顶挂钩SP1
VL01113

平板瓦

鱼鳞瓦

鱼鳞瓦屋顶挂钩C1
VL01183

沥青瓦

沥青瓦屋顶挂钩C1
VL01184

石板瓦

石板瓦屋顶挂钩
VZ00066

西班牙瓦

西班牙屋顶挂钩
VZ00068

图5-16 常见瓦片及挂钩样式

常灵活方便，综合利用空间资源发展新能源。有些汽车制造的公司，厂区内有非常大的停车场，而且一些新车在停车场日晒雨淋，建造光伏停车棚既能实现分布式光伏发电，同时也为车辆停放创造更好的环境。

只要有足够的场地，光伏车棚不仅能够实现绿色能源发电的收益，而且也满足了常规车棚所不能有的功能，而且随着不同应用技术的发展，给电动汽车充电，给电动自行车充电，也越来越现实。现在越来越多的加油站、服务区等安装分布式光伏发电停车棚和电动车充电桩。真正享受到绿色能源给生活带来的方便。

光伏停车棚根据支架材质分类主要形式分为热镀锌钢材（如图5-17）和铝合金型材（如图5-18）两种类型。根据光伏阵列坡的数量分类，光伏车棚可以分为单坡和双坡形式。光伏车棚选用组件形式的不同，可以分为普通光伏车棚和透光BIPV光伏车棚（图5-19）。光伏车棚左右立柱间距一般以两个车位一个跨度。光伏车棚的基础有些在地下，也有在地上的条形基础。光伏停车棚组件间隙可以按常规方式设计，不做防水设计和措施。光伏组件之间的间隙也可以做防水设计，使光伏停车棚整体达到防水效果。图5-20为大型停车场光伏停车棚。

（5）常见BIPV光伏安装形式

BIPV是Building Integrated Photovoltaic的缩写。BIPV特指太阳能发电系统与城市建

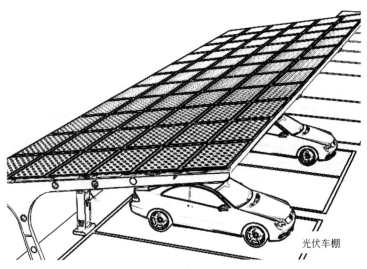

光伏车棚

图 5-17　热镀锌碳钢光伏停车棚

图 5-18　铝合金光伏停车棚

图 5-19　透光组件光伏停车棚

图 5-20　大型停车场光伏停车棚

筑相结合的一种应用形式。将太阳能发电设备——太阳电池板设计成为各种形式的建筑装饰材料，取代玻璃幕墙、外墙装饰石材、屋顶瓦等传统建筑材料，同时作为太阳能光伏发电系统，为用电负载提供绿色、环保、清洁的电力。

　　光伏幕墙要符合 BIPV 要求：除发电功能外，要满足幕墙所有功能要求。包括外部维护、透明度、力学、美学、安全因素等，组件成本高，光伏性能偏低，要与建筑物同时设计、同时施工和安装，光伏系统工程进度受建筑总体进度制约；光伏阵列偏离最佳安装角度，输出功率偏低；发电成本高；为建筑提升社会价值，带来"绿色"概念的效果。

　　BIPV 光伏组件分为晶体硅 BIPV 和薄膜 BIPV 组件，根据安装形式的不同，有檩条安装和点支撑安装形式（如图 5-21 所示），根据建筑设计要求的不同，光伏 BIPV 组件分为双玻夹胶组件和中空 LOW-E 光伏组件（如图 5-22 所示），玻璃版面的大小和电池片的透光率也需要厂家根据建筑设计要求进行定制，玻璃的厚度也要根据版面的大小由厂家进行设计。BIPV 光伏组件的接线盒大部分在侧面，便于安装时走线的隐蔽和便利性。

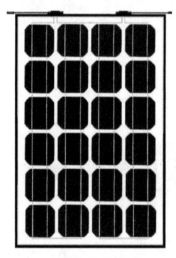

图 5-21　晶体硅 BIPV 组件

　　BIPV 光伏幕墙的安装形式有隐框、明框以及点支撑等几种安装形式，不同安装形式的特点及示意图如下（图 5-23～图 5-25）。

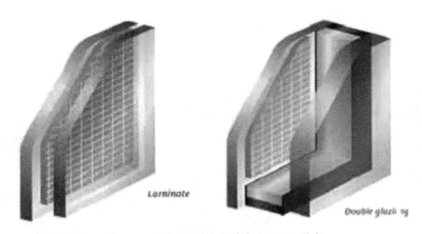

图 5-22　双玻 BIPV 和双玻中空 BIPV 形式

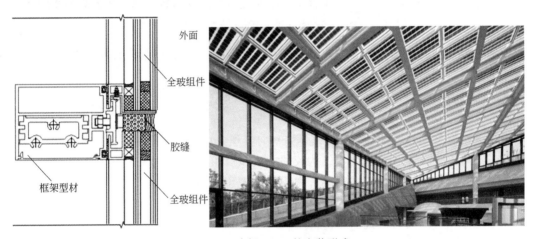

图 5-23　隐框 BIPV 的安装形式

图 5-24　明框 BIPV 的安装形式

① 隐框 BIPV 安装形式的结构特点

a. 横向和竖向框架不显露于幕墙玻璃外表面。玻璃分格间看不到骨格和窗框，仅可见打胶胶逢或安装逢。

b. 全玻组件的安装固定主要靠结构胶的粘接实现。

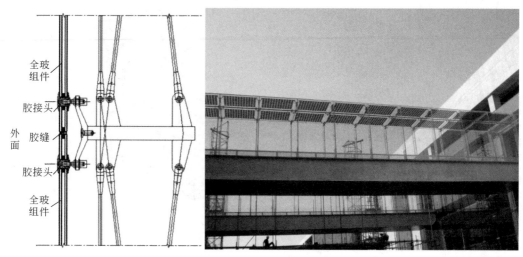

图 5-25　点支撑 BIPV 的安装形式

c. 幕墙整体表现出美观的平面，外观统一、新颖，通透感较强，整体表现一种简洁明快的格调。

② 明框 BIPV 安装形式的结构特点

a. 横向和竖向框架均显露于幕墙玻璃外表面。

玻璃分格间可以看到骨格和窗框，幕墙平面表现为矩形分格。

b. 全玻组件的安装固定主要靠结构胶的粘接和构件压接实现。

c. 幕墙整体表现出明显的层次感，太阳能电池组件与龙骨型材互为装饰，表现出一种建筑美学。

③ 点支撑 BIPV 安装形式的结构特点

a. 全玻组件通过支撑装置固定于支承结构上。强化玻璃四角开孔，穿装螺栓固定，螺栓与玻璃表面平齐，使内外流通、融合。

b. 全玻组件的安装固定主要固定于支承结构的驳接件穿装，全玻组件间通过结构胶粘接完成。

c. 没有框架结构，只有拉杆、绳索等简单结构，室内明亮开阔，通透感极强适用于大型建筑和建筑物的大堂顶部或入口等。

5.1.2　光伏阵列倾角及发电量计算

在光伏电站的设计中，大家讲的一般都是如何全用最佳倾角，但在分布式光伏电站的设计中，光伏阵列的倾角设计需要综合考虑的因素更多，上面讲述了分布式光伏电站的常见安装形式，由于分布式光伏电站需要结合不同的建筑设计形式，所以，大部分分布式光伏电站并不能按最佳倾斜角度来设计。分布式光伏阵列的倾角设计主要需要考虑的因素包括：①最大发电量情况下的倾斜角度；②与依托建筑结合安装形式的合理倾斜角与方位角。接下来根据实际设计中讲述下光伏阵列倾角设计时需要考虑的因素。

光伏阵列的平面与太阳光越接近垂直，光伏组件吸收辐照越大，在一年中的不同季节，太阳的高度角是不同的，在一天中的不同时段，太阳的方位角也是不同的，为追求光伏组件能够吸收更多的辐照，产生更多的电能量，采用的方式是双轴跟踪式光伏支架，这种支架能够保证光伏组件与太阳光垂直来吸收更多的能量。当然退而求其次，又有平单轴和斜单轴跟踪支架，一个是保证高度角跟踪，另一个是保证方位角跟踪。这种跟踪式支架形式在一些地面电站上有应用案例，优点是增加一定比例的发电量，缺点是建设期投入和运营期投入费用比较高。

在分布式光伏电站的设计中，用的基本是固定倾角式光伏支架，这种支架选好最佳倾角和方位角一直不变，最佳光伏的方位角是正南，最佳光照的倾斜角，随着建设地点维度的不同，最佳倾斜角度不同。表 5-4 中给出中国不同地区的水平面平均总辐射量、最佳倾角年总辐射量、最佳倾角下首年及 25 年发电量估算。可以看出，随着维度的增加，最佳倾角变大。另外一种最佳倾角的选择方法是用辐照计算软件，输入不同倾角得出的年辐照值最大的倾角就是最佳倾角。

表 5-4　中国各地最佳倾角及发电量

地区		纬度/(°)	经度/(°)	海拔/m	水平辐射/(kW·h)/(m²·a)	组件斜面峰值小时/h	最佳倾角/(°)	10MW 电站发电量		
								第 1 年发电量/(万 kW·h)	25 年总发电量/(万 kW·h)	25 年平均发电量/(万 kW·h)
北京		39.9	116.4	31.3	1480	1775	37	1420	32672.05	1306.88
天津		39.12	117.2	2.5	1428	1664	33	1331.2	30628.9	1225.16
重庆		29.57	106.55	259.1	869	869	15	695.2	15995.5	639.82
上海		31.23	121.47	6	1262	1353	23	1082.4	24904.38	996.18
香港		22.3	114.17	4	1369.1	1437	19	1149.6	26450.56	1058.02
澳门		22.2	113.55	23	1418.8	1481	17	1184.8	27260.45	1090.42
安徽	合肥	31.83	117.25	27.9	1246	1333	24	1066.4	24536.25	981.45
	芜湖	31.34	118.35	20	1274.6	1366	26	1092.8	25143.67	1005.75
	蚌埠	32.917	117.389	28	1310.6	1423	26	1138.4	26192.86	1047.71
	淮南	32.661	117.026	25	1290	1396	26	1116.8	25695.88	1027.84
	马鞍山	31.697	118.524	10	1275.4	1372	25	1097.6	25254.11	1010.16
	淮北	33.958	116.793	31	1355.9	1484	28	1187.2	27315.67	1092.63
	铜陵	30.934	117.809	31	1262.4	1351	23	1080.8	24867.57	994.7
	安庆	30.51	117.04	23	1260.7	1345	24	1076	24757.13	990.29
	黄山	29.71	118.32	128	1229.1	1312	23	1049.6	24149.71	965.99
	滁州	32.3	118.32	27	1278.2	1384	26	1107.2	25475	1019
	阜阳	32.89	115.82	32	1352.8	1469	26	1175.2	27039.57	1081.58
	宿州	33.628	116.987	28	1354	1481	27	1184.8	27260.45	1090.42
	巢湖	31.429	117.835	56	1261.1	1352	23	1081.6	24885.98	995.44
	六安	31.738	116.515	77	1278.3	1381	25	1104.8	25419.77	1016.79
	亳州	33.862	115.784	42	1335.6	1450	26	1160	26689.84	1067.59
	池州	30.66	117.479	24	1249.8	1337	23	1069.6	24609.88	984.4
	宣城	30.946	118.759	25	1262.1	1355	25	1084	24941.2	997.65

地区		纬度/(°)	经度/(°)	海拔/m	水平辐射/(kW·h)/(m²·a)	组件斜面峰值小时/h	最佳倾角/(°)	10MW 电站发电量		
								第1年发电量/(万 kW·h)	25年总发电量/(万 kW·h)	25年平均发电量/(万 kW·h)
福建	福州	26.13	119.321	56	1255.4	1322	21	1057.6	24333.77	973.35
	厦门	24.5	118.132	22	1392.2	1472	21	1177.6	27094.79	1083.79
	莆田	25.434	119.008	22	1272.4	1333	19	1066.4	24536.25	981.45
	三明	26.257	117.62	154	1381.2	1457	21	1165.6	26818.69	1072.75
	泉州	24.902	118.588	12	1355.2	1423	20	1138.4	26192.86	1047.71
	漳州	24.517	117.657	14	1392.5	1475	22	1180	27150.01	1086
	南平	26.643	118.174	109	1457.2	1545	21	1236	28438.49	1137.54
	龙岩	25.099	117.033	333	1372.2	1462	22	1169.6	26910.72	1076.43
	宁德	26.665	119.521	30	1310.4	1383	21	1106.4	25456.59	1018.26
甘肃	兰州	36.062	103.839	1525	1464.8	1670	32	1336	30739.34	1229.57
	酒泉	39.73	98.495	148	1716.4	2099	38	1679.2	38635.85	1545.43
	金昌	38.52	102.185	1525	1665.1	2062	39	1649.6	37954.8	1518.19
	天水	34.578	105.716	1170	1395.7	1554	29	1243.2	28604.15	1144.17
	嘉峪关	39.772	98.286	1659	1692.7	2099	39	1679.2	38635.85	1545.43
	武威	37.925	102.625	1542	1640.7	2003	39	1602.4	36868.8	1474.75
	张掖	38.932	100.452	1477	1689.8	2106	40	1684.8	38764.7	1550.59
	白银	36.551	104.148	1731	1492.7	1729	33	1383.2	31825.34	1273.01
	平凉	35.541	106.68	1357	1532.4	1821	36	1456.8	33518.76	1340.75
	庆阳	35.739	107.633	1412	1492.9	1754	35	1403.2	32285.51	1291.42
	定西	35.582	104.62	1901	1486.4	1711	33	1368.8	31494.02	1259.76
	陇南	33.386	104.932	1001	1304.8	1442	28	1153.6	26542.59	1061.7
	临夏	35.594	103.208	1892	1495.7	1717	33	1373.6	31604.46	1264.18
	甘南	34.991	102.91	2889	1577.6	1871	35	1496.8	34439.1	1377.56
广东	广州	23.181	113.341	34	1212.5	1280	20	1024	23560.69	942.43
	深圳	22.543	114.056	11	1360.5	1428	20	1142.4	26284.89	1051.4
	珠海	22.266	113.568	54	1417.1	1475	18	1180	27150.01	1086
	汕头	23.366	116.698	30	1410.9	1495	22	1196	27518.15	1100.73
	佛山	23.023	113.114	11	1218.9	1287	22	1029.6	23689.54	947.58
	韶关	24.813	113.592	67	1302.2	1368	21	1094.4	25180.49	1007.22
	湛江	21.202	110.405	14	1396.8	1442	16	1153.6	26542.59	1061.7
	肇庆	23.051	112.473	21	1245.1	1308	21	1046.4	24076.08	963.04
	江门	22.577	113.078	10	1334.7	1392	19	1113.6	25622.25	1024.89
	茂名	21.672	110.911	18	1379.3	1434	17	1147.2	26395.33	1055.81
	惠州	23.106	114.413	23	1316.5	1389	20	1111.2	25567.03	1022.68

续表

地区		纬度/(°)	经度/(°)	海拔/m	水平辐射/(kW·h)/(m²·a)	组件斜面峰值小时/h	最佳倾角/(°)	10MW 电站发电量		
								第 1 年发电量/(万 kW·h)	25 年总发电量/(万 kW·h)	25 年平均发电量/(万 kW·h)
广东	梅州	24.305	116.118	88	1403.5	1494	21	1195.2	27499.74	1099.99
	汕尾	22.775	115.354	8	1364.8	1435	20	1148	26413.74	1056.55
	河源	23.739	114.693	45	1320	1395	22	1116	25677.47	1027.1
	阳江	21.856	111.962	15	1368.7	1429	19	1143.2	26303.3	1052.13
	清远	23.682	113.049	16	1228.5	1294	21	1035.2	23818.38	952.74
	东莞	23.044	113.753	11	1246.6	1309	20	1047.2	24094.49	963.78
	中山	22.522	113.367	6	1375.4	1435	18	1148	26413.74	1056.55
	潮州	23.657	116.621	11	1410.5	1496	22	1196.8	27536.56	1101.46
	揭阳	23.543	116.35	14	1410.4	1495	22	1196	27518.15	1100.73
	云浮	22.933	112.043	68	1275.7	1335	19	1068	24573.06	982.92
广西	南宁	22.829	108.303	80	1294.9	1336	16	1068.8	24591.47	983.66
	柳州	24.321	109.407	95	1241	1288	19	1030.4	23707.94	948.32
	桂林	25.275	110.285	157	1188	1240	19	992	22824.42	912.98
	梧州	23.478	111.297	69	1266.4	1329	19	1063.2	24462.62	978.5
	北海	21.479	109.104	0	1335.7	1376	15	1100.8	25327.74	1013.11
	钦州	21.966	108.643	10	1303.4	1342	16	1073.6	24701.91	988.08
	防城港	21.694	108.354	27	1301.1	1337	14	1069.6	24609.88	984.4
	贵港	23.099	109.61	52	1289.1	1335	16	1068	24573.06	982.92
	玉林	22.634	110.149	83	1312.8	1361	18	1088.8	25051.64	1002.07
	百色	23.891	106.626	133	1306.7	1358	17	1086.4	24996.42	999.86
	河池	24.697	108.048	214	1226.4	1278	18	1022.4	23523.88	940.96
	贺州	24.415	111.544	113	1259.3	1317	19	1053.6	24241.74	969.67
	来宾	23.737	109.229	89	1293.4	1345	18	1076	24757.13	990.29
	崇左	22.404	107.353	104	1297.2	1338	16	1070.4	24628.28	985.13
贵州	贵阳	26.582	106.706	1074	1057.8	1100	17	880	20247.47	809.9
	六盘水	26.589	104.865	1807	1318.1	1414	23	1131.2	26027.2	1041.09
	遵义	27.726	106.927	866	1008.7	1040	15	832	19143.06	765.72
	铜仁	27.722	109.184	279	1030.7	1061	16	848.8	19529.6	781.18
	黔西南布依族苗族自治州	25.088	104.906	1645	1362.3	1459	22	1167.2	26855.5	1074.22
	毕节	27.304	105.299	1516	1274.9	1351	21	1080.8	24867.57	994.7
	安顺	26.247	105.927	1384	1076.3	1120	17	896	20615.6	824.62
	黔东南苗族侗族自治州	26.589	107.971	712	1057.8	1096	16	876.8	20173.84	806.95
	黔南布依族苗族自治州	26.25	107.52	872	1060.9	1096	16	876.8	20173.84	806.95

地区		纬度/(°)	经度/(°)	海拔/m	水平辐射/(kW·h)/(m²·a)	组件斜面峰值小时/h	最佳倾角/(°)	10MW 电站发电量		
								第1年发电量/(万 kW·h)	25年总发电量/(万 kW·h)	25年平均发电量/(万 kW·h)
海南	海口	20.025	110.347	0	1539.1	1582	14	1265.6	29119.54	1164.78
	三亚	18.24	109.501	0	1701.6	1767	17	1413.6	32524.8	1300.99
河北	石家庄	38.022	114.478	90	1458.3	1695	35	1356	31199.51	1247.98
	保定	38.861	115.494	60	1451.8	1675	33	1340	30831.37	1233.25
	邯郸	36.576	114.483	120	1347.6	1512	30	1209.6	27831.06	1113.24
	秦皇岛	39.931	119.592	200	1447	1715	37	1372	31567.64	1262.71
	张家口	40.82	114.89	1220	1570.9	1965	41	1572	36169.34	1446.77
	唐山	39.627	118.185	30	1451.3	1717	37	1373.6	31604.46	1264.18
	邢台	37.064	114.494	90	1368.9	1556	32	1244.8	28640.96	1145.64
	承德	40.972	117.941	915	1539.7	1932	40	1545.6	35561.92	1422.48
	沧州	38.316	116.864	1	1428.1	1626	33	1300.8	29929.44	1197.18
	廊坊	39.513	116.686	30	1456.6	1725	36	1380	31751.71	1270.07
	衡水	37.73	115.7	30	1411	1599	32	1279.2	29432.45	1177.3
河南	郑州	34.76	113.654	150	1366.6	1517	29	1213.6	27923.1	1116.92
	开封	34.791	114.351	60	1362.3	1498	28	1198.4	27573.37	1102.93
	平顶山	33.729	113.308	240	1306.7	1416	28	1132.8	26064.01	1042.56
	洛阳	34.656	112.429	255	1370.1	1522	29	1217.6	28015.13	1120.61
	商丘	34.432	115.653	60	1340.3	1457	26	1165.6	26818.69	1072.75
	安阳	36.098	114.335	90	1344.5	1499	30	1199.2	27591.78	1103.67
	新乡	35.302	113.923	75	1360.5	1511	30	1208.8	27812.66	1112.51
	许昌	34.03	113.824	82	1356.1	1489	28	1191.2	27407.71	1096.31
	鹤壁	35.889	114.181	335	1345.9	1503	32	1202.4	27665.4	1106.62
	焦作	35.208	113.255	150	1370.7	1534	31	1227.2	28236.01	1129.44
	濮阳	35.764	115.038	60	1341.3	1480	29	1184	27242.05	1089.68
	漯河	33.571	114.027	66	1299.8	1404	27	1123.2	25843.13	1033.73
	三门峡	34.769	111.195	370	1402.3	1579	30	1263.2	29064.32	1162.57
	周口	33.631	114.64	60	1331.8	1443	26	1154.4	26561	1062.44
	驻马店	33.009	114.019	76	1281.3	1374	25	1099.2	25290.93	1011.64
	南阳	33.004	112.533	210	1265.1	1360	27	1088	25033.23	1001.33
	信阳	32.12	114.077	81	1327.1	1420	23	1136	26137.64	1045.51
黑龙江	哈尔滨	45.768	126.617	126	1316.7	1676	41	1340.8	30849.78	1233.99
	齐齐哈尔	47.335	123.959	149	1442.3	1948	45	1558.4	35856.42	1434.26
	牡丹江	44.587	129.617	236	1370.4	1756	42	1404.8	32322.32	1292.89
	佳木斯	46.811	130.375	79	1256.7	1649	43	1319.2	30352.79	1214.11

续表

地区		纬度/(°)	经度/(°)	海拔/m	水平辐射/(kW·h)/(m²·a)	组件斜面峰值小时/h	最佳倾角/(°)	10MW 电站发电量		
								第1年发电量/(万kW·h)	25年总发电量/(万kW·h)	25年平均发电量/(万kW·h)
黑龙江	大庆	46.597	125.112	148	1401	1842	44	1473.6	33905.3	1356.21
	鸡西	45.296	130.971	191	1354.9	1758	43	1406.4	32359.13	1294.37
	双鸭山	46.647	131.159	152	1259.3	1656	44	1324.8	30481.64	1219.27
	伊春	47.717	128.892	232	1323.4	1794	46	1435.2	33021.78	1320.87
	七台河	45.768	131.009	210	1294.6	1678	42	1342.4	30886.59	1235.46
	鹤岗	47.337	130.287	185	1261.2	1681	44	1344.8	30941.81	1237.67
	黑河	50.247	127.494	133	1372.1	1915	48	1532	35249	1409.96
	绥化	46.642	126.986	182	1322.8	1730	43	1384	31843.74	1273.75
	大兴安岭	52.949	122.542	441	1278.3	1840	49	1472	33868.49	1354.74
湖北	武汉	30.593	114.294	36	1301.3	1380	22	1104	25401.37	1016.05
	黄石	30.202	115.034	22	1271.2	1345	21	1076	24757.13	990.29
	十堰	32.639	110.778	257	1325	1449	27	1159.2	26671.44	1066.86
	荆州	30.347	112.19	36	1126.1	1170	18	936	21535.94	861.44
	宜昌	30.768	111.325	100	1122.4	1180	20	944	21720.01	868.8
	襄樊	32.055	112.132	73	1237.4	1313	21	1050.4	24168.11	966.72
	鄂州	30.398	114.888	26	1332.8	1421	22	1136.8	26156.05	1046.24
	荆门	31.051	112.209	85	1136.4	1196	21	956.8	22014.52	880.58
	孝感	31.18	113.923	34	1292.8	1376	25	1100.8	25327.74	1013.11
	黄冈	30.45	114.874	42	1332.9	1421	23	1136.8	26156.05	1046.24
	咸宁	29.844	114.319	27	1211.4	1274	20	1019.2	23450.25	938.01
	随州	31.714	113.368	78	1285.3	1370	23	1096	25217.3	1008.69
	恩施	30.29	109.482	416	1012.3	1039	14	831.2	19124.65	764.99
湖南	长沙	28.233	112.867	68	1110.6	1130	14	904	20799.67	831.99
	株洲	27.854	113.137	46	1170.5	1209	16	967.2	22253.81	890.15
	湘潭	27.861	112.9	49	1155.6	1192	16	953.6	21940.89	877.64
	衡阳	26.895	112.604	70	1148.5	1184	16	947.2	21793.64	871.75
	邵阳	27.232	111.453	245	1149.4	1187	17	949.6	21848.86	873.95
	岳阳	29.358	113.124	35	1156.9	1201	17	960.8	22106.55	884.26
	张家界	29.123	110.484	166	1026.2	1065	18	852	19603.23	784.13
	益阳	28.588	112.352	51	1135.1	1170	15	936	21535.94	861.44
	常德	29.037	111.679	39	1121.7	1161	17	928.8	21370.28	854.81
	娄底	27.727	112.006	140	1138	1172	16	937.6	21572.76	862.91
	郴州	25.812	113.032	163	1253.8	1320	20	1056	24296.96	971.88
	永州	25.76	111.779	405	1200.1	1255	20	1004	23100.52	924.02
	怀化	27.557	109.965	256	1040.2	1068	15	854.4	19658.45	786.34
	湘西	28.324	109.733	195	1028.2	1065	15	852	19603.23	784.13

续表

地区		纬度/(°)	经度/(°)	海拔/m	水平辐射/(kW·h)/(m²·a)	组件斜面峰值小时/h	最佳倾角/(°)	10MW 电站发电量		
								第1年发电量/(万 kW·h)	25 年总发电量/(万 kW·h)	25 年平均发电量/(万 kW·h)
吉林	长春	43.9	125.21	238	1394.5	1795	42	1436	33040.19	1321.61
	吉林	43.837	126.546	201	1387.5	1768	42	1414.4	32543.2	1301.73
	四平	43.161	124.346	165	1405.2	1762	40	1409.6	32432.76	1297.31
	辽源	42.894	125.148	310	1393.2	1753	40	1402.4	32267.1	1290.68
	通化	41.721	125.922	384	1354.1	1665	39	1332	30647.3	1225.89
	白山	41.931	126.42	471	1346.6	1660	39	1328	30555.27	1222.21
	松原	45.11	124.818	136	1378	1766	42	1412.8	32506.39	1300.26
	白城	45.608	122.871	149	1411.4	1819	42	1455.2	33481.95	1339.28
	延边	42.906	129.526	171	1310	1636	40	1308.8	30113.51	1204.54
江苏	南京	32	118.8	12	1277.9	1382	25	1105.6	25438.18	1017.53
	无锡	31.565	120.289	11	1286.2	1378	23	1102.4	25364.55	1014.58
	徐州	34.262	117.191	42	1361.6	1497	28	1197.6	27554.96	1102.2
	常州	31.791	119.938	6	1297.7	1404	25	1123.2	25843.13	1033.73
	苏州	31.293	120.624	8	1280.1	1371	24	1096.8	25235.71	1009.43
	南通	31.976	120.888	4	1342.6	1446	24	1156.8	26616.22	1064.65
	连云港	34.611	119.169	4	1382.5	1523	28	1218.4	28033.54	1121.34
	淮安	33.63	119.03	17.5	1356	1492	29	1193.6	27462.93	1098.52
	盐城	33.39	120.138	2	1358	1495	28	1196	27518.15	1100.73
	扬州	32.389	119.432	9	1288.5	1391	24	1112.8	25603.84	1024.15
	镇江	32.213	119.46	13	1282.5	1381	23	1104.8	25419.77	1016.79
	泰州	32.487	119.913	10	1317.7	1432	26	1145.6	26358.52	1054.34
	宿迁	33.953	118.295	24	1359.5	1500	30	1200	27610.18	1104.41
江西	南昌	28.691	115.889	26	1290.3	1353	19	1082.4	24904.38	996.18
	上饶	28.45	117.97	90	1354.1	1442	22	1153.6	26542.59	1061.7
	九江	29.7	116	49	1242.3	1315	21	1052	24204.93	968.2
	萍乡	27.63	113.85	100	1183.5	1227	17	981.6	22585.13	903.41
	新余	27.82	114.92	64	1231.7	1284	18	1027.2	23634.32	945.37
	鹰潭	28.237	117.043	41	1336	1406	20	1124.8	25879.94	1035.2
	赣州	25.83	114.93	123.8	1301	1364	20	1091.6	25106.86	1004.27
	宜春	27.803	114.392	96	1234	1284	17	1027.2	23634.32	945.37
	景德镇	29.3	117.2	60	1251	1338	23	1070.4	24628.28	985.13
	吉安	27.115	114.986	53	1282	1340	19	1072	24665.1	986.6
	抚州	27.98	116.359	46	1304	1362	19	1089.6	25070.05	1002.8

地区		纬度/(°)	经度/(°)	海拔/m	水平辐射/(kW·h)/(m²·a)	组件斜面峰值小时/h	最佳倾角/(°)	10MW 电站发电量		
								第1年发电量/(万 kW·h)	25年总发电量/(万 kW·h)	25年平均发电量/(万 kW·h)
辽宁	沈阳	41.8	123.43	42	1373	1664	38	1331.2	30628.9	1225.16
	大连	38.92	121.64	11	1408	1650	35	1320	30371.2	1214.85
	鞍山	41.107	122.991	48	1376	1661	38	1328.8	30573.68	1222.95
	抚顺	41.887	123.949	86	1368	1665	39	1332	30647.3	1225.89
	本溪	41.293	123.759	132	1370	1665	38	1332	30647.3	1225.89
	丹东	40.131	124.383	10	1370	1673	39	1338.4	30794.56	1231.78
	锦州	41.109	121.12	31	1443	1763	38	1410.4	32451.17	1298.05
	营口	40.675	122.236	3	1388	1673	38	1338.4	30794.56	1231.78
	阜新	42.016	121.645	139	1426	1772	41	1417.6	32616.83	1304.67
	辽阳	41.275	123.169	25	1371	1656	37	1324.8	30481.64	1219.27
	盘锦	41.117	122.066	4	1397	1696	38	1356.8	31217.91	1248.72
	铁岭	42.29	123.839	64	1371	1681	39	1344.8	30941.81	1237.67
	朝阳	41.575	120.439	171	1452	1799	40	1439.2	33113.81	1324.55
	葫芦岛	40.752	120.84	16	1427	1719	38	1375.2	31641.27	1265.65
内蒙古	呼和浩特	40.833	111.674	1063	1615.8	2021	40	1616.8	37200.12	1488
	包头	40.66	109.831	1068	1666	2105	41	1684	38746.29	1549.85
	乌海	39.673	106.818	1098	1649	2055	39	1644	37825.95	1513.04
	赤峰	42.281	118.943	566	1448	1826	40	1460.8	33610.8	1344.43
	通辽	43.6	122.267	180	1430	1811	42	1448.8	33334.69	1333.39
	鄂尔多斯	39.583	109.754	1295	1651	2058	40	1646.4	37881.17	1515.25
	呼伦贝尔	49.217	119.75	610	1422	1961	47	1568.8	36095.71	1443.83
	巴彦淖尔	40.754	107.41	1039	1705	2134	40	1707.2	39280.09	1571.2
	乌兰察布	40.992	113.125	1380	1572	1973	41	1578.4	36316.59	1452.66
	兴安盟	46.071	122.07	274	1491	1984	44	1587.2	36519.07	1460.76
	锡林郭勒盟	43.95	116.067	991	1525	1975	44	1580	36353.41	1454.14
	阿拉善盟	38.825	105.698	1589	1663	2066	39	1652.8	38028.43	1521.14
宁夏	银川	38.483	106.217	1111.4	1680	2057	38	1645.6	37862.76	1514.51
	石嘴山	39.014	106.36	1114	1679	2078	39	1662.4	38249.31	1529.97
	吴忠	37.982	106.196	1131	1679	2039	37	1631.2	37531.44	1501.26
	固原	36.017	106.283	1676	1538	1844	37	1475.2	33942.12	1357.68
	中卫	37.506	105.169	1229	1647	1973	37	1578.4	36316.59	1452.66
青海	西宁	36.622	101.773	2253	1630	1975	37	1580	36353.41	1454.14
	海东	36.501	102.11	2115	1627	1968	37	1574.4	36224.56	1448.98
	海北	36.96	100.897	3111	1756	2184	39	1747.2	40200.43	1608.02

地区		纬度/(°)	经度/(°)	海拔/m	水平辐射/(kW·h)/(m²·a)	组件斜面峰值小时/h	最佳倾角/(°)	10MW 电站发电量		
								第1年发电量/(万 kW·h)	25年总发电量/(万 kW·h)	25年平均发电量/(万 kW·h)
青海	黄南	35.52	102.02	2496	1597	1889	35	1511.2	34770.42	1390.82
	海南	36.28	100.62	2851	1685	2052	37	1641.6	37770.73	1510.83
	果洛	34.467	100.25	3719	1814	2205	38	1764	40586.97	1623.48
	玉树	33	97	3718	1692	2004	36	1603.2	36887.2	1475.49
	海西	37.37	97.362	2991	1828	2290	40	1832	42151.55	1686.06
山东	济南	36.683	116.983	58	1382.8	1548	30	1238.4	28493.71	1139.75
	青岛	36.089	120.35	16	1436.1	1612	31	1289.6	29671.74	1186.87
	淄博	36.806	118.043	42	1387.8	1580	33	1264	29082.73	1163.31
	枣庄	34.809	117.318	83	1350	1477	28	1181.6	27186.83	1087.47
	东营	37.433	118.655	2	1433.3	1626	31	1300.8	29929.44	1197.18
	烟台	37.5	121.25	0	1465.9	1693	33	1354.4	31162.69	1246.51
	潍坊	36.706	119.103	29	1410.1	1595	32	1276	29358.83	1174.35
	济宁	35.41	116.58	43	1311.9	1436	28	1148.8	26432.15	1057.29
	泰安	36.191	117.103	153	1377.5	1555	31	1244	28622.56	1144.9
	威海	37.51	122.119	16	1412.6	1611	32	1288.8	29653.34	1186.13
	日照	35.397	119.529	10	1411.2	1577	30	1261.6	29027.51	1161.1
	滨州	37.38	118.018	13	1402	1595	32	1276	29358.83	1174.35
	德州	37.448	116.307	23	1390.1	1578	32	1262.4	29045.91	1161.84
	聊城	36.442	115.965	36	1372.2	1531	31	1224.8	28180.79	1127.23
	临沂	35.105	118.35	66	1409.3	1573	30	1258.4	28953.88	1158.16
	菏泽	35.248	115.45	55	1325.4	1450	27	1160	26689.84	1067.59
	莱芜	36.212	117.67	202	1389.5	1563	31	1250.4	28769.81	1150.79
山西	太原	37.783	112.55	778	1489.7	1766	36	1412.8	32506.39	1300.26
	大同	40.1	113.33	1069	1566.9	1942	39	1553.6	35745.98	1429.84
	阳泉	37.856	113.576	684	1476.8	1759	36	1407.2	32377.54	1295.1
	长治	36.183	113.1	933	1408.2	1621	33	1296.8	29837.4	1193.5
	晋城	35.494	112.851	705	1403.4	1601	33	1280.8	29469.27	1178.77
	朔州	39.318	112.43	1094	1580.9	1939	39	1551.2	35690.76	1427.63
	晋中	37.673	112.743	798	1489.4	1764	36	1411.2	32469.58	1298.78
	运城	35.022	110.996	365	1418.1	1588	30	1270.4	29229.98	1169.2
	忻州	38.414	112.731	792	1498.9	1804	38	1443.2	33205.85	1328.23
	临汾	36.095	111.515	449	1423.4	1627	32	1301.6	29947.84	1197.91
	吕梁	37.52	111.145	941	1488.5	1750	35	1400	32211.88	1288.48

续表

地区		纬度 /(°)	经度 /(°)	海拔 /m	水平辐射 /(kW·h) /(m²·a)	组件斜面峰值小时 /h	最佳倾角 /(°)	10MW 电站发电量		
								第1年发电量 /(万 kW·h)	25年总发电量 /(万 kW·h)	25年平均发电量 /(万 kW·h)
陕西	西安	34.3	108.933	397	1262.6	1372	28	1097.6	25254.11	1010.16
	宝鸡	34.365	107.233	568	1303.8	1431	28	1144.8	26340.11	1053.6
	咸阳	34.305	108.726	385	1262	1363	25	1090.4	25088.45	1003.54
	渭南	34.504	109.457	351	1266.4	1372	26	1097.6	25254.11	1010.16
	铜川	34.904	108.947	718	1296.2	1422	29	1137.6	26174.45	1046.98
	延安	36.6	109.48	958.5	1378.9	1578	33	1262.4	29045.91	1161.84
	榆林	38.295	109.747	1064	1582.7	1908	37	1526.4	35120.15	1404.81
	汉中	33.081	107.031	517	1295.1	1402	27	1121.6	25806.32	1032.25
	安康	32.732	108.991	352	1365.1	1505	28	1204	27702.22	1108.09
	商洛	33.868	109.935	707	1304.6	1443	30	1154.4	26561	1062.44
四川	成都	30.667	104.017	508	989.8	1018	16	814.4	18738.11	749.52
	自贡	29.351	104.765	286	948.4	965	11	772	17762.55	710.5
	攀枝花	26.583	101.717	1190	1622.3	1792	28	1433.6	32984.97	1319.4
	泸州	28.887	105.447	263	937.6	948	10	758.4	17449.64	697.99
	德阳	31.124	104.391	499	1003.1	1036	16	828.8	19069.43	762.78
	绵阳	31.459	104.751	461	1008.9	1048	18	838.4	19290.31	771.61
	广元	32.442	105.832	496	1109	1176	21	940.8	21646.38	865.86
	遂宁	30.506	105.575	290	1009.8	1030	12	824	18958.99	758.36
	内江	29.589	105.058	317	937.2	951	10	760.8	17504.86	700.19
	乐山	29.567	103.767	440	995.5	1035	19	828	19051.03	762.04
	南充	30.8	106.083	310	1013.9	1036	14	828.8	19069.43	762.78
	宜宾	28.766	104.635	301	955.6	968	10	774.4	17817.77	712.71
	眉山	30.047	103.829	420	983.8	1015	16	812	18682.89	747.32
	广安	30.459	106.633	305	998.5	1017	12	813.6	18719.7	748.79
	达州	31.198	107.508	304	1024.2	1050	14	840	19327.13	773.09
	雅安	29.986	103.009	583	1001.1	1035	16	828	19051.03	762.04
	巴中	31.859	106.752	367	1061.1	1096	16	876.8	20173.84	806.95
	资阳	30.123	104.649	365	985.7	1012	16	809.6	18627.67	745.11
	阿坝藏族羌族自治州	31.9	102.22	2619	1562.9	1850	35	1480	34052.56	1362.1
	甘孜藏族自治州	30.05	101.97	2877	1381	1623	35	1298.4	29874.22	1194.97
	凉山彝族自治州	27.875	102.254	1511	1534.4	1710	30	1368	31475.61	1259.02

续表

地区		纬度/(°)	经度/(°)	海拔/m	水平辐射/(kW·h)/(m²·a)	组件斜面峰值小时/h	最佳倾角/(°)	10MW 电站发电量		
								第1年发电量/(万 kW·h)	25年总发电量/(万 kW·h)	25年平均发电量/(万 kW·h)
西藏	拉萨	29.656	91.132	3656	2018.7	2390	35	1912	43992.22	1759.69
	昌都	31.13	97.18	3256	1716.8	2004	34	1603.2	36887.2	1475.49
	林芝	29.659	94.361	2997	1612.9	1893	35	1514.4	34844.05	1393.76
	山南	29.23	91.77	3564	2014.9	2375	35	1900	43716.12	1748.64
	日喀则	29.27	88.885	3838	2016	2360	33	1888	43440.02	1737.6
	那曲	31.474	92.063	4513	1809.6	2116	34	1692.8	38948.76	1557.95
	阿里	32.498	80.097	4279	2052.4	2426	35	1940.8	44654.87	1786.19
新疆	乌鲁木齐	43.78	87.61	919	1462.9	1775	38	1420	32672.05	1306.88
	克拉玛依	45.598	84.866	409	1498	1874	40	1499.2	34494.32	1379.77
	吐鲁番	42.93	89.19	36	1584.4	1945	38	1556	35801.2	1432.05
	哈密	42.817	93.517	737	1757.7	2270	42	1816	41783.41	1671.34
	阿克苏	41.167	80.233	1103	1556.9	1903	39	1522.4	35028.12	1401.12
	喀什	39.467	75.983	1289	1612.1	1931	36	1544.8	35543.51	1421.74
	和田	37.133	79.933	1375	1647.9	1991	37	1592.8	36647.92	1465.92
	阿勒泰	47.845	88.135	859	1545.2	2057	44	1645.6	37862.76	1514.51
	昌吉回族自治州	44.017	87.318	568	1461.3	1767	38	1413.6	32524.8	1300.99
	博尔塔拉蒙古自治州	44.904	82.071	515	1551.6	1979	41	1583.2	36427.03	1457.08
	巴音郭楞蒙古自治州	41.761	86.145	943	1530.8	1827	36	1461.6	33629.2	1345.17
	克孜勒苏柯尔克孜自治州	39.714	76.17	1309	1611.7	1933	37	1546.4	35580.32	1423.21
	伊犁哈萨克自治州	43.95	81.333	663	1553.2	1941	41	1552.8	35727.58	1429.1
云南	昆明	25.017	102.683	1892.4	1504.6	1666	27	1332.8	30665.71	1226.63
	曲靖	25.493	103.8	1869	1484.4	1639	28	1311.2	30168.73	1206.75
	玉溪	24.354	102.541	1637	1516.5	1672	28	1337.6	30776.15	1231.05
	保山	25.116	99.169	1664	1540.7	1755	31	1404	32303.91	1292.16
	昭通	27.332	103.716	1912	1476.2	1605	26	1284	29542.9	1181.72
	丽江	26.867	100.217	2393	1723.6	1971	32	1576.8	36279.78	1451.19
	普洱	23.067	101.037	1340	1566.9	1706	26	1364.8	31401.98	1256.08
	临沧	23.887	100.088	1476	1567.5	1734	29	1387.2	31917.37	1276.69
	楚雄彝族自治州	25.045	101.551	1780	1527.1	1688	28	1350.4	31070.66	1242.83

续表

地区		纬度/(°)	经度/(°)	海拔/m	水平辐射/(kW·h)/(m²·a)	组件斜面峰值小时/h	最佳倾角/(°)	10MW 电站发电量		
								第 1 年发电量/(万 kW·h)	25 年总发电量/(万 kW·h)	25 年平均发电量/(万 kW·h)
云南	大理白族自治州	25.589	100.22	1986	1649.6	1853	29	1482.4	34107.78	1364.31
	红河哈尼族彝族自治州	23.383	103.383	1302	1568.5	1707	25	1365.6	31420.39	1256.82
	文山壮族苗族自治州	23.367	104.248	1257	1556.8	1687	25	1349.6	31052.25	1242.09
	西双版纳傣族自治州	22.008	100.798	554	1556.3	1665	22	1332	30647.3	1225.89
	德宏傣族景颇族自治州	24.437	98.582	926	1557.3	1753	30	1402.4	32267.1	1290.68
	怒江傈僳族自治州	25.853	98.854	827	1592.9	1804	31	1443.2	33205.85	1328.23
	迪庆藏族自治州	27.827	99.711	3281	1672.9	1922	32	1537.6	35377.85	1415.11
浙江	杭州	30.233	120.167	43	1201.3	1271	23	1016.8	23395.03	935.8
	宁波	29.872	121.551	11	1285.5	1380	24	1104	25401.37	1016.05
	温州	28.022	120.648	12	1323.8	1408	22	1126.4	25916.76	1036.67
	嘉兴	30.748	120.751	7	1287.5	1372	23	1097.6	25254.11	1010.16
	湖州	30.897	120.083	10	1254.1	1337	23	1069.6	24609.88	984.4
	绍兴	29.999	120.577	16	1252.4	1326	21	1060.8	24407.4	976.3
	金华	29.081	119.644	41	1284.2	1372	23	1097.6	25254.11	1010.16
	衢州	28.965	118.865	70	1273.3	1355	23	1084	24941.2	997.65
	舟山	29.976	122.236	4	1298.5	1391	23	1112.8	25603.84	1024.15
	台州	28.659	121.417	12	1316.2	1404	22	1123.6	25843.13	1033.73
	丽水	28.453	119.909	62	1322.5	1409	23	1127.2	25935.17	1037.41

在实际设计中，需要结合建筑形式和安装形式，来综合考虑合理的光伏阵列倾斜角和方位角。对于钢筋混凝土建筑，在光伏阵列倾角设计中主要需要结合安装形式来综合考虑倾角：①固定基础形式，光伏阵列可按最佳倾角设计；②配重式安装形式，光伏阵列倾角一般不超过20°，角度过大将造成负风压情况下光伏阵列承受的风荷载加大；③导流板安装形式，光伏阵列倾角一般不超过10度。对于钢结构彩钢板屋顶，一般按照光伏阵列平行于屋顶进行铺设的形式，如果设置朝南的倾斜角度，倾角不宜超过10度，倾角过大在风荷载的作用下，钢结构和屋面板有被破坏的风险。大部分钢结构屋顶为双向坡度屋顶，坡度为5度，也就是有些是南北坡，有些是东西坡度，随着屋顶资源在分布式光伏发展中不断稀缺，在光伏阵列设计中，也是南北坡和东西坡均进行铺设。对于瓦屋顶光伏阵列的设计，一般是平行于屋顶进行铺设。光伏停车棚的形式，光伏阵列倾角一般不超过10度。综上所述，在

光伏电站倾角设计中，合理的光伏阵列倾斜角度的选择，需要考虑辐照、与建筑的合理结合、风荷载、屋顶资源等因素，最终来确定合理的倾斜角与方位角。

分布式光伏系统发电量的计算包括光伏阵列辐照查询和光伏系统效率。关于光伏电站的发电量，只能进行估算，没办法准确计算。首先，辐照的参考值是历史参考值，而且每个地区每年的辐照值不同，只能根据历史辐照值取平均值；其次，并不是每个地方都有辐照数据可查，目前我国有98个辐照监测站，其中17个一级站。所以，我们所查询的辐照数据只能作为合理的估算参考。

太阳能光伏发电系统效率影响因素包括：太阳电池老化效率，交、直流低压系统损耗及其他设备老化效率，逆变器效率，变压器及电网损耗效率；结合国内外相关工程实际发电情况和经验系数，各效率系数取值如下：

① 直流电缆损耗：2%；

② 防反二极管及线缆接头损耗：1.5%；

③ 电池板不匹配造成的损耗：4%；

④ 灰尘遮挡损耗：2%；

⑤ 交流线路损耗：0.8%；

⑥ 逆变器损耗：2%；

⑦ 不可利用的太阳辐射损耗：1.2%；

⑧ 系统故障及维护损耗：1%；

⑨ 变压器损耗：3%；

⑩ 温度影响损耗：4%。

经计算分析，系统的综合效率为81%。

一般厂家对光伏组件的衰减承诺头两年不超过2%，10年不超过10%，25年不超过20%。

下面以Retscreen软件查询浙江杭州为例，来计算发电量（图5-26）。

表5-5为杭州地区最佳倾角20度的辐照及首年发电量。

关于节能减排的计算，每节约1度（kW·h）电，就相应节约了0.328kg标准煤，同时减少污染排放0.272kg碳粉尘、0.997kg二氧化碳、0.03kg二氧化硫、0.015kg氮氧化物。

5.1.3 光伏排布中阴影分析

在光伏阵列的排布中，需要对光伏组件产生阴影的区域进行分析和合理避让，对光伏组件产生阴影影响的主要有：周边物体对光伏组件的影响、屋顶高出组件的构筑物对组件的影响、光伏组件之间的阴影影响。我们对光伏组件进行阴影分析时，通常确保冬至日上午9点至下午3点之间，光伏组件不受阴影遮光影响。

光伏组件的阴影归结于太阳与地球的相对运动关系以及光学特性。太阳光入射地球的角度在不断的变化中，太阳光主要有高度角、方位角和赤纬角，图5-27为太阳高度角与太阳方位角示意图。

太阳高度角是指太阳光的入射方向和地平面之间的夹角。太阳方位角即太阳所在的方位，指太阳光线在地平面上的投影与当地子午线的夹角。

太阳高度角随着时角和赤纬角的变化而变化。太阳赤纬（与太阳直射点纬度相等）以 δ

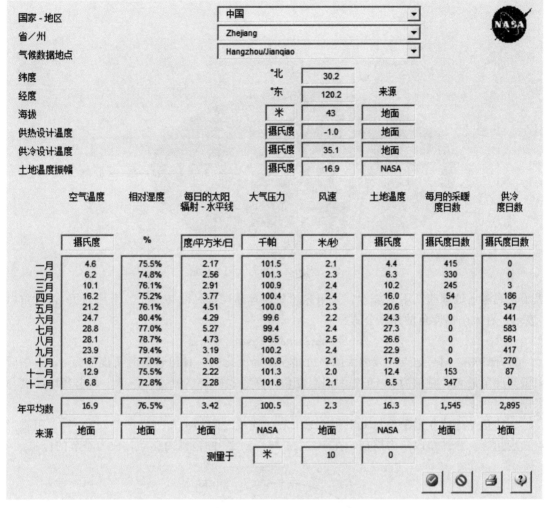

图 5-26 杭州气象数据

表 5-5 杭州地区最佳倾角 20 度的辐照及首年发电量

月份	每日的太阳辐射（水平线）/[度/(m²/日)]	每日的太阳辐射（20°倾角）/[度/(m²/日)]	月辐照20°倾角/[度/(m²/日)]	发电量20°倾角/(度/月)
一月	2.17	2.59	80.2	65.0
二月	2.56	2.84	79.6	64.5
三月	2.91	3.06	94.8	76.8
四月	3.77	3.80	114.1	92.4
五月	4.51	4.39	136.0	110.1
六月	4.29	4.11	123.3	99.9
七月	5.27	5.06	156.7	126.9
八月	4.73	4.71	146.1	118.3
九月	3.19	3.30	99.0	80.2
十月	3.08	3.42	106.1	86.0
十一月	2.22	2.59	77.8	63.0
十二月	2.28	2.84	88.2	71.4
全年	3.42	3.57	1301.9	1054.5

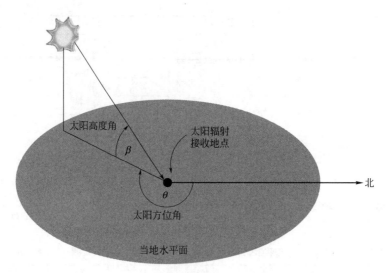

图 5-27　太阳高度角与太阳方位角

表示，观测地地理纬度用 ϕ 表示（太阳赤纬与地理纬度都是北纬为正，南纬为负），时角以 t 表示，有太阳高度角的计算公式：

$$\sin\beta = \sin\phi\sin\delta + \cos\phi\cos\delta\cos t$$

日升日落，同一地点一天内太阳高度角是不断变化的。日出日落时角度都为 0，正午时太阳高度角最大，时角为 0，正午太阳高度角计算公式：$h = 90° - \mid \phi - \delta \mid$，求当地纬度与太阳直射纬度之差。

赤纬角是地球赤道平面与太阳和地球中心的连线之间的夹角（如图 5-28），与太阳直射点纬度相等。赤纬角以年为周期，在 $+23°26'$ 与 $-23°26'$ 的范围内移动，成为季节的标志。

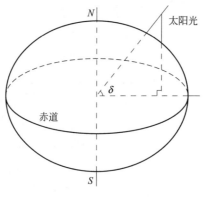

图 5-28　太阳赤纬角

每年 6 月 21 日或 22 日赤纬角达到最大值 $+23°26'$ 称为夏至，该日中午太阳位于地球北回归线正上空，是北半球日照时间最长、南半球日照时间最短的一天。随后赤纬角逐渐减少至 9 月 21 日或 22 日等于零时全球的昼夜时间均相等为秋分。至 12 月 21 日或 22 日赤纬角减至最小值 $-23°26'$ 为冬至，此时阳光斜射北半球，昼短夜长，而南半球则相反。当赤纬角又回到零度时为春分，即 3 月 21 日或 22 日，如此周而复始形成四季。

因赤纬角值日变化很小，一年内任何一天的赤纬角 δ 可用下式计算：

$$\sin\delta = 0.39795 \times \cos[0.98563 \times (N - 173)]$$

式中 N 为日数,自每年 1 月 1 日开始计算。我们分析阴影用冬至日的赤纬角计算,冬至日赤纬角为 $-23.5°$。

在进行光伏组件阴影分析时,需要对所有高出光伏组件最低点的物体分别进行分析,比如女儿墙、屋顶电梯房、屋顶设备以及可能遇到的其他高出物体。通过计算,在 CAD 图纸上先画出阴影区域,如图 5-29 所示,h 是物体分析点与组件最低点的高度差,A_s 是上午 9 点时太阳的方位角,L_1 是上午 9 点时阴影的水平长度,L_2 时正午 12 点时阴影的水平长度,L_3 是下午 3 点是阴影长度。我们根据安装地点的纬度,高度差 h,可以通过以下公式计算 A_s 和 L_1、L_2、L_3。

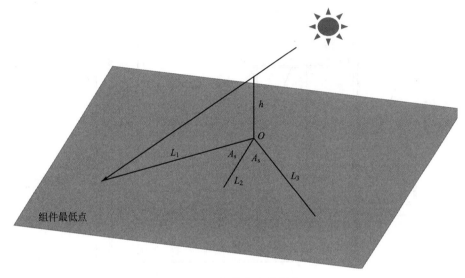

图 5-29　物体产生的阴影

太阳高度角:$h=\arcsin(\sin\phi\sin\delta+\cos\phi\cos\delta\cos15t)$

太阳方位角:$A_s=\arccos\dfrac{\sin h_s\times\sin\varphi-\sin\delta}{\cos h_s\times\cos\phi}$

阴影长度:$L=\dfrac{h}{\tan h_s}$

计算出方位角 A_s 和阴影长度 L 就可以在 CAD 图纸上对应画出相应阴影如图 5-30。

根据上图中右上角指北针可以看出正北朝向,我们在绘制物体阴影时,正午阴影是朝向正北的,方位角是与正北的夹角。电梯房四个角根据计算分别绘制其上午 9 点阴影(粉色线)、正午阴影(黑色线)以及下午 3 点阴影(黄色线),我们将上午 9 点、正午以及下午 3 点阴影分别连接,便是分析阴影区域。如图 5-31 所示。粉色区域为上午 9 点时阴影,黑色区域为正午阴影区域,黄色区域为下午 3 点是阴影区域。

对图纸上所有高出光伏阵列最低点的区域,统计其高差,分别绘制不同高差的阴影线,进而绘制整个屋顶的阴影区域,进行光伏阵列的排布,光伏阵列的前后排间距也可以根据此方法进行绘制计算。

5.1.4　光伏阵列排布设计

光伏阵列的排布首先要根据建筑类型确定安装形式,确定可排布光伏阵列的区域,在选

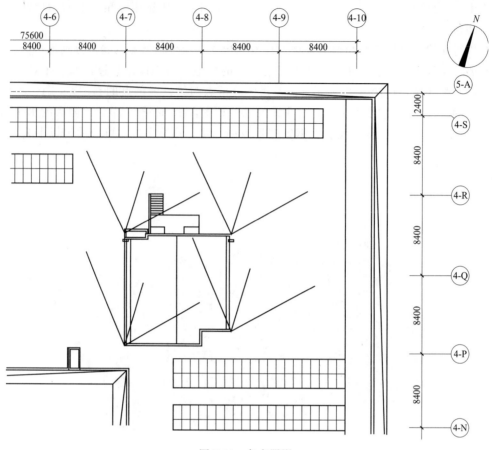

图 5-30 各点阴影

定可安装区域要考虑以下几点：

① 周边物体对光伏阵列产生的遮阴区域要排除；

② 布置区域的障碍物需要避让，障碍物对光伏阵列的阴影要进行避让；

③ 屋顶女儿墙对光伏阵列产生的阴影要进行避让。

除以上区域需要避让外，建筑物四周需要预留通道，如果建筑物四周没有挡风结构，在飓风情况下，边沿区域会产生乱气流，需要多预留合理距离或边沿区域的固定结构进行加强处理。比如在建筑相对低矮的开发区的一栋钢结构彩钢屋顶上排布光伏阵列，屋顶四周可预留不少于 2m 的距离，在阵列边沿区域夹具设置的距离加密，其他区域的夹具间距 1.2m，边沿区域夹具间距设计成 0.8m。这样能够增强光伏阵列抵御飓风的侵袭。

建筑主体结构在伸缩缝、沉降缝、抗震缝的变形缝两侧会发生相对位移，光伏组件跨越变形缝容易遭到破坏，造成漏电、脱落等危险，所以光伏组件不应跨越主体结构的变形缝，或应采用与主体建筑的变形缝相适应的构造措施。

光伏阵列的排布设计要预留合理的检修通道，以便光伏电站运营期间设备检修及组件清洗，排布设计给后期光伏阵列的运维检修人员预留合理空间，也能为后期运营期间适当降低成本。光伏组件排布的深化设计时，应结合组串设计进行合理优化，如果排布设计没有结合组串设计进行优化，将来有可能出现某些组件直流接线跨越阵列，造成电缆浪费和将来发电的直流电流损耗。

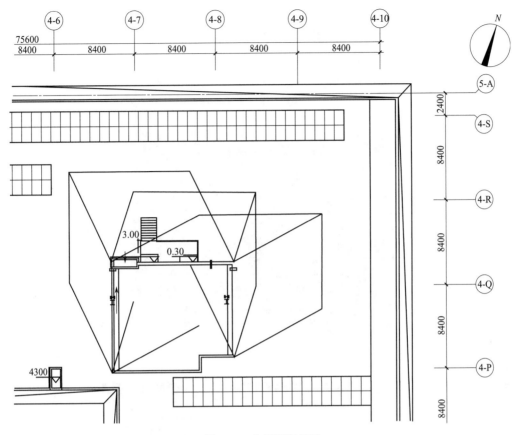

图 5-31　分析阴影区域

在光伏电站的设计中，光伏组件的放置有两种设计方案。

（1）方案一。竖向布置，如图 5-32。

（2）方案二。横向布置，如图 5-33。

目前竖向布置的电站更多一些，主要原因是竖向布置安装方便；横向布置时，最上面的一块安装比较困难，影响施工进度。

经过与业内的多位专家探讨之后发现，一横一竖对发发电量的影响很大，下面逐步说明这个问题。

① 前后遮挡造成电站电量损失。在电站设计过程中，阵列间距是非常重要的一个参数。由于土地面积的限制，阵列间距一般只考虑冬至日 6h 不遮挡。然而，6h 之外，太阳能辐照度仍足以发电。从编者获得的光伏电站的实测数据来看，大部分电站冬至日的发电时间在 7h 以上，在西部甚至可以达到 9h。（一个简单的判别方法是：日照时数是辐射强度≥120W/m² 的时间长度，而辐射强度≥50W/m² 时，逆变器就可以向电网供电。因此，当 12 月份的日照时数在 6h 以上时，发电时间肯定大于 6h）。

结论 1：为了减少占地面积，在早晚前后光伏方阵必然会有遮挡，造成发电量损失。

② 光伏组件都有旁路二极管。热斑效应：一串联支路中被遮蔽的太阳电池组件，将被当作负载消耗其他有光照的太阳电池组件所产生的能量，被遮蔽的太阳电池组件此时会发热，这就是热斑效应。这种效应能严重地破坏太阳电池。有光照的太阳电池所产生的部分能量，都可能被遮蔽的电池所消耗。为了防止太阳电池由于热斑效应而遭受破坏，最好在太阳

图 5-32　光伏组件竖向布置的光伏电站

图 5-33　光伏组件横向布置的光伏电站

电池组件的正负极间并联一个旁路二极管，以避免光照组件所产生的能量被受遮蔽的组件所消耗。因此，旁路二极管的作用是：当电池片出现热斑效应不能发电时，起旁路作用，让其他电池片所产生的电流从二极管流出，使太阳能发电系统继续发电，不会因为某一电池片出现问题而产生发电电路不通的情况。图 5-34 为 60 片的光伏组件电路结构图。

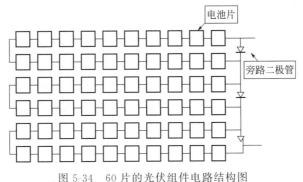

图 5-34　60 片的光伏组件电路结构图

结论 2：光伏组件是需要旁路二极管的。

③ 二极管在纵向遮挡和横向遮挡时的作用。图 5-35 为纵向布置时被遮挡的图，图 5-36 为横向布置时被遮挡的图。

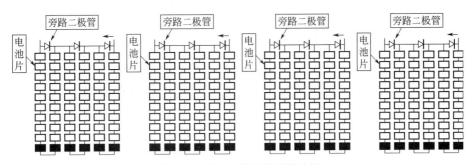

图 5-35　纵向布置时被遮挡的图

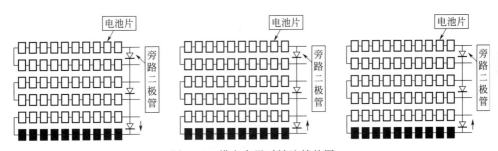

图 5-36　横向布置时被遮挡的图

当组件纵向排布时，阴影会同时遮挡 3 个电池串，3 个二极管若全部正向导通，则组件没有功率输出，3 个二极管若没有全部正向导通，则组件产生的功率会全部被遮挡电池消耗，组件也没有功率输出。

当组件横向排布时，阴影只遮挡 1 个电池串，被遮挡电池串对应的旁路二极管会承受正压而导通，这时被遮挡电池串产生的功率全部被遮挡电池消耗，同时二极管正向导通，可以避免被遮挡电池消耗未被遮挡电池串产生的功率，另外 2 个电池串可以正常输出功率。

结论 3：纵向遮挡，3 串都受影响，3 串的输出功率都降低；横向遮挡，只有 1 串受影响,另外 2 串正常工作。

标准测试条件(即温度 25℃,光谱分布 AM1.5,辐照强度是 $1000W/m^2$)下,未遮挡、纵向遮挡、横向遮挡的输出功率图(图 5-37~图 5-39)。

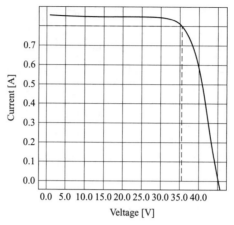

图 5-37 组件未被遮挡时的输出功率图

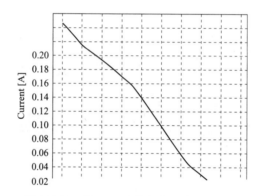

图 5-38 纵向遮挡(图 5-35 遮挡方式)时组件的输出功率图

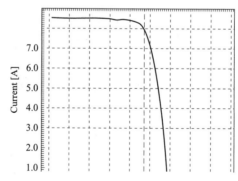

图 5-39 横向遮挡(图 5-36 遮挡方式)时组件的输出功率图

从图中可以看到,组件横向遮挡电池片时,组件的输出功率约为正常输出功率的 2/3,说明二极管导通,起到保护作用,组件纵向遮挡电池片时,组件几乎没有功率输出,测试结果与理论一致。

结论 4:在光伏电站中组件采用横向排布时,可以减少阴影遮挡造成的发电量损失。

图 5-40　7 钟不同的遮挡方式

采用了下面如图 5-40 的 7 种不同遮挡方式时，这 7 种遮挡方式中，方案 2 和方案 6、方案 3 和方案 7 的遮挡量基本相同。它们的输出功率如表 5-6。

表 5-6　图 5-38 的 7 种遮挡方式下的输出功率　　　　　　　　　　　　单位：W

方式	1	2	3	4	5	6	7
Voc	34.62	24.55	34.06	34	33.11	34.49	33.5
Isc	5.88	3.45	0.47	0.33	0.28	5.8	5.2
P	204	85	16	11	9	200	174

可以看出，方案 6 的输出功率远大于方案 2，方案 7 的输出功率远大于方案 3。纵向安装阴影遮挡后，二极管全部导通，在这种情况下，组件的电流很低，小于 1A；横向安装阴影遮挡后，仅有一个二极管导通，其余两个是正常的，所以功率降低不大。

总之，光伏组件在早晚被遮挡是不可避免的，但横向布置发电量会比竖向布置高。所以对于光伏电站，尤其是山地电站，尽量采用横向布置。

5.1.5　光伏支架的强度分析

1. 参考规范

《建筑结构可靠度设计统一标准》GB 50068—2001

《建筑结构荷载规范》GB 50009—2012

《建筑抗震设计规范》GB 50011—2010

《钢结构设计规范》GB 50017—2003

《冷弯薄壁型钢结构设计规范》GB 50018—2002

《不锈钢冷轧钢板和钢带》GB/T 3280—2007

《光伏发电站设计规范》GB 50797—2012

2. 主要材料物理性能

① 材料自重

铝材——27kN/m²

钢材——78.5kN/m²

② 弹性模量

铝材——70000N/mm²

钢材——206000N/mm²

③ 设计强度

铝合金

铝合金设计强度单位：N/mm²

牌号	抗拉强度	抗剪强度	端面承压
6063-T5	90	55	185

钢材

钢材设计强度单位：N/mm²

牌号	抗拉强度	抗剪强度	端面承压
Q235	215	125	325
Q345	310	180	400

不锈钢螺栓

不锈钢螺栓连接设计强度单位：N/mm²

性能等级	抗拉强度	抗剪强度	端面承压
A2-50	230	175	405

普通螺栓

普通螺栓连接设计强度单位：N/mm²

性能等级	抗拉强度	抗剪强度	端面承压
4.8级	170	140	350
8.8级	400	320	405

角焊缝

容许拉/剪应力——160N/mm²

3. 结构计算

（1）光伏组件参数

晶硅组件：

自重 G_{PV}：0.196kN （20kg/块）

尺寸（长×宽×厚）：1640mm×992mm×40mm

安装倾角：37°

（2）支架结构（图5-41）

（3）基本参数

① 电站所在地区参数。新疆阿勒泰项目地所处经纬度：位于北纬43°，东经89°。基本风压：0.56kN/m²（风速：30m/s），基本雪压：1.35kN/m²。

② 地面粗糙度分类等级

A类：指近海海面和海岛、海岸、湖岸及沙漠地区；

B类：指田野、乡村、丛林、丘陵以及房屋比较稀疏的乡镇和城市郊区；

C类：指有密集建筑群的城市市区；

D类：指有密集建筑群且房屋较高的城市市区；

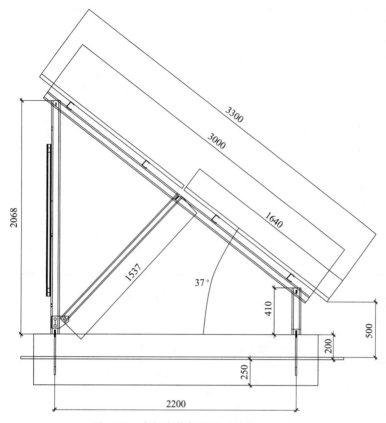

图 5-41 支架安装侧视图（单位：mm）

依照上面分类标准，本工程按 B 类地区考虑。

（GB 50009—2012）

4. 荷载计算

（1）风荷载标准值计算

$$W_k = \beta_z \mu_z \mu_s W_0$$

式中：W_k——风荷载标准值，kN/m^2；

　　　β_z——高度 z 处的风振系数；

　　　μ_z——高度变化系数；

　　　μ_s——体型系数；

　　　W_0——基本风压，kN/m^2。

高度 z 处的阵风系数：$\beta_z = 1.7$

根据《光伏发电站设计规范》GB 50797—2012 6.8.7-1。阵风系数如表 5-7。

表 5-7 阵风系数 β_z

离地面高度/m	地面粗糙度类别			
	A	B	C	D
5	1.65	1.70	2.05	2.40
10	1.60	1.70	2.05	2.40

续表

离地面高度/m	地面粗糙度类别			
	A	B	C	D
15	1.57	1.66	2.05	2.40
20	1.55	1.63	1.99	2.40
30	1.53	1.59	1.90	2.40
40	1.51	1.57	1.85	2.29
50	1.49	1.55	1.81	2.20
60	1.48	1.54	1.78	2.14
70	1.48	1.52	1.75	2.09
80	1.47	1.51	1.73	2.04
90	1.46	1.50	1.71	2.01

高度变化系数：$\mu_z = 1.0$；根据《光伏发电站设计规范》GB 50797—2012 6.8.7-1。风压高度变化系数如表5-8。

表5-8　风压高度变化系数 μ_z

离地面或海平面高度/m	地面粗糙度类别			
	A	B	C	D
5	1.09	1.00	0.65	0.51
10	1.28	1.00	0.65	0.51
15	1.42	1.13	0.65	0.51
20	1.52	1.23	0.74	0.51
30	1.67	1.39	0.88	0.51
40	1.79	1.52	1.00	0.60
50	1.89	1.62	1.10	0.69
60	1.97	1.71	1.20	0.77
70	2.05	1.79	1.28	0.84
80	2.12	1.87	1.36	0.91
90	2.18	1.93	1.43	0.98
100	2.23	2.00	1.50	1.04

体型系数：顺风：$\mu_s = 1.3$；逆风：$\mu_z = -1.4$。

风荷载：顺风

$$W_k = \beta_z \mu_z \mu_s W_0$$
$$= 1.7 \times 1.0 \times 1.3 \times 0.56$$
$$= 1.2376 \text{kN/m}^2$$

逆风

$$W_k' = \beta_z \mu_z \mu_s W_0$$
$$= 1.7 \times 1.0 \times (-1.4) \times 0.56$$
$$= -1.3328 \text{kN/m}^2$$

（2）雪荷载标准值计算

$$S_k = \mu_r S_0$$

式中：S_k——雪荷载标准值，kN/m^2；

　　　μ_r——屋面积雪分布系数；

　　　S_0——基本雪压，kN/m^2。

根据《光伏发电站设计规范》GB 50797—2012 6.8.7-1，屋面积雪分布系数如表5-9。

表 5-9　屋面积雪分布系数

项次	类别	屋面形式及积雪分布系数 μ_r
1	单跨单坡屋面	

α	$\leqslant 25°$	$30°$	$35°$	$40°$	$45°$	$50°$	$55°$	$\geqslant 60°$
μ_r	1.0	0.85	0.7	0.55	0.4	0.25	0.1	0

$\mu_r = 0.64$

雪荷载：

$$S_k = \mu_r S_0$$
$$= 0.64 \times 1.35$$
$$= 0.864 \text{kN/m}^2$$

（3）地震荷载计算

① 设防烈度：8 度

② 地震加速度：0.20g

水平地震作用计算：

$$F_{EhK} = \beta_e \alpha_{max} G_{eq}$$

式中：F_{EhK}——水平地震作用标准值；

　　　β_e——动力放大系数，取 2.5；

　　α_{max}——水平地震影响系数最大值，按相应设防烈度取值。

　　　　　　—6 度：$\alpha_{max} = 0.04$

　　　　　　—7 度：$\alpha_{max} = 0.08$

　　　　　　—8 度：$\alpha_{max} = 0.16$

-9 度：$\alpha_{max}=0.32$

G_{eq}——结构等效总重力荷载。

单块组件的地震荷载为：

$$F_{EhK}=\beta_e\alpha_{max}G_{eq}$$
$$=2.5\times0.16\times196$$
$$=78.4N$$

（4）基本组合的荷载分项系数，应按下列规定采用：

① 承载力计算时：

重力荷载：1.2

风荷载：1.4

雪荷载：1.4

地震荷载：1.3

② 挠度和变形计算时：

重力荷载：1.0

风荷载：1.0

地震荷载：1.0

雪荷载：1.0

③ 荷载组合值系数：

风荷载：0.6（GB 50797—2012 6.8.7-1）

雪荷载：0.7（GB 50797—2012 6.8.7-1）

④ 荷载效应组合的设计值计算

无地震作用效应组合时（GB 50797—2012 6.8.7-2）：

$$S=\gamma_G\Psi_GS_{GK}+\gamma_w\Psi_wS_{wK}+\gamma_s\Psi_sS_{sK}$$

式中：S——荷载效应组合的设计值；

γ_G——永久荷载分项系数；

S_{GK}——永久荷载效应标准值；

S_{wK}——风荷载效应标准值；

S_{sK}——雪荷载效应标准值；

$\gamma_w\gamma_s$——风荷载、雪荷载分项系数；

$\Psi_w\Psi_s$——风荷载、雪荷载组合值系数，分别为 0.6 和 0.7。

有地震作用效应组合是（GB 50797-2012 6.8.7-2）：

$$S=\gamma_G\Psi_GS_{GK}+\gamma_w\Psi_wS_{wK}+\gamma_{Eh}S_{EhK}$$

式中：S——荷载效应和地震作用效应组合的设计值；

γ_{Eh}——水平地震作用标准值效应；

S_{EhK}——水平地震作用分项系数。

5. 次梁校核

（1）基本参数

① 力学模型。受集中力的连续梁

② 截面规格。C80×40×2.0

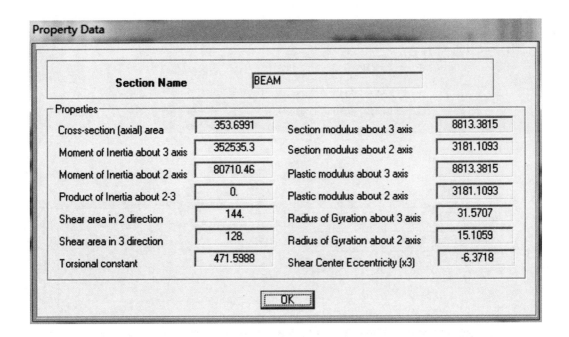

③ 材质。Q235B

（2）每根次梁受集中力

正常使用极限状态（位移变形）计算。

顺风

无地震时：

$$F_1 = (\gamma_G \Psi_G S_{GK} + \gamma_w \Psi_w S_{wK} + \gamma_s \Psi_s S_{sK})/2$$
$$= (1.0 \times G_{PV} + 1.0 \times 0.6 \times w_k S_{PV} + 1.0 \times 0.7 \times s_k S_{PV})/2$$
$$= (1.0 \times 196 + 1.0 \times 0.6 \times 1237.6 \times 1.63 + 1.0 \times 0.7 \times 864 \times 1.63)/2$$
$$= 1196N$$

有地震时：

$$F_1' = (\gamma_G \Psi_G S_{GK} + \gamma_w \Psi_w S_{wK} + \gamma_{Eh} S_{EhK})/2$$
$$= (1.0 \times G_{PV} + 1.0 \times 0.6 \times w_k S_{PV} + 1.0 \times F_{EhK})/2$$
$$= (1.0 \times 196 + 1.0 \times 0.6 \times 1237.6 \times 1.63 + 1.0 \times 78.4)/2$$
$$= 742N$$

逆风

$$F_1' = (w_k' S_{PV} + G_{PV} \cos 37°)/2$$
$$= [(-1332.8) \times 1.64 \times 0.992 + 196 \times \cos 37°]/2$$
$$= -1006N$$

承载能力极限状态（强度）计算：

无地震时：

$$F_2 = (\gamma_G \Psi_G S_{GK} + \gamma_w \Psi_w S_{wK} + \gamma_s \Psi_s S_{sK})/2$$

$$=(1.2 \times G_{PV}+1.4 \times 0.6 \times w_k S_{PV}+1.4 \times 0.7 \times s_k S_{PV})/2$$
$$=(1.2 \times 196+1.4 \times 0.6 \times 1237.6 \times 1.63+1.4 \times 0.7 \times 864 \times 1.63)/2$$
$$=1655N$$

有地震时：

$$F_2'=(\gamma_G \Psi_G S_{GK}+\gamma_w \Psi_w S_{wK}+\gamma_{Eh} S_{EhK})/2$$
$$=(1.2 \times G_{PV}+1.4 \times 0.6 \times w_k S_{PV}+1.3 \times F_{EhK})/2$$
$$=(1.2 \times 196+1.4 \times 0.6 \times 1237.6 \times 1.63+1.3 \times 78.4)/2$$
$$=1016N$$

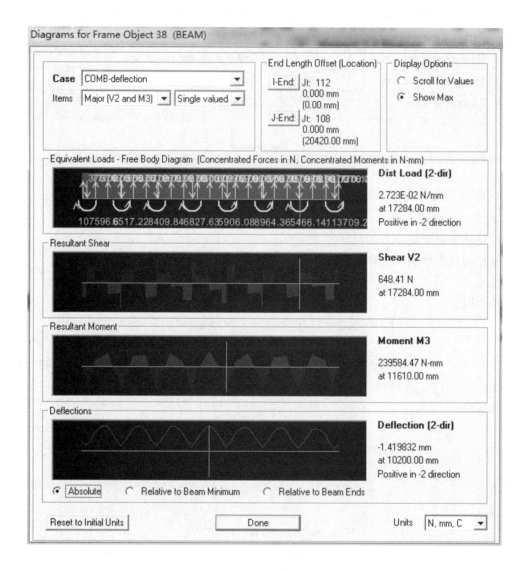

由图可知，最大挠度为

$$w^0=(1.42^2+3.61^2)^{0.5}=3.88mm<[w]=L/200=2800/200=14mm$$

（根据《光伏发电站设计规范》（GB 50797—2012）知次梁的挠度允许值为 $[w]=$ $L/200$），所以次梁满足刚度设计要求。

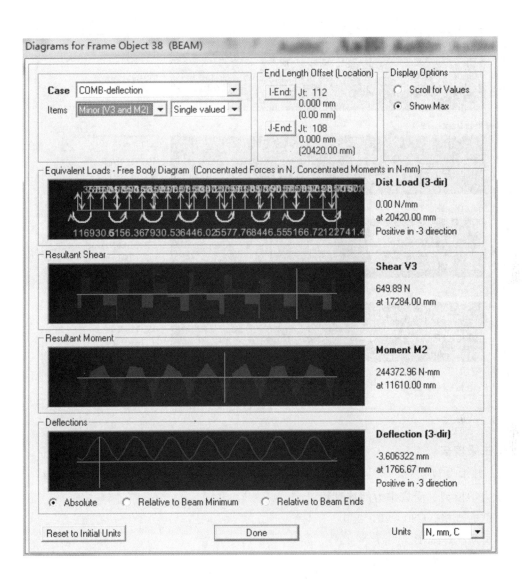

由下图可知，次梁危险点处的最大正应力为

$$\sigma_0 = 163.1\mathrm{MPa} < [\sigma] = 215\mathrm{MPa}$$

所以次梁也满足强度设计要求。

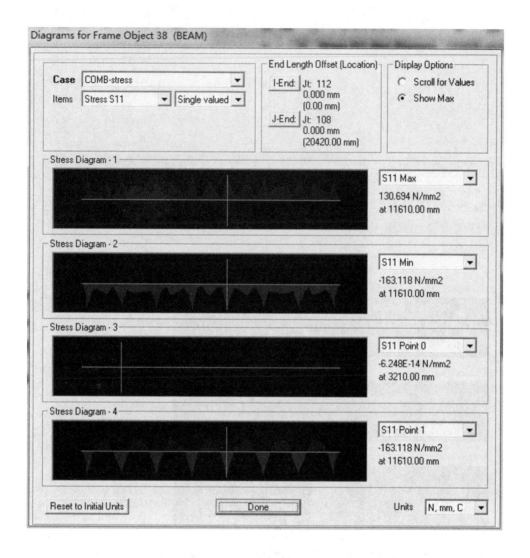

6. 主梁校核

（1）基本参数

① 力学模型。受集中力的连续梁

② 截面规格。C80×40×2.0

③ 材质。Q235B

（2）每根主梁受集中力

正常使用极限状态（位移变形）计算：

顺风

无地震时：

$$F_3 = (\gamma_G \Psi_G S_{GK} + \gamma_w \Psi_w S_{wK} + \gamma_s \Psi_s S_{sK})/2$$
$$= [1.0 \times (G_{PV} \times 40 + G_b) + 1.0 \times 0.6 \times w_k S_{PV} \times 40 + 1.0 \times 0.7 \times s_k S_{PV} \times 40]/32$$
$$= [1.0 \times (196 \times 40 + 2161) + 1.0 \times 0.6 \times 1237.6 \times 1.63 \times 40 + 1.0 \times 0.7 \times 864 \times$$
$$1.63 \times 40]/32 = 3088N$$

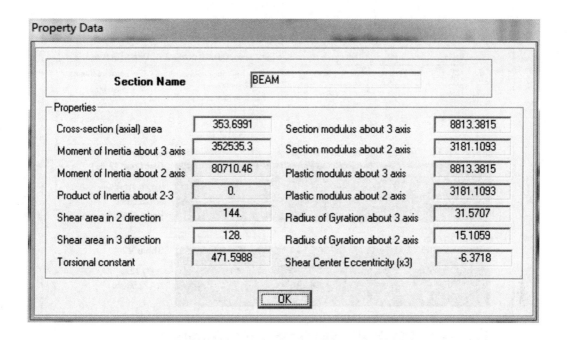

有地震时：

$$F_3' = (\gamma_G \Psi_G S_{GK} + \gamma_w \Psi_w S_{wK} + \gamma_{Eh} S_{EhK})/32$$

$$= [1.0 \times (G_{PV} \times 40 + G_b) + 1.0 \times 0.6 \times w_k S_{PV} \times 40 + 1.0 \times F_{EhK} \times 40]/32$$

$$= [1.0 \times (196 \times 40 + 2161) + 1.0 \times 0.6 \times 1237.6 \times 1.63 \times 40 + 1.0 \times 78.4 \times 40]/32$$

$$= 1923N$$

承载能力极限状态（强度）计算。

无地震时：

$$F_4 = (\gamma_G \Psi_G S_{GK} + \gamma_w \Psi_w S_{wK} + \gamma_s \Psi_s S_{sK})/32$$

$$= [1.2 \times (G_{PV} \times 40 + G_b) + 1.4 \times 0.6 \times w_k S_{PV} \times 40 + 1.4 \times 0.7 \times s_k S_{PV} \times 40]/32$$

$$= [1.2 \times (196 \times 40 + 2161) + 1.4 \times 0.6 \times 1237.6 \times 1.63 \times 40 + 1.4 \times 0.7 \times 864 \times$$

$$1.63 \times 40]/32 = 4218N$$

有地震时：

$$F_4' = (\gamma_G \Psi_G S_{GK} + \gamma_w \Psi_w S_{wK} + \gamma_{Eh} S_{EhK})/32$$

$$= [1.2 \times (G_{PV} \times 40 + G_b) + 1.4 \times 0.6 \times w_k S_{PV} \times 40 + 1.3 \times F_{EhK} \times 40]/32$$

$$= [1.2 \times (196 \times 40 + 2161) + 1.4 \times 0.6 \times 1237.6 \times 1.63 \times 40 + 1.3 \times 78.4 \times 40]/32$$

$$= 2621N$$

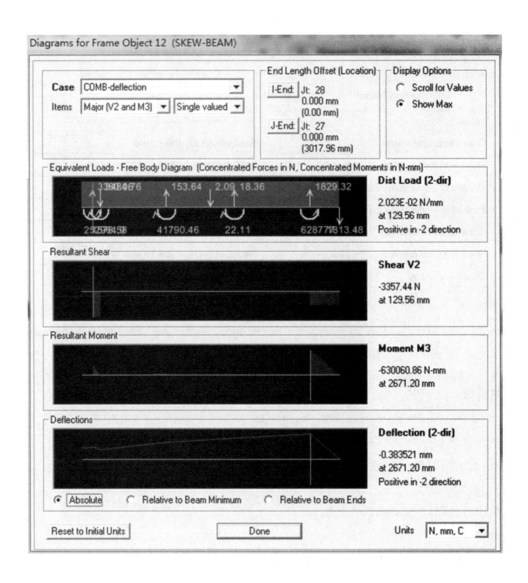

由图可知，最大挠度为

$$w^1 = 0.38\text{mm} < [w] = L/250 = 3000/250 = 12\text{mm}$$

（根据《光伏发电站设计规范》（GB 50797—2012）知主梁的挠度允许值为 $[w] = L/250$），所以主梁满足刚度设计要求。

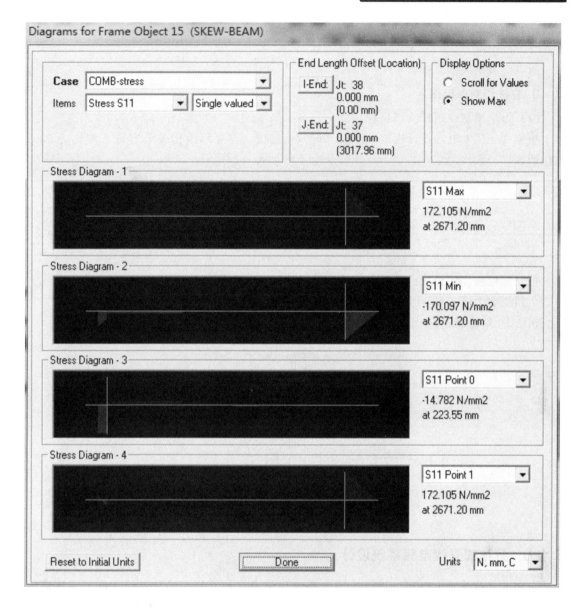

由图可知，主梁危险点处的最大正应力为

$$\sigma_1 = 172.1 \text{MPa} < [\sigma] = 215 \text{MPa}$$

所以主梁也满足强度设计要求。

7. 螺栓校核

经计算得知斜撑所受最大轴向力，即螺栓受最大剪力为为 $F_a = 15980$N

切应力为

$$\tau_a = \frac{F_a}{\pi r_{M12}^2} = \frac{15980}{\pi \times 0.006^2} = 141 \text{MPa} < [\tau] = 320 \text{MPa}$$

固定组件的 M8 螺栓受力为

$$F_p = (w_k S_m \cos37° - G_m)/4 = (728 \times 1.64 \times 0.992 \times \cos37° - 196)/4 = 188 \text{N}$$

正应力为

$$\sigma_p = \frac{F_p}{\pi r_{M8}^2} = \frac{188}{\pi \times 0.004^2} = 3.7 \text{MPa} < [\sigma] = 400 \text{MPa}$$

所以均满足设计要求。

8. 立柱和斜撑校核

(1) 力学模型。压杆（细长杆）

根据《光伏发电站设计规范》（GB 50797—2012）主要承重构件的容许长细比为180，支撑的容许长细比为220。

名称	长度 L/mm	截面规格	最小惯性半径 i/mm	长细比($\lambda = \mu L/i$)
后立柱	1723	C80×40×15×2.5	15.2	170
斜撑	1340	C60×30×10×2.0	11	122

(2) 螺栓强度的校核。

由斜梁剪力图 5-42 可知，立柱与斜梁固定的节点处的剪力最大，约为 3350N。
由 M16 螺栓固定。

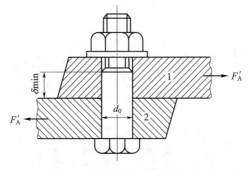

图 5-42　斜梁剪力图

5.1.6　分布式光伏电气系统设计

分布式光伏系统电气部分设计主要包括光伏组串设计、接入系统设计、电气主接线设计、电缆选型、断路器选型，设计者要充分了解电网接入系统要求，结合分布式光伏电源设计合理的接入系统方案，根据光伏组件、逆变器等电气输入输出特性及参数，设计光伏系统电气主接线，根据电流、电压以及使用环境等因素，考虑到电缆、断路器等载流特性，选择满足要求的电缆和断路器，在电缆和断路器选用时，要充分考虑使用环境的影响预留合理的设计余量。符合规范的安全的电气系统设计及运维，能够使光伏电站降低电气事故发生的风险，反之，存在电气设计隐患的光伏电站，在运营过程中受光照、电流、环境温度以及使用环境等影响，存在发生电气事故的风险。

1. 光伏组串设计

分布式光伏系统组件串并联设计基于以下几个原则：

① 不同倾角或方位角的组件，不宜接入同一个 MPPT；

② 不同输入电压或电流的组串，不宜接入同一个 MPPT；

③ 不同阴影遮挡情况的组串，不宜接入同一个 MPPT；

④ 逆变器接入组件功率数不宜大于逆变器的最大直流输入功率；

⑤ 组件温度越低，电压越高，所以，在计算最大串联数量时，要考虑极端最低气温的情况下，最大串联电压不高于逆变器的最大直流输入电压；

⑥ 串联数量在满足输入条件的前提下，单路串联数量越多，越有利于较快达到逆变器的启动电压，同时也能降低并联材料。

组件串联数量计算公式：

$$N \leqslant \frac{V_{dcmax}}{V_{oc}[1+(t-25) \times K_v]}$$

同时：

$$\frac{V_{mpptmin}}{V_{pm}[1+(t'-25) \times K'_v]} \leqslant N \leqslant \frac{V_{mpptmax}}{V_{pm}[1+(t-25) \times K_v]}$$

式中　N——光伏组件串联个数（N 取整数）；

　　K_v——光伏组件的开路电压温度系数；

　　K'_v——光伏组件的工作电压温度系数；

　　t——光伏组件工作条件下的极限低温；

　　t'——光伏组件工作条件下的极限高温；

　　V_{oc}——光伏组件的开路电压；

　　V_{mppt}——光伏组件的工作电压；

　　V_{dcmax}——逆变器允许的最大支流输入电压；

$V_{mpptmax}$——逆变器 MPPT 电压最大值；

$V_{mpptmin}$——逆变器 MPPT 电压最小值。

根据组件和逆变器的参数，计算出合理的电池板串联数，根据实际设计原理，最终确定串联数量。现在组串型逆变器一般有多路 MPPT 输入，不同的 MPPT 可以选用不同的串联数。这样可以灵活的匹配光伏阵列排布及走线设计优化。

2. 接入系统设计

对于单个并网点，接入的电压等级应按照安全性、灵活性、经济性的原则，根据分布式电源容量、导线载流量、上级变压器及线路可接纳能力、地区配电网情况综合比选后确定。分布式电源并网电压等级根据装机容量进行初步选择的参考标准如下：8kW 及以下可接入 220V；8～400kW 可接入 380V；400kW～6MW 可接入 10kV。最终并网电压等级应综合参考有关标准和电网实际条件，通过技术经济比选论证后确定。

（1）接入点选择

对于 10kV 对应接入点：

① 全部上网

1）公共电网变电站 10kV 母线；

2）公共电网开关站、环网箱（室）、配电室或箱变 10kV 母线；

3）T 接公共电网 10kV 线路。

② 自发自用/余电上网（含全部自用）用户开关站、环网箱（室）、配电室或箱变 10kV 母线。当并网点与接入点之间距离很短时，可以在分布式电源与用户母线之间只装设一个开关设备，并将相关保护配路于该开关。

（2）接入系统方案

光伏发电项目并网接入系统方案大致分为 13 个方案。其中，光伏发电项目单点并网接入系统典型设计共8个方案，方案见表5-10；分布式光伏发电组合（即多点）并网接入系统典型设计共5个方案，方案见表5-11。

表 5-10 光伏发电单点并网接入系统方案分类表

方案编号	接入电压	接入模式	接入点	送出回路数	单个并网点参考容量 *
XGF10-T-1	10kV	全部上网（接入公共电网）	专线接入公共电网变电站 10kV 母线	1 回	1～6MW
XGF10-T-2			接入公共电网 10kV 开关站、环网室（箱）、配电室或箱变	1 回	400kW～6MW
XGF10-T-3		自发自用/余电上网（接入用户电网）	T 接公共电网 10kV 线路	1 回	400kW～2MW
XBF10-Z-1			接入用户 10kV 母线	1 回	400kW～6MW
XGF380-T-1	380V	全部上网（接入公共电网）	公共电网配电箱/线路	1 回	≤400kW，8kW 及以下可单相接入
XGF380-T-2			公共电网配电室、箱变或柱上变压器低压母线	1 回	20～400kW
XGF380-Z-1		自发自用/余电上网（接入用户电网）	用户配电箱/线路	1 回	≤400kW，8kW 及以下可单相接入
XGF380-Z-2			用户配电室、箱变或柱上变压器低压母线	1 回	20～400kW

表 5-11 光伏发电项目组合（即多点）并网接入系统方案分类表

方案编号	接入电压	运营模式	接入点
XGF380-Z-Z1	380V/220V	自发自用/余量上网	多点接入用户配电箱/线路 配电室或箱变低压母线
XGF10-Z-Z1	10kV		多点接入用户 10kV 开关站、配电室或箱变
XGF380/10-Z-Z1	10kV/380V		以 380V 一点或多点接入用户配电箱/线路、配电室或箱变低压母线，以 10kV 一点或多点接入用户 10kV 开关站、配电室或箱变
XGF380-T-Z1	380V/220V	统购统销	多点接入公共电网配电箱/线路、箱变或配电室低压母线
XGF380/10-T-Z1	10kV/380V		以 380V 一点或多点接入公共配电箱/线路、配电室或箱变低压母线，以 10kV 一点或多点接入公共电网变电站 10kV 母线、10kV 开关站、配电室、箱变或 T 接公共电网 10kV 线路

注：1. 表中参考容量仅为建议值，具体工程设计中可根据电网实际情况进行适当调整。

2. 接入用户电网、且采用全部上网模式的分布式光伏发电可参照自发自用/余量上网模式方案设计。

本方案主要适用于全部上网（接入公共电网）的光伏电站，公共连接点为公共电网变电站 10kV 母线，单个并网点参考装机容量 1～6MW。XGF10-T-1 方案一次系统接线示意图见图 5-43。

本方案主要适用于全部上网（接入公共电网）的光伏电站，公共连接点为公共电网开关站、环网室（箱）、配电室或箱变 10kV 母线，单个并网点参考装机容量 400kW～6MW。XGF10-T-2 方案一次系统接线示意图见图 5-44。

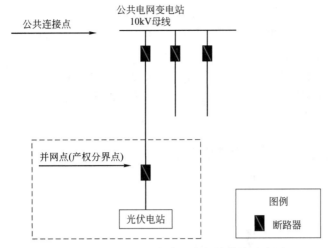

图 5-43　XGF10-T-1 方案一次系统接线示意图

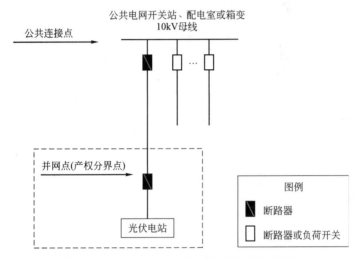

图 5-44　XGF10-T-2 方案一次系统接线示意图

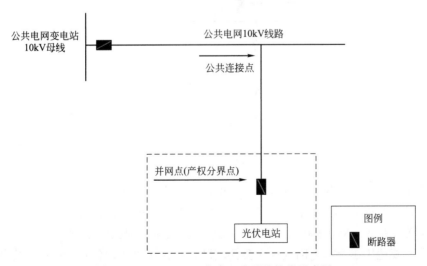

图 5-45　XGF10-T-3 方案一次系统接线示意图

本方案主要适用于全部上网（接入公共电网）的光伏电站、公共连接点为公共电网10kV线路T接点，单个并网点参考装机容量400kW～6MW。XGF10-T-3方案一次系统接线示意图见图5-45。

本方案主要适用于自发自用/余量上网（接入用户电网）的光伏电站，单个并网点参考装机容量400kW～6MW。XGF10-Z-1方案一次系统有两个子方案，子方案一接线示意图见图5-46，子方案二接线示意图见图5-47。

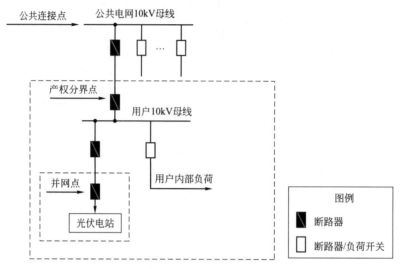

图 5-46　XGF10-Z-1 方案一次系统接线示意图（方案一）

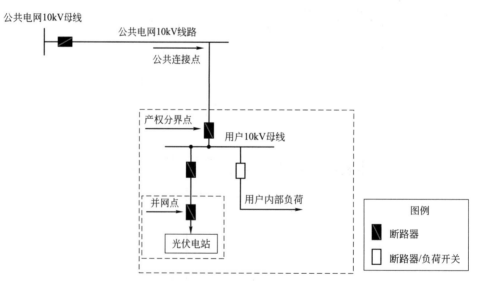

图 5-47　XGF10-Z-1 方案一次系统接线示意图（方案二）

本方案主要适用于全部上网（接入公共电网）的光伏电站，公共连接点为公共电网配电箱或线路，单个并网点参考装机容量不大于100kW，采用三相接入；装机容量8kW及以下，可采用单相接入。XGF380-T-1方案一次系统接线示意图见图5-48。

本方案主要适用于全部上网（接入公共电网）的光伏电站，公共连接点为公共电网配电室、箱变或柱上变压器低压母线，单个并网点参考装机容量20～400kW。XGF380-T-2方案

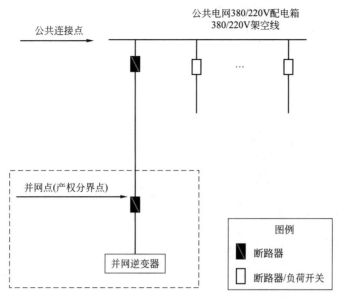

图 5-48　XGF380-T-1 方案一次系统接线示意图

一次系统接线示意图见图 5-49。

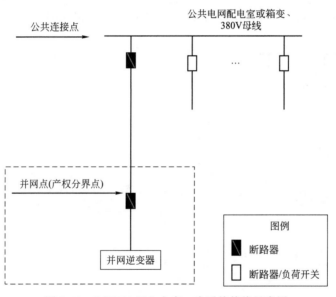

图 5-49　XGF380-T-2 方案一次系统接线示意图

　　本方案主要适用于自发自用/余量上网（接入用户电网）的光伏电站，单个并网点参考装机容量不大于 400kW，采用三相接入；装机容量 8kW 及以下，可采用单相接入。XGF380-Z-1 方案一次系统有两个方案，方案一接线示意图见图 5-50，方案二接线示意图见图 5-51。

　　本方案主要适用于接入用户电网的光伏电站，单个并网点参考装机容量 20～400kW。XGF380-Z-2 方案一次系统接线示意图见图 5-52。

　　本方案采用多回线路将分布式光伏接入用户配电箱、配电室或箱变低压母线。方案设计以光伏发电单点接入用户配电箱或线路典型设计方案 XGF380-Z-1 和单点接入用户配电室或

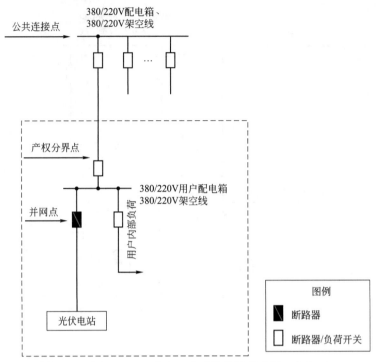

图 5-50 XGF380-Z-1 方案一次系统接线示意图（方案一）

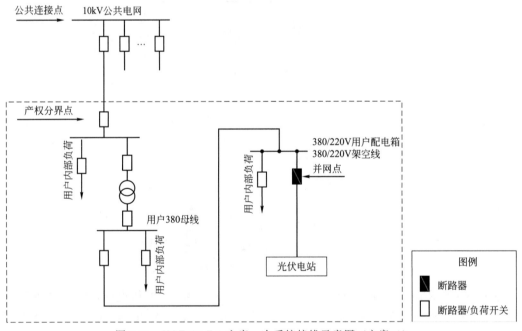

图 5-51 XGF380-Z-1 方案一次系统接线示意图（方案二）

箱变典型设计方案 XGF380-Z-2 为基础模块，进行组合设计。本方案主要适用于自发自用/余量上网（接入用户电网）的光伏电站，单个并网点参考装机容量不大于 300kW，采用三相接入；装机容量 8kW 及以下，可采用单相接入。

XGF380-Z-Z1 方案一次系统有两个子方案，子方案一接线示意图见图 5-53，子方案二接线示意图见图 5-54。

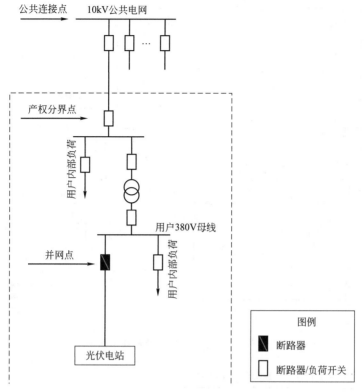

图 5-52　XGF380-Z-2 方案一次系统接线示意图

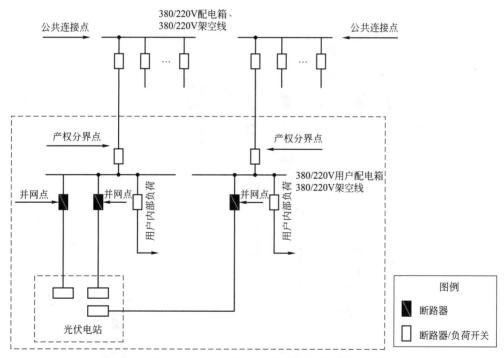

图 5-53　XGF380-Z-Z1 方案一次系统接线示意图（方案一）

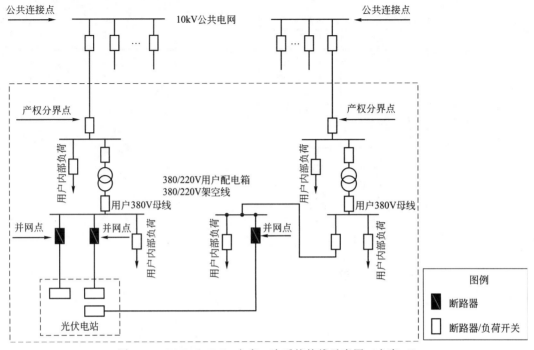

图 5-54　XGF380-Z-Z1 方案一次系统接线示意图（方案二）

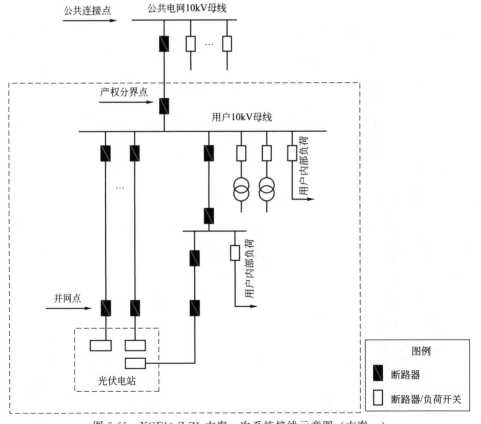

图 5-55　XGF10-Z-Z1 方案一次系统接线示意图（方案一）

本方案采用多回线路将分布式光伏接入用户 10kV 开关站、配电室或箱变。方案设计以光伏发电单点接入用户 10kV 开关站、配电室或箱变典型设计方案 XGF10-Z-1 为基础模块,进行组合设计。本方案主要适用于同一用户内部自发自用/余量上网(接入用户电网)的光伏电站。接入用户 10kV 开关站、配电室或箱变,单个并网点参考装机容量 300kW～6MW。

XGF10-Z-Z1 方案一次系统有两个子方案,子方案一接线示意图见图 5-55,子方案二接线示意图见图 5-56。

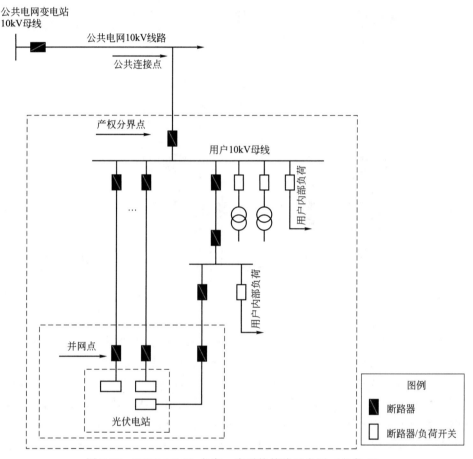

图 5-56　XGF10-Z-Z1 方案一次系统接线示意图(方案二)

本方案以 380V/10kV 电压等级将分布式光伏接入用户电网,380V 接入点为用户配电箱或线路、配电室或箱变低压母线,10kV 接入点为用户 10kV 母线。方案设计以光伏发电单点接入用户配电箱或线路典型设计方案 XGF380-Z-1、单点接入用户配电室或箱变典型设计方案 XGF380-Z-2 和单点接入用户 10kV 开关站、配电室或箱变典型设计方案 XGF10-Z-1 为基础模块,进行组合设计。本方案主要适用于自发自用/余量上网(接入用户电网)的光伏电站。接入配电箱或线路时,单个并网点参考装机容量不大于 300kW,采用三相接入,装机容量 8kW 及以下,可采用单相接入;接入配电室或箱变低压母线时,单个并网点参考装机容量 20～300kW;接入用户 10kV 开关站、配电室或箱变时,单个并网点参考装机容量 300kW～6MW。

XGF380/10-Z-Z1 方案一次系统有两个子方案,子方案一接线示意图见图 5-57,子方案二接线示意图见图 5-58。

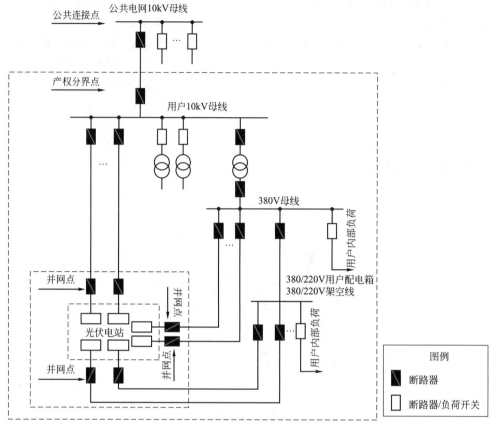

图 5-57　XGF380/10-Z-Z1 方案一次系统接线示意图（方案一）

　　本方案采用多回线路将分布式光伏接入公共电网配电箱或线路、配电室或箱变低压母线。方案设计以光伏发电单点接入公共电网配电箱或线路典型设计方案 XGF380-T-1 和单点接入公共电网配电室或箱变低压母线典型设计方案 XGF380-T-2 为基础模块，进行组合设计。本方案主要适用于统购统销（接入公共电网）的光伏电站，系统接入点为公共电网配电箱或线路、配电室或箱变低压母线。接入配电箱或线路时，单个并网点参考装机容量不大于 100kW，单个并网点装机容量 8kW 及以下时，可采用单相接入；接入配电室或箱变低压母线时，单个并网点参考装机容量 20～300kW。

　　XGF380-T-Z1 方案一次系统接线示意图见图 5-59。

　　本方案以 380V/10kV 电压等级将分布式光伏接入公共电网，380V 接入点为公共电网配电箱或线路、配电室或箱变低压母线，10kV 接入点为公共电网变电站 10kV 母线、T 接接入公共电网 10kV 线路或公共电网 10kV 母线。方案设计以光伏发电单点接入公共电网配电箱或线路典型设计方案 XGF380-T-1、单点接入公共电网配电室或箱变典型设计方案 XGF380-T-2、单点接入公共电网变电站 10kV 母线典型设计方案 XGF10-T-1、单点接入公共电网 10kV 母线典型设计方案 XGF10-T-2 和单点 T 接接入公共电网 10kV 线路典型设计方案 XGF10-T-3 为基础模块，进行组合设计。本方案主要适用于统购统销（接入公共电网）的光伏电站，380V 公共连接点为：公共电网配电箱或线路、配电室或箱变低压母线；10kV 公共连接点为：公共电网变电站 10kV 母线、公共电网 10kV 线路 T 接点或公共电网 10kV 母线。

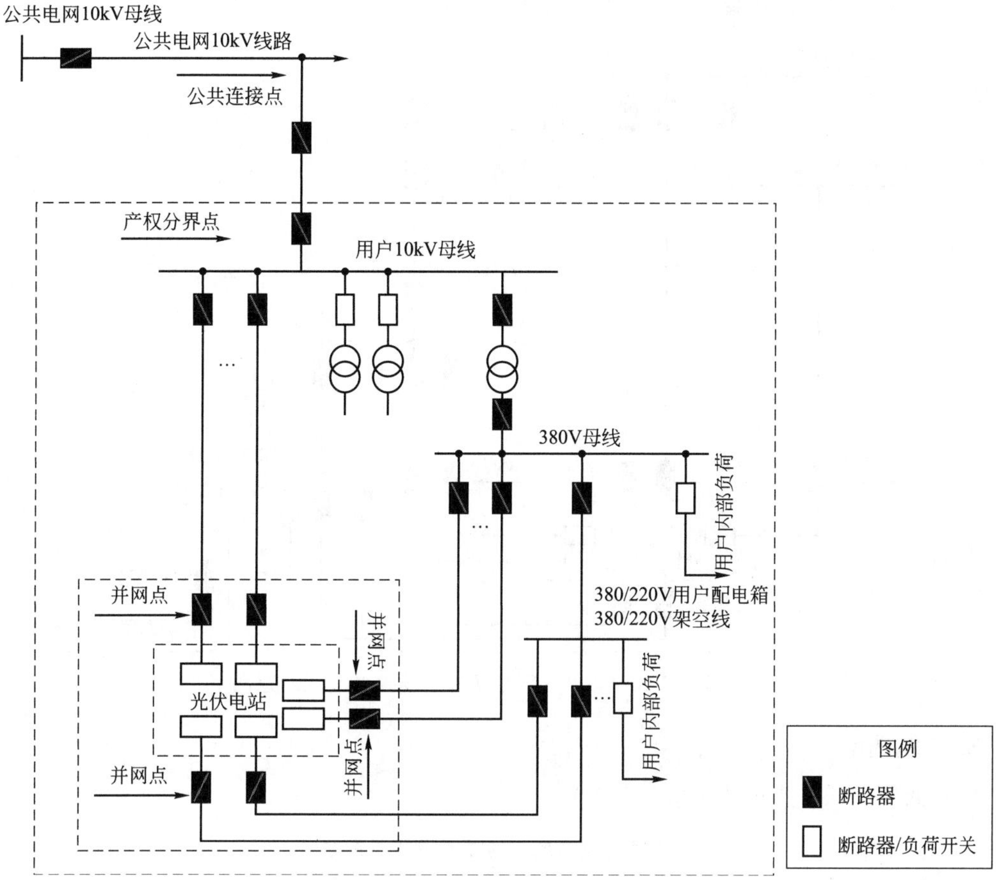

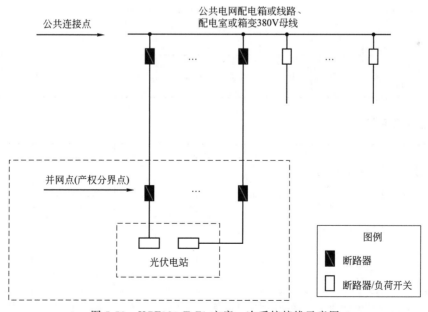

图 5-58　XGF380/10-Z-Z1 方案一次系统接线示意图（方案二）

图 5-59　XGF380-T-Z1 方案一次系统接线示意图

XGF380/10-T-Z1 方案一次系统接线示意图见图 5-60。

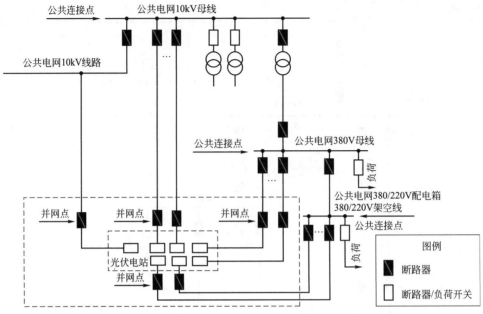

图 5-60　XGF380/10-T-Z1 方案一次系统接线示意图

3. 电缆选型

（1）低压交联电力电缆（0.6/1kV）

不同空气温度下的载流量修正系数

（Current-loading capacity correcting coefficient under different air temperature）

工作温度/℃ （Working temperature）	空气温度/℃ （Air temperature）							
90	10	15	20	25	30	35	40	45
修正系数 （Correcting coefficient）	1.18	1.13	1.09	1.04	1.00	0.96	0.90	0.84

（2）电缆载流量

导体材质 （Conductor material）	导体截面/mm² （cross section area of conductor）	非铠装型电缆（inarmored cable）				铠装型电缆（armored cable）			
		单芯 （single core）		三芯 （3cores）		单芯 （single core）		三芯 （3cores）	
		空气	土壤	空气	土壤	空气	土壤	空气	土壤
铜导体	1.5	30	43	21	25	—	—	—	—
	2.5	40	57	28	33	—	—	28	33
	4	53	74	37	44	—	—	37	43
	6	67	94	46	54	—	—	47	54
	10	93	127	63	73	105	125	63	71
	16	124	165	84	94	136	162	84	92

导体材质 (Conductor material)	导体截面/mm² (cross section area of conductor)	非铠装型电缆(inarmored cable)				铠装型电缆(armored cable)			
		单芯 (single core)		三芯 (3cores)		单芯 (single core)		三芯 (3cores)	
		空气	土壤	空气	土壤	空气	土壤	空气	土壤
铜导体	25	168	213	109	120	180	210	110	118
	35	207	256	132	144	220	253	134	141
	50	252	304	159	169	265	299	161	167
	70	308	372	195	205	322	366	197	203
	95	384	449	237	245	398	442	239	242
	120	439	512	273	278	465	505	275	274
	150	507	575	310	309	521	567	314	305
	185	591	650	355	347	604	639	354	341
	240	694	757	416	399	706	744	414	392
	300	810	855	473	446	819	842	—	—
	400	937	976	—	—	949	962	—	—
	500	1078	1110	—	—	1094	1094	—	—
铝导体	10	71	97	48	56	81	96	49	55
	16	121	162	82	92	133	159	82	90
	25	130	165	85	93	140	163	85	92
	35	160	199	102	111	170	196	104	110
	50	195	235	123	131	205	272	124	129
	70	239	289	152	159	250	284	153	158
	95	298	348	184	190	308	343	185	188
	120	340	398	213	216	361	392	214	213
	150	392	445	241	240	404	439	242	237
	185	459	505	277	271	469	497	277	267
	240	539	589	326	312	549	578	325	308
	300	629	664	372	351	636	654	—	—
	400	731	762	—	—	741	751	—	—
	500	845	870	—	—	858	858	—	—

（3）中压交联电力电缆（3.6～35kV）

不同空气温度下的载流量修正系数

(Current-loading capacity correcting coefficient under different air temperature)

工作温度/℃ (Working temperature)	空气温度/℃ (Air temperature)							
90	10	15	20	25	30	35	40	45
修正系数 (Correcting coefficient)	1.26	1.22	1.18	1.13	1.09	1.04	1.00	0.94

（4）电缆载流量

空气中

导体截面 /mm² (cross section area of conductor)	YJV、YJY					YJLV、YJLY				
	3.6/6~12/20kV			18/20~26/35kV		3.6/6~12/20kV			18/20~26/35kV	
	单芯 (single core)		三芯 (3cores)	单芯 (single core)		单芯 (single core)		三芯 (3cores)	单芯 (single core)	
	○○○	△		○○○	△	○○○	△		○○○	△
25	165	140	133	—	—	130	110	101	—	—
35	205	170	161	—	—	155	135	120	—	—
50	245	205	190	245	220	190	160	147	190	170
70	305	260	240	305	270	235	200	180	235	210
95	370	315	285	370	330	290	245	221	285	255
120	430	360	322	425	375	335	280	253	330	290
150	490	410	367	485	425	380	320	285	3756	330
185	560	470	418	555	485	435	365	326	430	380
240	665	555	490	650	560	515	435	382	505	435
300	765	640	555	745	650	595	500	440	580	510
400	890	745	—	870	760	695	585	—	680	595
500	1030	855	—	1000	875	810	680	—	790	690

（5）电缆载流量

土壤中

导体截面 /mm² (cross section area of conductor)	YJV、YJY					YJLV、YJLY				
	3.6/6~12/20kV			18/20~26/35kV		3.6/6~12/20kV			18/20~26/35kV	
	单芯 (single core)		三芯 (3cores)	单芯 (single core)		单芯 (single core)		三芯 (3cores)	单芯 (single core)	
	○○○	△		○○○	△	○○○	△		○○○	△
25	160	150	147	—	—	120	115	114	—	—
35	190	180	180	—	—	145	135	132	—	—
50	225	215	212	225	215	175	160	158	175	165
70	275	265	262	275	265	215	200	198	215	200
95	330	315	312	330	315	255	240	237	255	240
120	375	360	358	375	360	290	270	267	290	270
150	425	405	400	420	400	330	305	300	325	305
185	480	455	451	475	455	370	345	341	370	345
240	555	530	528	555	525	435	400	396	430	400
300	630	595	590	630	595	490	455	450	490	455
400	725	680	—	720	680	565	520	—	565	525
500	825	765	—	825	775	650	595	—	645	600

4. 断路器选型

在光伏系统中，电气开关非常关键，主要作用有两个方面，一是电气隔离功能，切断光伏组件，逆变器，配电柜和电网之间的电气连接，方便安装和维护；二是安全保护功能，当电气系统发生过流、过压、短路及漏电流时，能自动切断电路，以保护人身和设备的安全。

因此国家电网公司规定，分布式电源应在并网点设置易操作，可闭锁，且具有明显断开点的并网断开设备。按照用途，电气开关可分为隔离开关、断路器、漏电保护开关等。下面详细介绍分布式光伏系统的电气开关选型与设计。

(1) 隔离开关。是开关电器中使用较多的一种电器，在电路中起隔离作用，隔离开关在分断时，触头间有符合规定要求的绝缘距离和明显的断开标志。

隔离开关的主要特点：没有灭弧能力，只能在没有负荷电流的情况下分、合电路；送电操作时，先合隔离开关，后合断路器或负荷类开关；断电操作时，先断开断路器或负荷类开关，后断开隔离开关。

隔离开关的功能作用：

a. 用于隔离电源，将高压检修设备与带电设备断开，使其间有一明显可看见的断开点。

b. 隔离开关与断路器配合，按系统运行方式的需要进行倒闸操作，以改变系统运行接线方式。

c. 用以接通或断开小电流电路。

隔离开关的设计：

额定电压(kV)＝回路标称电压×1.2/1.1 倍；

额定电流标准值应大于最大负载电流的150％。

(2) 断路器。断路器一般由触头系统、灭弧系统、操作机构、脱扣器、外壳等构成，能够关合、承载和开断正常回路条件下的电流，并能关合、在规定的时间内承载和开断异常回路条件（包括短路条件）下的电流的开关装置。

断路器可用来分配电能，对电源线路等实行保护，当它们发生严重的过载或者短路及欠压等故障时能自动切断电路，其功能相当于熔断器式开关与过欠热继电器等的组合。

低压断路器也称为自动空气开关，可用来接通和分断负载电路。它功能相当于闸刀开关、过电流继电器、失压继电器、热继电器及漏电保护器等电器部分或全部的功能总和，是低压配电网中一种重要的保护电器。

低压断路器具有多种保护功能（过载、短路、欠电压保护等）、动作值可调、分断能力高、操作方便、安全等优点。结构和工作原理低压断路器由操作机构、触点、保护装置（各种脱扣器）、灭弧系统等组成。

按照电流分，可分为微型断路器（简称微断）、塑壳断路器（塑料外壳式断路器）和框架断路器（万能断路器）。

微型断路器，电流不超过 63A。塑壳断路器，电流不超过 600A。框架断路器，电流不超过 4000A。

① 断路器的工作原理。当短路时，大电流（一般 10 至 12 倍）产生的磁场克服反力弹簧，脱扣器拉动操作机构动作，开关瞬时跳闸。当过载时，电流变大，发热量加剧，双金属片变形到一定程度推动机构动作（电流越大，动作时间越短）。

低压断路器的主触点是靠手动操作或电动合闸的。主触点闭合后，自由脱扣机构将主触点锁在合闸位置上。过电流脱扣器的线圈和热脱扣器的热元件与主电路串联，欠电压脱扣器的线圈和电源并联。

当电路发生短路或严重过载时，过电流脱扣器的衔铁吸合，使自由脱扣机构动作，主触点断开主电路。当电路过载时，热脱扣器的热元件发热使双金属片上弯曲，推动自由脱扣机构动作。

当电路欠电压时，欠电压脱扣器的衔铁释放。也使自由脱扣机构动作。分励脱扣器则作为远距离控制用，在正常工作时，其线圈是断电的，在需要距离控制时，按下启动按钮，使线圈通电，衔铁带动自由脱扣机构动作，使主触点断开。

② 断路器的参数。额定工作电压（U_e）：这是断路器在正常（不间断的）的情况下工作的电压。额定电流（I_n）：配有专门的过电流脱扣继电器的断路器在制造厂家规定的环境温度下所能无限承受的最大电流值，不会超过电流承受部件规定的温度限值。

③ 短路继电器脱扣电流整定值（I_m）。短路脱扣继电器（瞬时或短延时）用于高故障电流值出现时，使断路器快速跳闸，其跳闸极限 I_m。

④ 额定短路分断能力（I_{cu} 或 I_{cn}）。断路器的额定短路分断电流是断路器能够分断而不被损害的最高（预期的）电流值。标准中提供的电流值为故障电流交流分量的均方根值，计算标准值时直流暂态分量（总在最坏的情况短路下出现）假定为零。

工业用断路器额定值（I_{cu}）和家用断路器额定值（I_{cn}）通常以 kA 均方根值的形式给出。

⑤ 短路分断能力（I_{cs}）：断路器的额定分断能力分为额定极限短路分断能力和额定运行短路分断能力两种。

(3) 负荷开关。负荷开关是介于断路器和隔离开关之间的一种开关电器，具有灭弧装置，能切断额定负荷电流和一定的过载电流，但不能切断短路电流。

① 交流负荷开关。低压负荷开关又称开关熔断器组。适于交流电路中，以手动不频繁地通断有载电路；也可用于线路的过载与短路保护。通断电路由触刀完成，过载与短路保护由熔断器完成。胶盖刀开关和铁壳开关均属于低压负荷开关。小容量的低压负荷开关触头分合速度与手柄操作速度有关。

容量较大的低压负荷开关操作机构采用弹簧储能动作原理，分合速度与手柄操作的速度快慢无关，结构较简单，并附有可靠的机械联锁装置，盖子打开后开关不能合闸及开关合闸后盖子不能打开，可保证工作安全。

② 光伏直流负荷开关。光伏系统中常见多路电池板并联输入，这样就需要同时切断多路电池板，这些场合对直流开关的灭弧能力要求很高。交流系统灭弧容易，直流系统灭弧比较困难。因为交流电的每个周期都有自然过零点，在过零点容易熄弧。

而直流电没有零点，电弧难以熄灭。因此交流开关与直流开关在结构和性能上有很大区别。相对于交流开关，直流开关需要增加额外的灭弧装置以增强灭弧能力。

灭弧效果是考核直流开关的最重要指标之一，直流开关要有专门的灭弧装置，可以带载关断。直流开关的结构设计比较特殊，手柄和触头没有直接的连接，所以通断的时候不是直接旋转触头而断开，而是有特殊的弹簧进行连接，当手柄旋转或者移动到一个特定点时触发所有的触头"突然断开"，因而产生一个非常迅速的通断动作，使电弧时间持续比较短。

光伏直流开关的选型一般通过关键参数初步估算并保证足够的余量。光伏系统中光伏电池板本身的输出功率受到天气、环境温度、逆变器功率点跟踪等影响。

其次，光伏逆变器本身有输入功率的限制和保护，有最大容许输入电压以及电流的限制和保护。

最后直流开关本身的额定关断能力和环境温度也有关系。随着电压的升高，直流开关通断电流的能力会下降（热效应影响）。

总的来说，使用的直流开关能通断电池板实际输出的电压和电流，天气、环境稳定、逆变器的功率跟踪等都需要考虑在内。

（4）漏电保护开关。漏电保护开关，是一种电气安全装置，其主要用途如下。

a. 防止由于电气设备和电气线路漏电引起的触电事故。

b. 防止用电过程中的单相触电事故。

c. 及时切断电气设备运行中的单相接地故障，防止因漏电引起的电气火灾事故。

d. 在用电过程中，由于电气设备本身的缺陷、使用不当和安全技术措施不利造成的人身触电和火灾事故，给人民的生命和财产带来了不应有的损失，而漏电保护器的出现，对预防各类事故的发生，及时切断电源，保护设备和人身安全，提供了可靠而有效的技术手段。

① 漏电保护器的工作原理。漏电保护器全称残余电流动作保护器，主要由三部分组成：检测元件、中间放大环节和操作执行机构。电气设备漏电时，将呈现出异常的电流和电压信号。漏电保护装置通过检测此异常电流或异常电压信号，经信号处理，促使执行机构动作，借助开关设备迅速切断电源，实施漏电保护。

② 漏电保护器主要参数。漏电保护器有分断电路的功能，同时内部电路需要供电，因此在选择漏电保护器时首先确保频率、额定电压、额定电流满足配电网络的需求。

同时漏电保护器需要按照漏电流大小进行动作，因此具有三个独特的参数：

a. 额定漏电动作电流。在规定的条件下，使漏电保护器动作的电流值。例如 30mA 的保护器，当通入电流值达到 30mA 时，保护器即动作断开电源。

b. 额定漏电动作时间。是指从突然施加额定漏电动作电流起，到保护电路被切断为止的时间。例如 30mA×0.1s 的保护器，从电流值达到 30mA 起，到主触头分离止的时间不超过 0.1s。

c. 额定漏电不动作电流。在规定的条件下，漏电保护器不动作的电流值，一般应选漏电动作电流值的二分之一。例如漏电动作电流 30mA 的漏电保护器，在电流值达到 15mA 以下时，保护器不应动作，否则因灵敏度太高容易误动作，影响用电设备的正常运行。

目前广泛采用了将漏电保护装置与电源开关（自动空气断路器）组装在一起的漏电断路器，这种新型的电源开关具有短路保护、过载保护、漏电保护和欠压保护的效能。安装时简化了线路，缩小了电箱的体积也便于管理。

③ 漏电断路器铭牌型号的含义。使用时应注意，因为漏电断路器具有多重防护性能，当发生跳闸时，应具体分清故障原因。当漏电断路器因短路分断时，须开盖检查触头是否有烧损严重或凹坑；当因线路过载跳闸时，不能立即重新闭合。

当因漏电故障造成的跳闸时，必须查明原因排除故障后，方可重新合闸，严禁强行合闸。漏电断路器发生分断跳闸时，手柄处于中间位置，当重新闭合时，需先将操作手柄向下扳动（分断位置），使操作机构重扣合，再向上进行合闸。

④ 光伏系统如何选用漏电保护器。由于光伏组件安装在室外，多路串联时直流电压很高，组件对地会有少量的漏电流，因此要选用漏电开关时，需把保护值提高到 50mA 以上。

⑤ 选择漏电保护器。应按照使用目的和根据作业条件选用。

a. 按保护目的选用

1) 以防止人身触电为目的。安装在线路末端，选用高灵敏度，快速型漏电保护器。

2) 以防止触电为目的。与设备接地并用的分支线路，选用中灵敏度、快速型漏电保护器。

3) 以防止由漏电引起的火灾和保护线路、设备为目的的干线，应选用中灵敏度、延时型漏电保护器。

b. 按供电方式选用

1) 保护单相线路（设备）时，选用单极二线或二极漏电保护器。

2) 保护三相线路（设备）时，选用三极产品。

3) 既有三相又有单相时，选用三极四线或四极产品。

在选定漏电保护器的极数时，必须与被保护的线路的线数相适应。保护器的极数是指内部开关触头能断开导线的根数，如三极保护器，是指开关触头可以断开三根导线。而单极二线、二极三线、三极四线的保护器，均有一根直接穿过漏电检测元件而不断开的中性线，在保护器外壳接线端子标有"N"字符号，表示连接工作零线，此端子严禁与 PE 线连接。

应当注意：不宜将三极漏电保护器用于单相二线（或单相三线）的用电设备。也不宜将四极漏电保护器用于三相三线的用电设备。更不允许用三相三极漏电保护器代替三相四极漏电保护器。

5.1.7 主要材料设备选型和要求

1. 光伏支架

屋面支架采用热镀锌碳钢支架，组件采用背板或压块固定方式安装于铝合金檩条上。紧固件采用不锈钢材质。支架设计抗风能力 30m/s，保证户外长期使用的要求。

材质及性能要求：

（1）材质要求。所选用钢结构主材材质为 Q235B，焊条为 E43 系列焊条。

（2）力学性能要求。所选用钢结构主材的抗拉强度、伸长率、屈服点、冷弯试验等各项力学性能要求须符合《碳素结构钢》（GB/T 700—2007）的相关规定。

（3）化学成分要求。所选用钢结构主材的碳、硫、磷等化学元素的含量须符合《碳素结构钢》（GB/T 700—2007）的相关规定。

除锈方法及除锈等级要求：

（1）钢构件须进行表面处理，除锈方法和除锈等级应符合现行国家标准《涂装前钢材表面锈蚀等级和除锈等级》（GB/T 8923—2011）的相关规定。

（2）除锈方法。钢构件可采用喷砂或喷丸的除锈方法，若采用化学除锈方法时，应选用具备除锈、磷化、钝化两个以上功能的处理液，其质量应符合现行国家标准《多功能钢铁表面处理液通用技术条件》（GB/T 12612—2005）的规定。

（3）除锈等级。除锈等级应达到 Sa2 1/2 要求。

防腐要求：

（1）钢构件采用金属保护层的防腐方式。钢结构支架均采用热浸镀锌涂层，热浸镀锌须满足《金属覆盖层　钢铁制件热浸镀锌层技术要求及实验方法》（GB/T 13912—2002）的相关要求，镀锌层厚度不小于 80μm。

（2）镀锌厚度检测。镀锌层厚度按照《金属覆盖层　钢铁制件热浸镀锌层技术要求及实验方法》提供方法进行检测。

（3）热浸镀锌防变形措施。采取合理防变形镀锌方案，以防止构件在热浸镀锌后产生明显的变形。

铝合金材质：

① 材质要求。材质一般选用6061或6063等。

② 力学性能要求。所选用铝型材的基材质量、化学成分、力学性能必须符合GB 5237.1的相关规定。

③ 表面处理须满足技术要求，符合GB 5237.2—2004《铝合金建筑型材第2部分：阳极氧化、着色型材》。

④ 型材的外观质量符合GB 5237.2—2004中的规定，型材表面应整洁、光滑，不允许有裂纹、起皮、腐蚀和气泡等严重缺陷存在。

2. 水泥基础

水泥基础采用的为C30/20的标号，并进行为期20天的养护周期。尺寸根据设计图纸要求加入钢筋或预埋件。

3. 光伏组件

（1）光伏组件正常条件下的使用寿命不低于25年，组件功率标准严格按照TUV IEC61215，IEC61730中相关要求。在25年使用期限内输出功率不低于80%的标准功率。

（2）提供的多晶硅组件单件功率不能低于255W，同时光伏组件应具有高面积比的功率，功率与面积比不小于143.5W/m²。功率与质量比大于12W/kg，填充因子FF大于0.70。

（3）组件采用A级标准电池片封装（EL成像无缺陷），组件的电池上表面颜色均匀一致，无机械损伤，焊点无氧化斑。

（4）组件的每片电池与互连条应该排列整齐，组件的框架应整洁无腐蚀斑点。

（5）组件的封装层中不允许气泡或脱层在某一片电池与组件边缘形成一个通路，气泡或脱层的几何尺寸和个数应符合相应的产品详细规范规定。

（6）组件在正常条件下绝缘电阻不能低于200MΩ。

（7）光伏电池受光面应有较好的自洁能力；表面抗腐蚀、抗磨损能力应满足相应的国标要求。

（8）采用EVA、玻璃等层压封装的组件，EVA的交联度应在75%～85%，EVA与玻璃的剥离强度大于50N/cm。EVA与组件背板剥离强度大于40N/cm。

（9）承包方提供光伏组件测试数据，TUV标定的标准件校准测试设备，测试标准STC（$T=25℃$，$1000W/m^2$，$AM1.5$）。

4. 电缆

（1）光伏电缆必须通过国内或国际认证机构的认证，具有TUV认证、UL认证证书。

（2）直流侧电缆要以减少线损并防止外界干扰的原则选型，选用双绝缘防紫外线阻燃铜芯电缆，电缆性能符合GB/T 18950—2003性能测试的要求；推荐Z-PFG类型直流电缆。

（3）交流侧需要依敷设的形式和安全来选择，采用多股铜芯耐火阻燃电缆；推荐型号是ZR-YJVR。

5. 逆变器

光伏并网逆变器（下称逆变器）是光伏发电系统中的核心设备，必须采用高品质、性能良好的成熟产品。逆变器将光伏方阵产生的直流电（DC）逆变为单相正弦交流电（AC），输出符合电网要求的电能。逆变器应该满足以下要求：

（1）并网逆变器的功率因数和电能质量应满足中国电网要求，各项性能指标满足国网公司 2011 年 5 月发布的《光伏电站接入电网技术规定》要求。

（2）逆变器的安装应简便，无特殊性要求。

（3）逆变器应采用太阳电池组件最大功率跟踪技术（MPPT）。

（4）所采用逆变器均有安全运行 3 年以上业绩。

（5）逆变器要求能够自动化运行，运行状态可视化程度高。显示屏可清晰显示实时各项运行数据，实时故障数据，历史故障数据，总发电量数据，历史发电量（按月、按年查询）数据。

（6）逆变器要求具有故障数据自动记录存储功能，存储时间大于 10 年。

（7）逆变器本体要求具有直流输入分断开关，紧急停机操作开关。

（8）逆变器应具有短路保护、孤岛效应保护、过温保护、交流过流及直流过流保护、直流母线过电压保护、电网断电、电网过欠压、电网过欠频、光伏阵列及逆变器本身的接地检测及保护功能等，并相应给出各保护功能动作的条件和工况（即何时保护动作、保护时间、自恢复时间等）。

（9）逆变器须按照 CNCA/CTS0004:2009 认证技术规范要求，通过国家批准认证机构的认证。

（10）逆变器平均无故障时间不低于 10 年，使用寿命不低于 25 年。

（11）逆变器整机质保期不低于 5 年。

（12）逆变器应具有低电压穿越能力。

6. 交流汇流箱和并网柜

（1）开关柜采用标准模块化设计，由模数 $E=25\text{mm}$ 的各种标准单元组成，相同规格的单元具有良好的互换性。

（2）所有一次设备及元件短路动、热稳定电流应能承受不低于母线的动、热稳定电流值，且不损坏。所有电气元件应经过 CCC 认证，配电柜应提供全型式试验/部分型式试验，并具有足够运行业绩。

（3）主母线和分支母线材质均选高导电率的铜材料制造。当采用螺栓连接时，每个接头应不少于两个螺栓。

（4）接线。二次线端子排额定电压不低于 1000V，额定电流不小于 10A，具有隔板、标号线套和端子螺丝。每个端子排均应标以编号。

控制回路的导线均应选用绝缘电压不小于 1000V，除配电柜内二次插件的引接导线 采用 1.5mm² 的多股铜绞线外，其他导线采用截面不小于 2.5mm² 的多股铜绞线。导 线两端均要标以编号。端子排位置应考虑拆接线方便，并留有 20% 的备用量。端子排应采用阻燃型端子。

（5）主要元件选型。框架断路器，塑壳断路器，接触器，热继电器等采用国际国内优质产品，具备国内认证的产品。选用 ABB 断路器，菲尼克斯防雷器等高品质器件。

框架断路器自带智能保护单元配置；保护单元具有完善的三段式保护、上下级配合功能。

馈线塑壳断路器应采用电子式脱扣器或热磁式电子脱扣器。

开关柜内各个控制及显示元件如：选择开关、按钮、指示灯、继电器、电流互感器等应选用有运行经验的优质产品。

7. 光伏施工辅材

（1）桥架。施工过程中室外桥架使用的热镀锌桥架，所使用的螺丝均采取不锈钢系列或采取措施进行防锈的处理。锌层厚度对 5mm 以下薄板不得小于 65μm，对厚板不小于 86μm。

（2）防雷接地扁铁。所使用的扁铁参数为 25mm×4mm 和 4mm×40mm 的热镀锌的扁铁进行焊接。

（3）PVC 电力护套管材。主要应用于光伏交流侧的电缆敷设，所使用固定的护套管均采用不锈钢 304 螺丝。

（4）螺丝、螺母、螺帽。所使用的材质均采用 304 不锈钢材质，以达到固定力度和防锈功能。

5.1.8　防雷及消防设计

1. 分布式光伏电站的防雷设计

雷电是发生在因强对流天气而形成的雷雨云间和雷雨云与大地之间强烈的放电现象。全球任何时候大约有 2000 个地点出现雷暴，平均每天约发生 800 万次闪电，每次闪电在微秒级的瞬间放出约 55kW·h 的能量。

（1）雷电的危害

① 直接雷击（直击雷），即我们通常所说的闪电。直击雷具有热效应、电效应和机械效应三大效果，且雷电能量巨大，可瞬间造成被击物折损、坍塌等物理损坏和电击损害。

② 感应雷。雷云形成过程中，由于雷云中电荷的聚积，及闪电发生时雷云中电荷的急剧减少，会形成大范围的静电感应和电磁感应现象，从而造成雷电影响范围内（闪电发生处半径 2km 内）的金属导体出现高电位（强电压）和瞬间冲击电流（电涌）。可能造成的主要危害是由于电位差造成相邻导体产生电火花，电涌造成电源及信号线路发生击穿现象，造成线路短路，并侵入用电设备造成设备损坏。尤其是对低压电气系统和电子信息系统危害更大。

③ 传导雷。雷电击中地面物体尤其是建筑物时，雷电流泄放过程中经进出建筑物的金属管道、电源和信号线路向外传导（约为全部雷电流的 50%），从而对其他建筑物内的线路及设施造成危害。

（2）太阳能光伏电站易遭雷击的主要部位。太阳能光伏并网电站主要由太阳能电池方阵、并网逆变器、交直流配电柜等组成。电池板是由真空钢化玻璃夹层和四周的铝合金框架组成，铝合金框架与金属支架连接，电池板易遭受直击雷侵袭，也易遭受感应雷侵袭。逆变器、配电柜等电气设备易遭受感应雷和雷电波的侵入，另外在雷电的作用下，雷电波也可能侵入建筑内危及人身安全或损坏设备，严重的雷电袭击会对整个光伏电站造成极大的破坏。

（3）太阳能光伏并网发电系统的防雷。光伏电站在进行防雷设计时首先需考虑架设避雷针防止直击雷对光伏电站的伤害，同时也必须考虑防止雷电感应和雷电波侵入光伏发电系统。

太阳能光伏并网电站防雷的主要措施如图 5-61 所示。

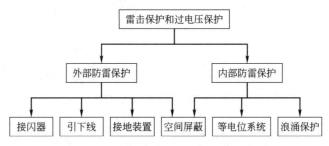

图 5-61　太阳能光伏并网电站防雷的主要措施

当光伏设备放置在已经建成的建筑物顶部时，应考虑到原有的外部防雷系统。如果光伏设备处于保护范围内，可以不用另加外部防雷系统，反之则要另加外部防雷系统，避雷针的布置需要既考虑光伏设备在保护范围内，又要尽量避免阴影投射到光伏组件上。良好的接地使接地电阻减小，才能把雷电流导入大地，减小地电位，各接地装置都要通过接地排相互连接以实现共地防止地电位反击。独立避雷针应设独立的集中接地装置，接地电阻必须小于10Ω。固定的金属支架大约每隔 10m 连接至接地系统。太阳能光伏发电设备和建筑的接地系统通过镀锌钢相互连接，在焊接处也要进行防腐防锈处理，这样既可以减小总接地电阻又可以通过相互网状交织连接的接地系统形成一个等电位面，显著减小雷电作用在各地线之间所产生的过电压。

（4）防雷接地系统的材料选用

① 避雷针。避雷针一般选用直径 12～16mm 的圆钢，如果采用避雷带，则使用直径8mm 的圆钢或厚度 4mm 的扁钢。避雷针高出被保护物的高度应大于等于避雷针到被保护物的水平距离，避雷针越高保护范围越大。

② 接地体。接地体宜采用热镀锌钢材，其规格一般为：直径 50mm 的钢管，壁厚不小于 3.5mm；50mm×50mm×5mm 角钢或 40mm×4mm 的扁钢，长度一般为 1.5～2.5m。接地体的埋设深度不小于 0.5m，连接焊接过的部位要重新做防腐防锈处理。

③ 引下线。引下线优先选用圆钢，直径不小于 8mm；如用扁钢，截面积应不小于$4mm^2$；要求较高的要使用截面积为 $35mm^2$ 的双层绝缘多股铜线。

④ 可选材料。成品型避雷针、石墨接地体模块、专用降阻剂。

（5）已经具有外部防雷系统并且保持隔离距离的建筑物（图 5-62）。在屋顶表面上搭建光伏设备时，应该考虑到现有的外部防雷系统。为此，光伏设备必须安装在外部防雷系统的保护分区内防止被直接雷击。

举例来说，通过使用适当的接闪装置（如：避雷针），可以防止光伏板遭到直接雷击。避雷针的布置必须使在形成的保护空间内放置的光伏模块可以避免遭到直接雷击；其次，必须防止任何阴影投射到光伏板上。务必注意，在光伏组件和金属部件（如：防雷装置、雨水槽、天窗、太阳能电池或天线系统）之间必须依据 IEC 62305-3（EN 62305-3）保持隔离距离。隔离距离按照 IEC 62305-3（EN 62305-3）进行计算。

（6）具有外部防雷系统但未保持隔离距离的建筑物（图 5-63）。为获得最大经济利润，通常整个屋顶都铺设光伏板。不过，从安装技术角度看，常常无法保持所要求的隔离距离。

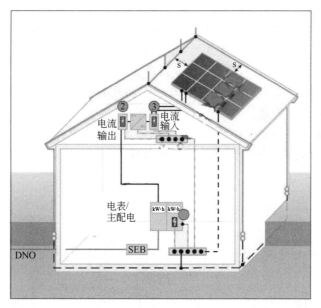

图 5-62 具有外部防雷系统且保持隔离距离建筑物的防雷示意

因此在这些位置必须建立外部防雷系统和金属光伏组件之间的直接等电位连接。在这种情况下，雷电流侵入建筑物内部的直流母线的风险必须予以考虑，因此必须进行合理等电位连接。

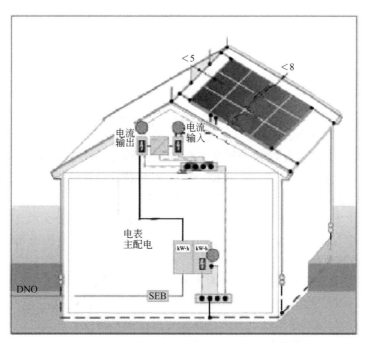

图 5-63 具有外部防雷系统但未保持隔离距离建筑物的防雷示意

（7）电气设备及金属外壳的等电位连接。从外部进入建筑物的所有导电部件需要接入等电位连接系统中：所有不带电的金属部件直接连到等电位系统，带电部件则通过安装电涌保护器间接接入等电位连接系统。

（8）浪涌保护。通过在带电电缆上安装浪涌保护器实现，减少电涌和雷电过电压对设备造成损坏。太阳能光伏并网发电系统的雷电浪涌入侵途径，除了太阳能电池方阵外，还有配电线路、接地线等，所以太阳能光伏并网发电系统需要采取以下防护措施：

① 在逆变器的每路直流输入端装设浪涌保护装置。

② 在并网接入控制柜中安装浪涌保护器，以防护沿连接电缆侵入的雷电波。为防止浪涌保护器失效时引起电路短路，必须在浪涌保护器前端串联一个断路器或熔断器，过电流保护器的额定电流不能大于浪涌保护器产品说明书推荐的过电流保护器的最大额定值。

图 5-64 为并网型光伏发电系统设备防雷示意图。

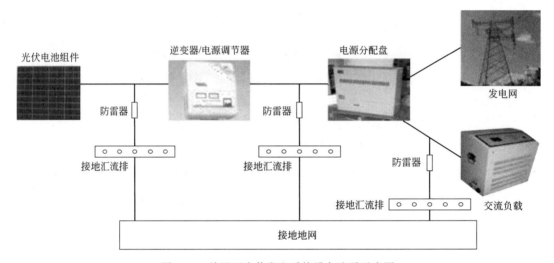

图 5-64　并网型光伏发电系统设备防雷示意图

（9）保险丝安装位置和选型。保险丝作为浪涌保护器的后备保护应位于浪涌保护器支路的前端，起过电流保护作用，其分断能力应等于或大于安装处的预期短路电流。

（10）选用和使用 SPD 注意事项。应在不同使用范围内选用不同性能的 SPD。在选用电源 SPD 时要考虑当地的雷暴日、当地电系统环境、是否有遭受过雷电过电压损害的历史、是否有外部防雷保护系统以及设备的额定工作电压、最大工作电压等因素。SPD 保护必须是多级的，在选用 SPD 时，应要求厂家提供相关 SPD 技术参数资料、安装指导意见。正确的安装才能达到预期的效果。SPD 的安装应严格依据厂方提供的安装要求进行。SPD 尽可能地引入线与引出线分开走线，并选择最短的路径，以避免导线上的电压降太高而损坏设备。SPD 的接地线与其他线路分开铺设，地线泻放雷电流时产生的磁场强度较大，分开50mm 以上，避免其他线路感应过电压。

（11）光伏发电站防雷解决方案设计的依据

① GB 50057—94《建筑物防雷设计规范》；

② GB 50343—2004《建筑物电子信息系统防雷技术规范》；

③ GB 50794—2012《光伏发电站施工规范》。

2. 分布式光伏电站的消防设计

（1）建（构）筑物火灾危险性分类

① 光伏发电站建（构）筑物火灾危险性分类及耐火等级应符合表 5-12 的规定。

表 5-12　建（构）筑物火灾危险性分类及其耐火等级

建（构）筑物名称		火灾危险性分类	耐火等级
综合控制楼（室）		戊	二级
继电器室		戊	二级
逆变器室		戊	二级
电缆夹层		丙	二级
配电装置楼（室）	单台设备油量 60kg 以上	丙	二级
	单台设备油量 60kg 及以下	丁	二级
	无含油设备	戊	二级
屋外配电装置	单台设备油量 60kg 以上	丙	二级
	单台设备油量 60kg 及以下	丁	二级
	无含油设备	戊	二级
油浸变压器室		丁	二级
气体或干式变压器室		丁	二级
电容器室（有可燃介质）		丙	二级
干式电容器室		丁	二级
油浸电抗器室		丙	二级
总事故贮油池		丙	一级
生活、消防水泵房		戊	二级
雨淋阀室、泡沫设备室		戊	二级
污水、雨水泵房		戊	二级
警卫室		戊	三级
汽车库		丁	二级

注：1. 当综合控制楼（室）未采取防止电缆着火后延伸的措施时，火灾危险性应为丙类。

2. 当将不同用途的变配电部分布置在一幢建筑物或联合建筑物内时，除另有防火隔离措施的，其建筑物火灾危险性分类及耐火等级应按火灾危险性类别高的确定。

3. 当电缆夹层电缆采用 A 类阻燃电缆时，其火灾危险性可为丁类。

② 建（构）筑物构件的燃烧性能和耐火极限应符合现行国家标准《建筑设计防火规范》GB 50016 的规定。

③ 电站内的建（构）筑物与电站外的民用建（构）筑物及各类厂房、库房、堆场、储罐之间的防火间距应符合现行国家标准《建筑设计防火规范》GB 50016 的规定。

④ 电站内的建（构）筑物及设备的防火间距不宜小于表 5-13 的规定。

⑤ 控制室室内装修应采用不燃材料。

⑥ 设置带油电气设备的建（构）筑物与贴邻或靠近该建（构）筑物的其他建（构）筑物之间必须设置防火墙。

⑦ 大、中型光伏发电站内的消防车道宜布置成环形；当为尽端式车道时，应设回车场地或回车道。消防车道宽度及回车场的面积应符合现行国家标准《建筑设计防火规范》GB 50016 的规定。

（2）变压器及其他带油电气设备

① 油量为 2500kg 及以上的屋外油浸变压器之间的最小间距应符合表 5-14 的规定。

表 5-13　电站内的建（构）筑物及设备的防火间距　　　　　　　单位：m

建（构）筑物名称		丙、丁、戊类生产建筑		屋外配电装置		电容器室(有可燃介质)	事故贮油池	生活建筑	
		耐火等级		每组断路器油量(t)				耐火等级	
		一、二级	三级	<1	≥1			一、二级	三级
丙丁戊类生产建筑	耐火等级 一、二级	10	12	—	10	10	5	10	12
	耐火等级 三级	12	14	—	10	10	5	12	14
屋外配电装置	每组断路器油量(t) <1	—	—	—	—	10	5	10	12
	每组断路器油量(t) ≥1	10	10	—	—	10	5	10	12
油浸变压器	单台设备油量(t) 5～10	10	10	见14.1.6条		10	5	15	20
	单台设备油量(t) >10～50	10	10	见14.1.6条		10	5	20	25
	单台设备油量(t) >50	10	10	见14.1.6条		10	5	25	30
干式变压器		—	—	—	—	—	5	10	12
电容器室(有可燃介质)		10	10	10	10	—	5	15	20
事故贮油池		5	5	5	5	5	—	10	12
生活建筑	耐火等级 一、二级	10	12	10	10	15	10	6	7
	耐火等级 三级	12	14	12	12	20	12	7	6

注：1. 建（构）筑物防火间距应按相邻两建（筑）物外墙的距离计算，如外墙有凸出的燃烧构件时，应从其凸出部分外缘算起。

2. 相邻两座建筑物两面的外墙为非燃烧体且无门窗、无外露的燃烧屋檐时，其防火间距可按本距离减少25%。

3. 相邻两座建筑两面较高一面的外墙如为防火墙时，其防火间距不限，但两座建筑物门窗之间的净距不应小于5m。

4. 生产建（构）筑物外墙5m以内布置油浸变压器或可燃介质电容器（无功补偿）等电气设备时，该墙在设备高度总高度加3m的水平线以下及设备外廊两侧各3m的范围内，不应设有门、窗、油口；当建（筑）物外墙距设备外廊5～10m时，在上述范围内的外墙可设甲级防火门，设备高度以上可设防火窗，其耐火极限不应小于0.90h。

表 5-14　屋外油浸变压器之间的最小间距　　　　　　　　单位：m

电压等级	最小间距
35kV 及以下	5
110kV	8
220kV 及以上	10

② 当油量为2500kg及以上的屋外油浸变压器之间的防火间距不能满足本规范表5-14的要求时，应设置防火墙。防火墙的高度应高于变压器油枕，其长度不应小于变压器的储油池两侧各1m。

③ 油量为2500kg及以上的屋外油浸变压器与本回路油量为600kg以上且2500kg以下的带油电气设备之间的防火间距不应小于5m。

④ 35kV以上屋内配电装置必须安装在有不燃烧实体墙的间隔内，不燃烧实体墙的高度严禁低于配电装置中带油设备的高度。总油量超过100kg的屋内油浸变压器必须设置单独的变压器室，并设置灭火设施。

⑤ 屋内单台总油量为100kg以上的电气设备应设置贮油或挡油设施。挡油设施的容积宜按油量的20%设计，并应设置将事故油排至安全处的设施。当不能满足上述要求时，应设置能容纳全部油量的贮油设施。

⑥ 屋外单台油量为1000kg以上的电气设备应设置贮油或挡油设施。当设置容纳油量的

20%贮油或挡油设施时，应设置将油排至安全处的设施。当不能满足上述要求时，应设置能容纳全部油量的贮油或挡油设施。当设置有油水分离措施的总事故贮油池时，其容量宜按最大一个油箱容量的60%确定。贮油或挡油设施应大于变压器外廓每边各1m。

⑦ 贮油设施内应铺设卵石层，其厚度不应小于250mm，卵石直径宜为50～80mm。

（3）电缆

① 当控制电缆或通信电缆与电力电缆敷设在同一电缆沟内时，宜采用防火槽盒或防火隔板进行分隔。

② 电缆沟道的下列部位应设置防火分隔措施：

a. 电缆从室外进入室内的入口处；

b. 穿越控制室、配电装置室处；

c. 电缆沟道间隔100m处；

d. 电缆沟道分支引接处；

e. 控制室与电缆夹层之间。

（4）建（构）筑物的安全疏散和建筑构造

① 变压器室、电缆夹层、配电装置室的门应向疏散方向开启；当门外为公共走道或其他房间时，该门应采用乙级防火门。配电装置室的中间隔墙上的门应采用不燃材料制作的双向弹簧门。

② 建筑面积超过250m²的主控室、配电装置室、电缆夹层，其疏散出口不宜少于两个，楼层的第二个出口可设在固定楼梯的室外平台处。当配电装置室的长度超过60m时，应增设一个中间疏散出口。

（5）消防给水、灭火设施及火灾自动报警

① 在进行光伏发电站的规划和设计时，应同时设计消防给水系统。消防水源应有可靠的保证。当电站内的建筑物满足耐火等级不低于二级，建筑物单体体积不超过3000m³且火灾危险性为戊类时，可不设置消防给水系统。

② 光伏发电站同一时间内的火灾次数应按一次确定。

③ 光伏发电站消防给水量应按火灾时一次最大消防用水量的室内和室外消防用水量之和计算。

④ 含逆变器室、就地升压变压器的光伏方阵区不宜设置消防水系统。

⑤ 除采用水喷雾主变压器消火栓的光伏电发站之外，光伏电发站屋外配电装置区域可不设置消火栓。

⑥ 电站室外消火栓用水量不应小于表5-15的规定。

表 5-15　室外消火栓用水量　　　　　　　　　　　　　　　　　单位：L/s

建筑物耐火等级	建筑物火灾危险性类别	建筑物体积/m³			
		≤1500	1501～3000	3001～5000	5001～20000
一、二级	丙类	10	15	20	25
	丁、戊类	10	10	10	15
	生活建筑	10	15	15	20

注：1. 室外消火栓用水量应按消防用水量最大的一座建筑物计算；

2. 当变压器采用水喷雾灭火系统时，变压器室外消火栓用水量不小于10L/s。

⑦ 电站室内消火栓用水量不应小于表 5-16 的规定。

表 5-16　室内消火栓用水量　　　　　　　　　　单位：L/s

建筑物名称	高度、体积	消火栓用水量 /(L/s)	同时使用水枪 数量/支	每支水枪 最小流量/(L/s)	每根竖管 最小流量/(L/s)
综合控制楼、 配电装置楼、继 电器室、变压器 室、电容器室	高度≤24m 体积≤10000m³	5	2	2.5	5
	高度≤24m 体积＞10000m³	10	2	5	10
	高度≤24～50m	25	5	5	15
其他建筑	高度≤24m 体积≤10000m³	10	2	5	10

⑧ 光伏发电站内建（构）筑物符合下列条件时可不设室内消火栓

a. 耐火等级为一、二级且可燃物较少的单层和多层的丁、戊类建筑物。

b. 耐火等级为三级且建筑体积小于 3000m³ 的丁类建筑物和建筑体积不超过 5000m³ 的戊类建筑物。

c. 室内没有生产、生活用水管道，室外消防用水取自储水池且建筑体积不超过 5000m³ 的建筑物。

⑨ 消防管道、消防水池的设计应符合现行国家标准《建筑设计防火规范》GB 50016 的规定。

⑩ 单台容量为 125MVA 及以上的主变压器应设置水喷雾灭火系统、合成型泡沫灭火喷雾系统或其他固定式灭火系统装置。其他带油电气设备宜采用干粉灭火器。当油浸式变压器布置在地下室时，宜采用固定式灭火系统。

⑪ 当油浸式变压器采用水喷雾灭火时，水喷雾灭火系统的设计应符合现行国家标准《水喷雾灭火系统设计规范》GB 50219 的规定。

⑫ 光伏发电站的建（构）筑物与设备火灾类别及危险等级应符合表 5-17 的规定。

表 5-17　建（构）筑物与设备火灾类别及危险等级

建(构)筑物名称	火灾危险类别	危险等级
综合控制楼(室)	E(A)	严重
配电装置楼(室)	E(A)	中
逆变器室	E(A)	中
继电器室	E(A)	中
油浸变压器(室)	B	中
电抗器	B	中
电容器室	E(A)	中
蓄电池室	C(A)	中
电缆夹层	E(A)	中
生活消防水泵房	A	轻

续表

建(构)筑物名称	火灾危险类别	危险等级
污水、雨水泵房	A	轻
警卫室	A	轻
车库	B	中

⑬ 灭火器的设置应符合现行国家标准《建筑灭火器配置设计规范》GB 50140 的规定。

⑭ 大型或无人值守的光伏发电站在综合控制楼（室）、配电装置楼（室）、继电器间、可燃介质电容器室、电缆夹层及电缆竖井处应设置火灾自动报警系统。

⑮ 电站主要建（构）筑物和设备火灾探测报警系统应符合表 5-18 的规定。

表 5-18　主要建（构）筑物和设备火灾探测报警系统

建(构)筑物和设备	火灾探测器类型
综合控制楼(室)	感烟
配电装置楼(室)	感烟
电缆层和电缆竖井	线型感温
继电器室	感烟
可燃介质电容器室	感烟

⑯ 火灾自动报警系统的设计应符合现行国家标准《火灾自动报警系统设计规范》GB 50116 的规定。

⑰ 消防控制室应与电站主控制室合并设置。

（6）消防供电及应急照明

① 光伏发电站的消防供电应符合下列要求：

a. 消防水泵、火灾探测报警、火灾应急照明应按Ⅱ类负荷供电。

b. 消防用电设备采用双电源或双回路供电时，应在最末一级配电箱处自动切换。

c. 应急照明可采用蓄电池作备用电源，其连续供电时间不应小于 20min。

② 火灾应急照明和疏散标志应符合下列要求：

a. 电站主控室、配电装置室和建筑疏散通道应设置应急照明。

b. 人员疏散用的应急照明的照度不应该低于 0.5LX，连续工作应急照明不应低于正常照明。

5.2　电站的建设[1,3,4]

1. 基本规定

（1）开工前应具备下列条件

① 在工程开始施工之前，建设单位应取得相关的施工许可文件。

② 施工现场应具备水通、电通、路通、电信通及场地平整的条件。

③ 施工单位的资质、特殊作业人员资格、施工机械、施工材料、计量器具等应报监理

单位或建设单位审查完毕。

④ 开工所必需的施工图应通过会审；设计交底应完成；施工组织设计及重大施工方案应已审批；项目划分及质量评定标准应确定。

⑤ 施工单位根据施工总平面布置图要求布置施工临建设施应完毕。

⑥ 工程定位测量基准应确立。

（2）设备和材料的规格应符合设计要求，不得在工程中使用不合格的设备材料。

（3）进场设备和材料的合格证、说明书、测试记录、附件、备件等均应齐全。

（4）设备和器材的运输、保管，应符合本制度要求；当产品有特殊要求时，应满足产品要求的专门规定。

（5）隐蔽工程应符合下列要求。

① 隐蔽工程隐蔽前，施工单位应根据工程质量评定验收标准进行自检，自检合格后向监理方提出验收申请。

② 应经监理工程师验收合格后方可进行隐蔽，隐蔽工程验收签证单应按照现行行业标准《电力建设施工质量验收及评定规程》DL/T 5210 相关要求的格式进行填写。

（6）施工过程记录及相关试验记录应齐全。

（7）当工程具备验收条件时，应及时申请验收并提交相关验收资料。未经验收或验收不合格的工程不得交付使用或进行后续工程施工。

（8）施工现场应设置"五牌一图"，现场围栏应满足相关要求。

2. 土建工程

（1）一般规定

① 土建工程的施工应按照现行国家标准《建筑工程施工质量验收统一标准》GB 50300 的相关规定执行。

② 基坑工程应满足《建筑地基基础施工质量验收规范》GB 50202、《建筑基坑支护规程》JGJ120、《建筑桩基技术规范》JGJ94 的要求。

③ 测量放线工作应按照现行国家标准《工程测量规范》GB 50026 的相关规定执行。

④ 土建工程中使用的原材料进厂时，应进行下列检测。

a. 原材料进场时应对品种、规格、外观和尺寸进行验收，材料包装应完好，应有产品合格证、中文说明书及相关性能的检测报告。

b. 钢筋进场时，应按现行国家标准《钢筋混凝土用钢》GB 1499 等的规定抽取试件作力学性能检验。

c. 水泥进场时，应对其品种、级别、包装或散装仓号、出厂日期等进行检查，并应对其强度、安定性及其他必要的性能指标进行复验，其质量应符合现行国家标准《通用硅酸盐水泥》GB 175 等的规定。

⑤ 当国家规定或合同约定应对材料进行见证检测时或对材料的质量发生争议时，应进行见证检测。

⑥ 原材料进场后应分类进行保管，对钢筋、水泥等材料应存放在能避雨、雪的干燥场所，并应做好各项防护措施。

⑦ 模板及其支架应根据工程结构形式、荷载大小、地基土类别、施工设备和材料供应等条件进行设计、制作。模板及其支架应具有足够的承载能力、刚度和稳定性，能可靠地承受浇筑混凝土的重量、侧压力以及施工荷载。

⑧ 混凝土应严格按照试验室配合比进行拌制，混凝土强度检验应符合《混凝土强度检验评定标准》GB 50107 相关规定；混凝土结构工程的施工应符合现行国家标准《混凝土结构工程施工质量验收规范》GB 50204 的相关规定。

⑨ 如混凝土中掺用外加剂，相关质量及应用技术应符合现行国家标准《混凝土外加剂》GB 8076、《混凝土外加剂应用技术规范》GB 50119 等规定。

⑩ 混凝土的冬期施工应符合现行行业标准《建筑工程冬期施工规程》JGJ/T 104 的相关规定。

⑪ 混凝土养护应按施工技术方案及时采取有效措施，并应符合下列规定。

a. 应在浇筑完毕后的 12h 以内对混凝土加以覆盖并保湿养护；浇水次数应能保持混凝土处于湿润状态；混凝土养护用水应与拌制用水相同。

b. 混凝土浇水养护的时间：对采用硅酸盐水泥、普通硅酸盐水泥或矿渣硅酸盐水泥拌制的混凝土，不得少于 7d；对掺用缓凝型外加剂或有抗渗要求的混凝土，不得少于 14d。

c. 采用塑料薄膜覆盖养护的混凝土，其全部表面应覆盖严密，并应保持塑料布内有凝结水。

⑫ 现浇混凝土基础浇筑结束后，如需进行沉降观测，应及时设立沉降观测标志，做好沉降观测记录。

⑬ 隐蔽工程可包括：混凝土浇筑前的钢筋检查、混凝土基础基槽回填前的质量检查等。隐蔽工程的验收应符合本制度第 1.5 条的要求。

(2) 土方工程

① 光伏电站宜随地势而建。当根据图纸设计要求需要进行土方平整时，应按照先进行土方平衡与调配工作，然后再进行测量放线与土方开挖等工作的顺序进行。

② 开挖场地内存在原有的沟道、管线等地下设施时，土方开挖之前应对原有的地下设施做好标记或相应的保护措施。

③ 工程施工之前应根据施工设计等资料，建立全场高程控制网及平面控制网。高程控制点与平面控制点应采取必要保护措施，并应定期进行复测。

④ 土方开挖宜按照阵列方向通长开挖。在保证基坑安全的前提下，需要回填的土方宜就近堆放，多余的土方应运至弃土场地堆放。

⑤ 土方回填之前应检查回填土的含水量，并分层夯实。对有回填密实度要求的，应试验检测合格。

(3) 支架基础

① 现浇混凝土支架基础的施工应符合下列规定。

a. 在混凝土浇筑前应先进行基槽验收，轴线、基坑尺寸、基底标高应符合设计要求。基坑内浮土、水、杂物应清除干净。

b. 在基坑验槽后应立即浇筑垫层混凝土。

c. 支架基础混凝土浇筑前应对基础标高、轴线及模板安装情况做细致的检查并做自检记录，对钢筋隐蔽工程应进行验收，预埋件应按照设计图纸进行安装。

d. 基础拆模后，应由监理或建设单位、施工单位对外观质量和尺寸偏差进行检查，作出记录，并应及时按验收标准对缺陷进行处理。

e. 外露的金属预埋件应进行防腐防锈处理。

f. 在同一支架基础混凝土浇筑时，宜一次浇筑完成，混凝土浇筑间歇时间不应超过混土初凝时间，超过混凝土初凝时间应做施工缝处理。

g. 条形基础的施工缝应尽量设置在设计图纸的结构缝处。

h. 凝混凝土浇筑完毕后，应及时采取有效的养护措施。

i. 支架基础在安装支架前，混凝土养护应达到70％强度。

j. 支架基础的混凝土施工应根据与施工方式相一致的且便于控制施工质量的原则，按工作班次及施工段划分为若干检验批。

k. 预制混凝土基础不应有影响结构性能、使用功能的尺寸偏差，对超过尺寸允许偏差且影响结构性能、使用功能的部位，应按技术处理方案进行处理，并重新进行检查验收。

② 桩式基础的施工应符合下列规定。

a. 压（打、旋）式桩在进场后和施工前应进行外观及桩体质量检查。静压预制桩的桩头应安装钢桩帽。

b. 成桩设备的就位应稳固，设备在成桩过程中不应出现倾斜和偏移。就位的桩应保持竖直，使千斤顶、桩节及压桩孔轴线重合，不应偏心加压。

c. 压桩过程中应检查压力、桩垂直度及压入深度。

d. 压桩应该连续进行，同一根桩中间间歇不宜超过30min。压桩速度一般不宜超过2m/min。

e. 灌注桩成孔钻具上应设置控制深度的标尺，并应在施工中进行观测记录。

f. 灌注桩施工中应对成孔、清渣、放置钢筋笼、灌注混凝土（水泥浆）等进行全过程检查。

g. 灌注桩成孔质量检查合格后，应尽快灌注混凝土（水泥浆）。

h. 钢管桩外侧宜包裹土工膜，钢管内应通过填粒注浆防腐。

i. 采用桩式支架基础的强度和承载力检测，宜按照控制施工质量的原则，分区域进行抽检。

③ 屋面钢结构基础的施工应符合下列规定。

a. 钢结构基础施工应不损害原建筑物主体结构，并应保证钢结构基础与原建筑物承重结构的连接牢固、可靠。

b. 新建屋面的支架基础宜与主体结构一起施工。

c. 接地的扁钢、角钢的焊接处应进行防腐处理。

d. 采用钢结构作为支架基础时，屋面防水工程施工应在钢结构支架施工前结束，钢结构支架施工过程中不应破坏屋面防水层。

e. 如根据设计要求不得不破坏原建筑物防水结构时，应根据原防水结构重新进行防水处理。

④ 支架基础和预埋螺栓（预埋件）的偏差应符合下列规定。

a. 混凝土独立基础、条形基础的尺寸允许偏差应符合表5-19的规定。

b. 桩式基础尺寸允许偏差应符合表5-20的规定。

c. 支架基础预埋螺栓（预埋件）允许偏差应符合表5-21的规定。

（4）场地及地下设施

① 道路应按照运输道路与巡检人行道路等不同的等级进行设计与施工。

② 光伏发电站道路的施工宜采用永临结合的方式进行。

③ 电缆沟的施工除符合设计图纸要求外，尚应符合以下要求。

表 5-19　混凝土独立基础、条形基础的尺寸允许偏差

项目名称		允许偏差/mm
轴线		±10
顶标高		0，−10
垂直度	每米	≤5
	全高	≤10
截面尺寸		±20

表 5-20　桩式基础尺寸允许偏差表

项目名称		允许偏差/mm
桩位		D/10 且≤30
桩顶标高		0，−10
垂直度	每米	≤5
	全高	≤10
桩径（截面尺寸）	灌注桩	±10
	混凝土预制桩	±5
	钢桩	±0.5%D

表 5-21　支架基础预埋螺栓（预埋件）允许偏差表

项目名称		允许偏差/mm
标高偏差	预埋螺栓	+20，0
	预埋件	0，−5
轴线偏差	预埋螺栓	+2
	预埋件	±5

a. 在电缆沟道至上部控制屏部分及电缆竖井采用防火胶泥封堵。

b. 电缆沟道在建筑物入口处设置防火隔断或防火门。

c. 电缆沟每隔 60m 及电缆支沟与主沟道的连接处均设置一道防火隔断，并且在防火隔断两侧电缆上涂刷不少于 1m 长的防火涂料。

d. 电缆沟的预留孔洞、室外电缆沟盖板应做好防水措施。

e. 电缆沟沟底设半圆形排水槽、阶梯式排水坡和集水井。

④ 场区给排水管道的施工应符合以下要求。

a. 地埋的给排水管道应与道路或地上建筑物的施工统筹考虑，先地下再地上，管道回填后尽量避免二次开挖，管道埋设完毕应在地面做好标识。

b. 地下给排水管道应按照设计要求做好防腐及防渗漏处理，并注意管道的流向与坡度。

c. 雨水井口应按设计要求施工，如设计文件未明确时，现场施工应与场地标高协调一致；一般宜低于场地 20～50mm，雨水口周围的局部场地坡度宜控制在 1%～3%；施工时应在集水口周围采取滤水措施。

（5）建（构）筑物

① 光伏电站建（构）筑物应包括光伏方阵内建（构）筑物、站内建（构）筑物、大门、

围墙等，光伏方阵内建（构）筑物主要是指变配电室等建（构）筑物。

② 设备基础应严格控制基础外露高度、尺寸与上部设备的匹配统一，混凝土基础表面应一次压光成型，不应进行二次抹灰。

③ 电站大门位置、朝向应满足进站道路及设备运输需要。站区围墙应规整，避免过多凸凹尖角，大门两侧围墙应尽可能为直线。

④ 电站建筑工程施工应满足相关规范要求。

3. 安装工程

（1）一般规定

① 设备的运输与保管应符合下列规定。

a. 在吊、运过程中应做好防倾覆、防震和防护面受损等安全措施。必要时可将装置性设备和易损元件拆下单独包装运输。当产品有特殊要求时，尚应符合产品技术文件的规定。

b. 设备到场后应作下列检查：

1）包装及密封应良好。

2）开箱检查型号、规格应符合设计要求，附件、备件应齐全。

3）产品的技术文件应齐全。

4）外观检查应完好无损。

c. 设备宜存放在室内或能避雨、雪、风、沙的干燥场所，并应做好防护措施。

d. 保管期间应定期检查，做好防护工作。

② 光伏电站的中间交接验收应符合下列规定。

a. 光伏电站工程中间交接项目可包含：升压站基础、高低压盘柜基础、逆变器基础、电气配电间、支架基础、电缆沟道、设备基础二次灌浆等。

b. 土建交付安装项目时，应由土建专业填写"中间交接验收签证单"，并提供相关技术资料，交安装专业查验。中间交接验收签证书可按本制度附录A的格式填写。

c. 中间交接项目应通过质量验收，对不符合移交条件的项目，移交单位负责整改合格。

③ 光伏电站的隐蔽工程施工应符合下列规定。

a. 光伏电站安装工程的隐蔽工程应包括：接地装置、直埋电缆、高低压盘柜母线、变压器吊罩等。

b. 隐蔽工程隐蔽之前，承包人应根据工程质量评定验收标准进行自检，自检合格后向监理部提出验收申请。

c. 监理工程师应在约定的时间组织相关人员与承包人共同进行检查验收。如检测结果表明质量验收合格，监理工程师应在验收记录上签字，承包人可以进行工程隐蔽和继续施工；验收不合格，承包人应在监理工程师限定的期限内整改，整改后重新验收。

（2）支架安装

① 支架安装前应做下列准备工作。

a. 采用现浇混凝土支架基础时，应在混凝土强度达到设计强度的70%后进行支架安装。

b. 支架到场后应作下列检查。

1）外观及保护层应完好无损。

2）型号、规格及材质应符合设计图纸要求，附件、备件应齐全。

3）产品的技术文件安装说明及安装图应齐全。

4）支架宜存放在能避雨、雪、风、沙的场所，存放处不得积水，应做好防潮防护措施。

c. 如存放在滩涂、盐碱等腐蚀性强的场所应做好防腐蚀工作。保管期间应定期检查，做好防护工作。

d. 支架安装前安装单位应按照方阵土建基础"中间交接验收签证书"的技术要求对水平偏差和定位轴线的偏差进行查验，不合格的项目应进行整改后再进行安装。

② 固定式支架及手动可调支架的安装应符合下列规定。

a. 支架安装和紧固应符合下列要求。

1）钢构件拼装前应检查清除飞边、毛刺、焊接飞溅物等，摩擦面应保持干燥、整洁，不宜在雨雪环境中作业。

2）支架的紧固度应符合设计图纸要求及《钢结构工程施工质量验收规范》GB 50205 中相关章节的要求。

3）组合式支架宜采用先组合框架后组合支撑及连接件的方式进行安装。

4）螺栓的连接和紧固应按照厂家说明和设计图纸上要求的数目和顺序穿放。不应强行敲打，不应气割扩孔。对热镀锌材质的支架，现场不宜打孔。

5）手动可调式支架调整动作应灵活，高度角范围应满足技术协议中定义的范围。

6）支架安装过程中不应破坏支架防腐层。

b. 支架安装的垂直度和角度应符合下列规定。

1）支架垂直度偏差每米不应大于±1°，支架角度偏差度不应大于±1°。

2）对不能满足安装要求的支架，应责成厂家进行现场整改。

3）固定及手动可调支架安装的允许偏差应符合表 5-22 中的规定

表 5-22　固定及手动可调支架安装的允许偏差

项目名称	允许偏差/mm
中心线偏差	≤2
梁标高偏差（同组）	≤3
立柱面偏差（同组）	≤3

③ 支架的现场焊接工艺除应满足设计及规范要求外，还应符合下列要求。

a. 焊接工作完毕后，应对焊缝进行检查。

b. 支架的焊接工艺应满足设计要求，焊接部位应做防腐处理。

c. 支架的接地应符合设计要求，且与地网连接可靠，导通良好。

（3）光伏组件安装

① 光伏组件的运输与保管应符合制造厂的相关规定。

② 组件安装前应作如下准备工作：

a. 支架的安装工作应通过质量验收。

b. 光伏组件的型号、规格应符合设计要求。

c. 宜按照光伏组件的电压、电流参数进行分类和组串。

d. 组件的外观及各部件应完好无损。

e. 安装人员应经过相关安装知识培训和技术交底。

③ 光伏组件的安装应符合下列规定。

a. 光伏组件安装应按照设计图纸进行。

b. 光伏组件固定螺栓的力矩值应符合制造厂或设计文件的规定。

c. 组件安装允许偏差应符合表 5-23 规定：

表 5-23　组件安装允许偏差

项目名称	允许偏差	
倾斜角度偏差	±1°	
光伏组件边缘高差	相邻光伏组件间	≤2mm
	同组光伏组件间	≤5mm

④ 光伏组件之间的接线应符合以下要求。

a. 光伏组件连接数量和路径应符合设计要求。

b. 光伏组件间接插件应连接牢固。

c. 外接电缆同插接件连接处应搪锡。

d. 光伏组件进行组串连接后应对光伏组件串的开路电压和短路电流进行测试。

e. 光伏组件间连接线可利用支架进行固定，并应整齐、美观。

f. 同一光伏组件或光伏组件串的正负极不应短接。

⑤ 光伏组件的安装和接线还应注意如下事项。

a. 光伏组件在安装前或安装完成后应进行抽检测试。

b. 光伏组件安装和移动的过程中，不应拉扯导线。

c. 光伏组件安装时，不应造成玻璃和背板的划伤或破损。

d. 光伏组件之间连接线不应承受外力。

e. 单元间组串的跨接线缆如采用架空方式敷设，宜采用 PVC 管进行保护。

f. 施工人员安装光伏组件过程中不应在光伏组件上踩踏。

g. 进行组件连线施工时，施工人员应配备安全防护用品。不得触摸金属带电部位。

h. 对组串完成但不具备接引条件的部位，应用绝缘胶布包扎好。

i. 严禁在雨天进行组件的连线工作。

j. 组件在安装前或安装完成后应进行抽检测试，测试结果应按照本规范附录 B 的格式进行填写。

⑥ 光伏组件接地应符合下列要求。

a. 带边框的组件应将边框可靠接地。

b. 不带边框的组件，其接地做法应符合制造厂要求。

c. 组件接地电阻应符合设计要求。

(4) 汇流箱安装

① 汇流箱安装前应做如下准备。

a. 汇流箱的防护等级等技术标准应符合设计文件和合同文件的要求。

b. 汇流箱内元器件完好，连接线无松动。

c. 汇流箱的所有开关和熔断器应处于断开状态。

d. 汇流箱进线端及出线端与汇流箱接地端绝缘电阻不应小于 20MΩ。

② 汇流箱安装应符合以下要求。

a. 安装位置应符合设计要求。支架和固定螺栓应为防锈件。

b. 汇流箱安装的垂直度允许偏差应小于 1.5mm。

c. 汇流箱的接地应牢固、可靠。接地线的截面应符合设计要求。

③ 汇流箱内光伏组件串的电缆接引前，必须确认光伏组件侧和逆变器侧均有明显断开点。

（5）逆变器安装

① 逆变器安装前应作如下准备。

a. 逆变器安装前，建筑工程应具备下列条件。

1）屋顶、楼板应施工完毕，不得渗漏。

2）室内地面基层应施工完毕，并应在墙上标出抹面标高；室内沟道无积水、杂物；门、窗安装完毕。

3）进行装饰时有可能损坏已安装的设备或设备安装后不能再进行装饰的工作应全部结束。

b. 对安装有妨碍的模板、脚手架等应拆除，场地应清扫干净。

c. 混凝土基础及构件到达允许安装的强度，焊接构件的质量符合要求。

d. 预埋件及预留孔的位置和尺寸，应符合设计要求，预埋件应牢固。

e. 检查安装逆变器的型号、规格应正确无误；逆变器外观检查完好无损。

f. 运输及就位的机具应准备就绪，且满足荷载要求。

g. 大型逆变器就位时应检查道路畅通，且有足够的场地。

② 逆变器的安装与调整应符合下列要求。

a. 采用基础型钢固定的逆变器，逆变器基础型钢安装的允许偏差应符合表 5-24 的规定。

表 5-24　逆变器基础型钢安装的允许偏差

项目名称	允许偏差	
	mm/m	mm/全长
不直度	<1	<3
水平度	<1	<3
位置误差及不平行度	—	<3

b. 基础型钢安装后，其顶部宜高出抹平地面 10mm。基础型钢应有明显的可靠接地。

c. 逆变器的安装方向应符合设计规定。

d. 逆变器安装在震动场所，应按设计要求采取防震措施。

e. 逆变器与基础型钢之间固定应牢固可靠。

③ 逆变器内专用接地排必须可靠接地，100kW 及以上的逆变器应保证两点接地；金属盘门应用裸铜软导线与金属构架或接地排可靠接地。

④ 逆变器直流侧电缆接线前必须确认汇流箱侧有明显断开点。

⑤ 逆变器交流侧和直流侧电缆接线前应检查电缆绝缘，校对电缆相序和极性。

⑥ 电缆接引完毕后，逆变器本体的预留孔洞及电缆管口应做好防火封堵。

（6）电气二次系统

① 二次系统盘柜不宜与基础型钢焊死。如继电保护盘、自动装置盘、远动通讯盘等。

② 二次系统元器件安装除应符合《电气装置安装程工程盘、柜及二次回路接线施工及验收规范》GB 50171 的相关规定外，还应符合制造厂的专门规定。

③ 调度通讯设备、综合自动化及远动设备应由专业技术人员或厂家现场服务人员进行安装或指导安装。

（7）其他电气设备安装

① 光伏电站其他电气设备的安装应符合现行国家有关电气装置安装工程施工及验收规范的要求。

② 光伏电站其他电气设备的安装应符合设计文件和生产厂家说明书及订货技术条件的有关要求。

③ 安防监控设备的安装应符合《安全防范工程技术规范》GB 50348 的相关规定。

④ 环境监测仪的安装应符合设计和生产厂家说明书的要求。

（8）防雷与接地

① 光伏发电站防雷系统的施工应按照设计文件的要求进行。

② 光伏电站防雷与接地系统安装应符合《电气装置安装工程 接地装置施工及验收规范》GB 50169 的相关规定和设计文件的要求。

③ 地面光伏系统的金属支架应与主接地网可靠连接。屋顶光伏系统的金属支架应与建筑物接地系统可靠连接。

④ 带边框的光伏组件应将边框可靠接地；不带边框的光伏组件，其接地做法应符合设计要求。

⑤ 盘柜、汇流箱及逆变器等电气设备的接地应牢固可靠、导通良好，金属盘门应用裸铜软导线与金属构架或接地排可靠接地。

⑥ 光伏发电站的接地电阻阻值应满足设计要求。

（9）架空线路及电缆

① 电缆线路的施工应符合《电气装置安装工程 电缆线路施工及验收规范》GB 50168 的相关规定；安防综合布线系统的线缆敷设应符合《建筑与建筑群综合布线系统工程设计规范》GB/T 50311 的相关规定。

② 通信电缆及光缆的敷设应符合《光缆.第 3-12 部分：室外电缆.房屋布线用管道和直埋通信光缆的详细规范》IEC 60794-3-12-2005。

③ 架空线路的施工应符合《电气装置安装工程 35kV 及以下架空电力线路施工及验收规范》GB 50173 和《110～500kV 架空送电线路施工及验收规范 》GB 50233 的有关规定。

④ 线路及电缆的施工还应符合设计文件中的相关要求。

4. 设备和系统调试

（1）一般规定

① 调试单位和人员应具备相应资质并通过报验。

② 调试方案应报审完毕，调试设备应检定合格。

③ 使用万用表进行测量时，必须保证万用表挡位和量程正确。

④ 设备和系统调试前，安装工作应完成并通过验收。

⑤ 设备和系统调试前，建筑工程应具备下列条件。

a. 所有装饰工作应完毕并清扫干净。

b. 装有空调或通风装置等特殊设施的，应安装完毕，投入运行。

c. 受电后无法进行或影响运行安全的工作，应施工完毕。

（2）光伏组件串测试

① 光伏组件串测试前应具备下列条件。

a. 所有组件应按照设计文件数量和型号组串并接引完毕。

b. 汇流箱内防反二极管极性应正确。

c. 汇流箱内各回路电缆接引完毕，且标示清晰、准确。

d. 汇流箱内的熔断器或开关在断开位置。

e. 汇流箱及内部防雷模块接地应牢固、可靠，且导通良好。

f. 调试人员应具备相应电工资格或上岗证并配备相应劳动保护用品。

g. 监控回路应具备调试条件。

h. 辐照度宜在高于或等于 $700W/m^2$ 的条件下测试。

② 光伏组件串的检测应符合下列规定：

a. 汇流箱内测试光伏组件串的极性应正确。

b. 相同测试条件下的相同光伏组件串之间的开路电压偏差不应大于 2%，但最大偏差不应超过 5V。

c. 组件串电缆温度应无超常温的异常情况，确保电缆无短路和破损。

d. 直接测试组件串短路电流时，应由专业持证上岗人员操作并采取相应的保护措施防止拉弧。

e. 在并网发电情况下，使用钳形万用表对组件串电流进行检测。相同测试条件下且辐照度不应低于 $700W/m^2$ 时，相同光伏组件串之间的电流偏差不应大于 5%。

f. 光伏组串测试完成后，应按照本制度附录 C 的格式填写记录。

③ 逆变器投入运行前，宜将逆变单元内所有汇流箱均测试完成。

④ 逆变器在投入运行后，汇流箱内光伏组串的投、退顺序应符合下列规定：

a. 汇流箱的总开关具备断弧功能时，其投、退应按下列步骤执行：

1）先投入光伏组件串小开关或熔断器，后投入汇流箱总开关。

2）先退出汇流箱总开关，后退出光伏组件串小开关或熔断器。

b. 汇流箱总输出采用熔断器，分支回路光伏组串的开关具备断弧功能时，其投、退应按下列步骤执行：

1）先投入汇流箱总输出熔断器，后投入光伏组件串小开关。

2）先退出箱内所有光伏组件串小开关，后退出汇流箱总输出熔断器。

c. 汇流箱总输出和分支回路光伏组串均采用熔断器时，则投、退熔断器前，均应将逆变器解列。

⑤ 汇流箱的监控功能应符合下列要求。

a. 监控系统的通信地址应正确，通信良好并具有抗干扰能力。

b. 监控系统应实时准确的反映汇流箱内各光伏组串电流的变化情况。

（3）逆变器调试

① 逆变器调试前，应具备下列条件。

a. 逆变器控制电源应具备投入条件。

b. 逆变器直流、交流侧电缆应接引完毕，且极性（相序）正确、绝缘良好。

c. 方阵接线正确，具备给逆变器提供直流电源的条件。

② 逆变器调试前，应对其做下列检查。

a. 逆变器接地应牢固可靠、导通良好。

b. 逆变器内部元器件应完好，无受潮、放电痕迹。

c. 逆变器内部所有电缆连接螺栓、插件、端子应连接牢固，无松动。

d. 如逆变器本体配有手动分合闸装置，其操作应灵活可靠、接触良好，开关位置指示正确。

e. 逆变器本体及各回路标识应清晰准确。

f. 逆变器内部应无杂物，并经过清灰处理。

③ 逆变器调试应符合下列规定：

a. 逆变器的调试工作宜由生产厂家配合进行。

b. 逆变器控制回路带电时，应对其做如下检查。

1）工作状态指示灯、人机界面屏幕显示应正常。

2）人机界面上各参数设置应正确。

3）散热装置工作应正常。

c. 逆变器直流侧带电而交流侧不带电时，应进行如下工作。

1）测量直流侧电压值和人机界面显示值之间偏差应在允许范围内。

2）检查人机界面显示直流侧对地阻抗值应符合要求。

d. 逆变器直流侧带电、交流侧带电，具备并网条件时，应进行如下工作。

1）测量交流侧电压值和人机界面显示值之间偏差应在允许范围内；交流侧电压及频率应在逆变器额定范围内，且相序正确。

2）具有门限位闭锁功能的逆变器，逆变器盘门在开启状态下，不应作出并网动作。

e. 逆变器并网后，在下列测试情况下，逆变器应跳闸解列。

1）具有门限位闭锁功能的逆变器，开启逆变器盘门。

2）逆变器网侧失电。

3）逆变器直流侧对地阻抗高于保护设定值。

4）逆变器直流输入电压高于或低于逆变器设定的门槛值。

5）逆变器直流输入过电流。

6）逆变器线路侧电压偏出额定电压允许范围。

7）逆变器线路频率超出额定频率允许范围。

8）逆变器交流侧电流不平衡超出设定范围。

f. 逆变器的运行效率、防孤岛保护及输出的电能质量等测试工作，应由有资质的单位进行检测。

④ 逆变器调试时，还应注意以下几点。

a. 逆变器运行后，需打开盘门进行检测时，必须确认无电压残留后才允许作业。

b. 逆变器在运行状态下，严禁断开无断弧能力的汇流箱总开关或熔断器。

c. 如需接触逆变器带电部位，必须切断直流侧和交流侧电源、控制电源。

d. 严禁施工人员单独对逆变器进行测试工作。

⑤ 逆变器的监控功能调试应符合下列要求：

a. 监控系统的通信地址应正确，通信良好并具有抗干扰能力。

b. 监控系统应实时准确的反映逆变器的运行状态、数据和各种故障信息。

c. 具备远方启、停及调整有功输出功能的逆变器，应实时响应远方操作，动作准确可靠。

⑥ 施工人员测试完成后，应按照本制度附录 D 的格式填写施工记录。

（4）二次系统调试

① 二次系统的调试工作应由调试单位、生产厂家进行，施工单位配合。

② 二次系统的调试内容主要应包括：计算机监控系统、继电保护系统、远动通信系统、电能量信息管理系统、不间断电源系统、二次安防系统等。

③ 计算机监控系统调试应符合下列规定。

a. 计算机监控系统设备的数量、型号、额定参数应符合设计要求，接地应可靠。

b. 遥信、遥测、遥控、遥调功能应准确、可靠。

c. 计算机监控系统防误操作功能应准确、可靠。

d. 计算机监控系统定值调阅、修改和定值组切换功能应正确。

e. 计算机监控系统主备切换功能应满足技术要求。

④ 继电保护系统调试应符合下列规定。

a. 调试时可按照《继电保护和电网安全自动装置检验规程》DL/T 995 相关规定执行。

b. 继电保护装置单体调试时，应检查开入、开出、采样等元件功能正确，且校对定值应正确；开关在合闸状态下模拟保护动作，开关应跳闸，且保护动作应准确、可靠，动作时间应符合要求。

c. 继电保护整组调试时，应检查实际继电保护动作逻辑与预设继电保护逻辑策略一致。

d. 站控层继电保护信息管理系统的站内通信、交互等功能实现应正确；站控层继电保护信息管理系统与远方主站通信、交互等功能实现应正确。

e. 调试记录应齐全、准确。

⑤ 远动通信系统调试应符合下列规定。

a. 远动通信装置电源应稳定、可靠。

b. 站内远动装置至调度方远动装置的信号通道应调试完毕，且稳定、可靠。

c. 调度方遥信、遥测、遥控、遥调功能应准确、可靠，且应满足当地接入电网部门的特殊要求。

d. 远动系统主备切换功能应满足技术要求。

⑥ 电能量信息管理系统调试应符合下列规定。

a. 电能量采集系统的配置应满足当地电网部门的规定。

b. 光伏电站关口计量的主、副表，其规格、型号及准确度应相同；且应通过当地电力计量检测部门的校验，并出具报告。

c. 光伏电站关口表的 CT、PT 应通过当地电力计量检测部门的校验，并出具报告。

d. 光伏电站投入运行前，电度表应由当地电力计量部门施加封条、封印。

e. 光伏电站的电量信息应能实时、准确的反应到当地电力计量中心。

⑦ 不间断电源系统调试应符合下列规定。

a. 不间断电源的主电源、旁路电源及直流电源间的切换功能应准确、可靠。且异常告警功能应正确。

b. 计算机监控系统应实时、准确的反映不间断电源的运行数据和状况。

⑧ 二次系统安全防护调试应符合下列规定：

a. 二次系统安全防护应主要由站控层物理隔离装置和防火墙构成，应能够实现自动化系统网络安全防护功能。

b. 二次系统安全防护相关设备运行功能与参数应符合要求。

c. 二次系统安全防护运行情况应与预设安防策略一致。

（5）其他电气设备调试

① 电气设备的交接试验应符合《电气装置安装工程 电气设备交接试验标准》GB 50150 的相关规定。

② 安防监控系统的调试应符合《安全防范工程技术规范》GB 50348 和《视频安防监控系统技术要求》GA/T 367 的相关规定。

③ 环境监测仪的调试应符合产品技术文件的要求，监控仪器的功能应正常，测量误差应满足观测要求。

④ 无功补偿装置的补偿功能应能满足设计文件的技术要求。

5. 消防工程

（1）一般规定

① 施工单位应具备相应等级的消防设施工程从业资质证书，并在其资质等级许可的业务范围内承揽工程。项目负责人及其主要的技术负责人应具备相应的管理或技术等级资格。

② 施工前应具备相应的施工技术标准、工艺规程及实施方案、完善的质量管理体系、施工质量控制及检验制度。

③ 施工前应具备下列条件。

a. 批准的施工设计图纸如平面图、系统图（展开系统原理图）、施工详图等图纸及说明书、设备表、材料表等技术文件应齐全；

b. 设计单位应向施工、建设、监理单位进行技术交底；

c. 主要设备、系统组件、管材管件及其他设备、材料，应能保证正常施工，且通过设备、材料报验工作；

d. 施工现场及施工中使用的水、电、气应满足施工要求，并应保证连续施工。

④ 施工过程质量控制，应按下列规定进行。

a. 各工序应按施工技术标准进行质量控制，每道工序完成后，应进行检查，检查合格后方可进行下道工序。

b. 相关各专业工种之间应进行交接检验，并经监理工程师签证后方可进行下道工序。

c. 安装工程完工后，施工单位应按相关专业调试规定进行调试。

d. 调试完工后，施工单位应向建设单位提供质量控制资料和各类施工过程质量检查记录。

e. 施工过程质量检查组织应由监理工程师组织施工单位人员组成。

⑤ 消防部门验收前，建设单位应组织施工、监理、设计和使用单位进行消防自验。

（2）火灾自动报警系统

① 火灾自动报警系统施工应符合《火灾自动报警系统施工及验收规范》GB 50166 的规定。

② 火灾报警系统的布管和穿线工作，应与土建施工密切配合。在穿线前，应将管内或线槽内的积水及杂物清除干净。

③ 导线在管内或线槽内，不应有接头或扭结。导线的接头，应在接线盒内焊接或用端子连接。

④ 火灾自动报警系统调试，应先分别对探测器、区域报警控制器、集中报警控制器、火灾报警装置和消防控制设备等逐个进行单机通电检查，正常后方可进行系统调试。

⑤ 火灾自动报警系统通电后，可按照《火灾报警控制器通用技术条件》GB 4717 的相

关规定，对报警控制器进行下列功能检查。

a. 火灾报警自检功能应完好。

b. 消音、复位功能应完好。

c. 故障报警功能应完好。

d. 火灾优先功能应完好。

e. 报警记忆功能应完好。

f. 电源自动转换和备用电源的自动充电功能应完好。

g. 备用电源的欠压和过压报警功能应完好。

⑥ 火灾自动报警系统若与照明回路有联动功能，则联动功能应正常、可靠。

⑦ 监控系统应能够实时、准确的反映火灾自动报警系统的运行状态。

⑧ 火灾自动报警系统竣工时，施工单位应提交下列文件。

a. 竣工图。

b. 设计变更文字记录。

c. 施工记录（所括隐蔽工程验收记录）。

d. 检验记录（包括绝缘电阻、接地电阻的测试记录）。

e. 竣工报告。

f. 自动消防设施检验报告。

（3）灭火系统

① 消火栓灭火系统施工应满足下列要求。

a. 消防水泵、消防气压给水设备、水泵接合器应经国家消防产品质量监督检验中心检测合格；并应有产品出厂检测报告或中文产品合格证及完整的安装使用说明。

b. 消防水池、消防水箱的施工应符合《给水排水构筑物施工及验收规范》GBJ 141 的相关规定和设计要求。

c. 室内、室外消火栓宜就近设置排水设施。

d. 消防水泵、消防水箱、消防水池、消防气压给水设备、消防水泵接合器等供水设施及其附属管道的安装，应清除其内部污垢和杂物。安装中断时，其敞口处应封闭。

e. 消防供水设施应采取安全可靠的防护措施，其安装位置应便于日常操作和维护管理。

f. 消防供水管直接与市政供水管、生活供水管连接时，连接处应安装倒流防止器。

g. 供水设施安装时，环境温度不应低于 5℃；当环境温度低于 5℃ 时，应采取防冻措施。

h. 管道的安装应采用符合管材材料的施工工艺，管道安装中断时，其敞口处应封闭。

i. 消防水池和消防水箱的满水试验或水压试验应符合设计规定，同时保证无渗漏。

j. 消火栓水泵接合器的各项安装尺寸，应符合设计要求。接口安装高度允许偏差为 20mm。

② 气体灭火系统的施工应符合《气体灭火系统施工及验收规范》GB 50263 的相关规定。

③ 自动喷水灭火系统的施工应符合《自动喷水灭火系统施工及验收规范》GB 50261 的相关规定。

④ 泡沫灭火系统的施工应符合《泡沫灭火系统施工及验收规范》GB 50281 的相关规定。

6. 环保与水土保持

（1）施工环境保护

① 施工噪声污染控制应符合下列要求。

a. 应按照《建筑施工场界噪声限值》GB 12523 的规定，对施工各个施工阶段的噪声进行监测和控制。

b. 噪声超过噪声限值的施工机械不宜继续进行作业。

c. 夜间施工的机械在出现噪声扰民的情况，则不应夜间施工。

② 施工废液污染控制应符合下列要求。

a. 施工中产生的泥浆、污水不宜直接排入正式排水设施和河流、湖泊以及池塘，应经过处理才能排放。

b. 施工产生的废油应盛放进废油桶进行回收处理，被油污染的手套、废布应统一按规定要求进行处理，严禁直接进行焚烧。

c. 检修电机、车辆、机械等，应在其下部铺垫塑料布和安放接油盘，直至不漏油时方可撤去。

d. 粪便必须经过化粪池处理后才能排入污水管道。

③ 施工粉尘污染控制应符合下列要求。

a. 应采取在施工道路上洒水、清扫等措施，对施工现场扬尘进行控制。

b. 水泥等易飞扬的细颗粒建筑材料应采取覆盖或密闭存放。

c. 混凝土搅拌站应采取围挡、降尘措施。

④ 施工固体废弃物控制应符合下列规定。

a. 应按照《中华人民共和国固体废物污染环境防治法（2004 修订）》相关规定，对施工中产生的固体废弃物进行分类存放并按照相关规定进行处理，严禁现场直接焚烧各类废弃物。

b. 建筑垃圾、生活垃圾应及时清运。

c. 有毒有害废弃物必须运送专门的有毒有害废弃物集中处置中心处理，禁止将有毒有害废弃物直接填埋。

（2）施工水土保持

① 施工中的水土保持应符合下列要求。

a. 光伏电站宜随地势而建，不宜进行大面积土方平衡和场地平整而破坏自然植被。

b. 宜尽量减少硬化地面的面积，道路、停车场、广场宜选用水泥砖等小面积硬化块作为路面铺设物。

c. 光伏电站场地排水及道路排水宜采用自然排水。

② 施工后的绿化应符合下列要求。

a. 原始地貌植被较好的情况下，尽量恢复原始植被。

b. 原始地貌植被覆盖情况不好的光伏电站内道路边栽种绿化树，场地中间人工种草。

③ 施工区域外的水土保持应符合下列要求。

a. 临时弃土区应采用覆盖和围挡。

b. 永久弃土区应恢复与周边相近的植被覆盖。

c. 处于风沙较大地区的光伏电站周边应栽种树木。

d. 处于植被较好区域的光伏电站周边应恢复原始植被。

7. 安全和职业健康

（1）一般规定

① 根据工程自身特点及合同约定，以及住房和城乡建设部及各级政府主管部门有关标准和规定，制订工程施工安全和职业健康总目标。

② 开工前应建立施工安全和职业健康管理组织机构，并应建立健全各项管理制度和奖惩制度。

③ 安全和职业健康管理体系应同光伏电站的规模和特点相适应，并应同其他管理体系协调一致。体系的运行检查应填写《安全和职业健康管理体系运行检查记录》。

④ 在施工准备、施工总平面布置、施工场地及临时设施的规划、主体施工方案制定等过程中，都应考虑满足施工安全和职业健康的需求。

⑤ 应对施工人员和管理人员进行各级安全和职业健康教育和培训，经考试合格后，方可上岗。

⑥ 危险区域应设立红白隔离带，设置明显的安全、警示标识。

（2）现场安全文明施工总体规划

① 施工现场应挂设"五牌一图"，即：工程概况牌、管理人员名单及监督电话牌、消防保卫（防火责任）牌、安全生产牌、文明施工牌和施工现场平面图。

② 主要施工区、作业部位、危险区和主要通道口等处应有针对性地使用安全警示牌。安全标志的使用应符合《安全标志》GB 2894 和《安全标志使用规定导则》GB 16179 有关规定的要求。

③ 施工现场应实行区域隔离的模块式管理，对施工作业区、辅助作业区、材料堆放区、办公区和生活区等应进行明显的划分隔离，办公区、生活区与作业区应保持足够的安全距离。

④ 场区施工道路应畅通，不应在路边堆放设备和材料等物品。因工程需要需切断道路前，应经建设单位主管部门批准。

⑤ 临时设施应布局合理、紧凑，充分利用地形，节约用地。对危险品及危险废品，应集中存放，专人管理，并应按相关规定做好危险废品处理记录。

⑥ 施工机械设备应按平面布置存放，安全操作规程应齐全，并应进行定期检查和保养。

⑦ 设备、材料、土方等物资应堆放合理，并应标识清楚，排放有序。

（3）现场安全施工管理

① 所有进场人员应进行严格管理，各施工单位应将施工人员及时上报给建设单位进行登记，汇总统一管理。

② 进入施工现场人员应自觉遵守现场安全文明施工纪律规定，各施工项目作业时应严格按照《电力建设安全工作规程》DL 5009 的相关规定执行。

③ 进入施工现场人员应正确佩戴安全帽，宜采用挂牌上岗制度、工作服宜统一规范。

④ 非作业人员严禁擅自进入危险作业区域。

⑤ 高空作业（高度超过 2m）必须正确配置安全防护设施。

⑥ 所有电气设备都必须有可靠接地或接零措施，对配电盘、漏电保护器应定期检验并标识其状态，使用前进行确认。施工用电线路布线应合理、安全、可靠。

⑦ 施工过程中，应尽量减少交叉作业。

（4）职业健康管理

①进入施工现场的各级人员在指定的医疗机构进行体检，并将检查结果记录、存档。对于患有医学规定不宜从事有关现场作业的疾病的人员，应禁止进入现场从事相关工作。

②在噪声控制、粉尘污染防治、固体弃废物管理、水污染防治管理等方面应制定有效的环保措施，并组织实施。

③施工区、办公区和生活区等场所应有良好的居住条件，且应不定期组织卫生检查。

④施工单位应加强食品卫生的管理，制定食堂管理制度；对从事食品工作的人员，应经过卫生防疫部门的体检合格后，持证上岗。

（5）应急处理

①光伏电站开工前，应急预案应编制完成。

②施工人员应熟悉应急处理程序，发生直接危及人身、电网和设备安全的紧急情况时，应停止作业，并采取可能的紧急措施后立即报告。

③发生事故时，在保证自身安全的情况下，应先切断电源。

④现场发生人身伤害时，应立即设法使伤员脱离危险源，组织现场急救，并应迅速通知医疗部门送院进行抢救。

⑤发生各类事故应保护好现场，并立即上报。

附录 A　中间交接签证书

表 A　中间交接签证书

编号：　　　　　　　　　　　　　　　　　　　　　　　　　　　　表码：

工程名称	

我单位施工的 ＿＿＿＿＿＿＿＿＿ 已具备 ＿＿＿＿＿＿＿＿＿ 条件，请检查接收。

以下项目我方承诺在　　年　　月　　日完成。

交付单位		代表签名/日期	
接收单位		代表签名/日期	
监理/业主		代表签名/日期	

附录 B 光伏组件现场测试表

表 B 光伏组件现场测试表

工程名称：				
光伏组件现场测试表				
生产厂家： 测试日期： 天气：				
序号	检测项目	使用工具	记录数据	备注
1	开路电压（标称）			
2	短路电流（标称）			
3	测试现场辐照度	手持辐照仪		
4	开路电压实测值	万用表		
5	短路电流实测值	万用表		
6	测试时环境温度	温度计		
测试时间：				

检查人：   确认人：

附录 C　汇流箱回路测试记录表

表 C　汇流箱回路测试记录表

工程名称：								
汇流箱编号：		测试日期：		天气情况：				
序号	组件型号	组串数量	组串极性	开路电压（V）	组串温度（℃）	辐射度（W/m²）	环境温度	测试时间
1								
2								
3								
4								
5								
6								
7								
8								
9								
10								
11								
12								
13								
14								
15								
16								
17								
18								
19								
20								
备注：								

检查人：　　　　　　　　　　　　　　　　　确认人：

附录 D 并网逆变器现场检查测试表

表 D 并网逆变器现场检查测试表

工程名称:			
逆变器编号:	测试日期:	天气情况:	
类别	检查项目	检查结果	备注
本体检查	型号		
	逆变器内部清理检查		
	内部元器件检查		
	连接件及螺栓检查		
	开关手动分合闸检查		
	接地检查		
	孔洞阻燃封堵		
人机界面检查	主要参数设置检查		
	通信地址检查		
直流侧电缆检查、测试	电缆根数		
	电缆型号		
	电缆绝缘		
	电缆极性		
	开路电压		
交流侧电缆检查、测试	电缆根数		
	电缆型号		
	电缆绝缘		
	电缆相序		
	网侧电压		
逆变器并网后检查、测试	冷却装置		
	柜门联锁保护		
	直流侧输入电压低		
	网侧电源失电		
	通信数据		

检查人: 确认人:

5.3   分布式光伏经济性因素分析

光伏发电产业作为新型能源项目，对其收益的研究应该贯穿于工程项目始终，以利于提高光伏发电企业的经济效益。对于分布式光伏经济性影响因素主要有以下几方面：

① 补贴政策。这里所说的补贴政策包括国家和地方对分布式发电的补贴；

② 发电量。发电量是分布式光伏的经济性直接影响因素；

③ 屋顶租金或电价折扣。现在光伏电站投资方和屋顶出租方常采用屋顶租金或者电价折扣的形式；

④ 融资成本。大部分光伏电站投资企业的资金来源采用融资方式；

⑤ 建设成本。建设成本是光伏电站经济性的直接影响因素；

⑥ 税收政策也是光伏电站经济性影响因素；

⑦ 运营费用。运维费用的支出直接影响光伏电站的成本；

⑧ 补贴发放的及时性直接影响投资方的现金流；

⑨ 建筑业主方风险和电费收取风险直接影响电站收益；

⑩ 碳交易也作为分布式光伏经济性的潜在影响因素之一。

(1) 补贴政策对分布式光伏发电经济性的影响。随着全球光伏发电市场的扩大，光伏发电设备的技术逐渐更新、产能迅猛增长，光伏设备的成本也随着市场的发展而降低，国家的补贴政策也随着市场的发展在逐渐下降，从早起的建筑一体化和金太阳对初始投资的补贴，到后面对发电量的补贴，多发电量的补贴又分为全额上网电价补贴和自发自用模式的补贴，上网电价由之前的 0.98 元/度、0.88 元/度、0.8 元/度，下调至现在的 0.85 元/度、0.75 元/度、0.65 元/度，自发自用的 0.42 元/度的国家补贴暂未调整。随着光伏市场的发展，我们可以清晰地看到，光伏系统成本在逐渐降低，光伏补贴标准也在逐渐降低。

各地地方财政也出台了不同程度的地方补贴政策，补贴标准和年限各不相同，这也表明地方政府对光伏发电应用市场发展的大力支持和决心。

分布式光伏发电暂时还依赖补贴在生存和发展，补贴政策也是分布式光伏经济性的重要影响因素之一。

(2) 发电量对分布式光伏经济性的影响。发电量是分布式光伏发电经济性最直接的影响因素，也是最重要的因素之一，发电量的高低直接影响电站收益。那么又有哪些因素对发电量有着影响呢？

① 辐照直接决定发电量。当一个分布式电站安装地点确定，辐照也就随之确定了，我们可以通过历史辐照来估算该地区的辐照，进而估算发电量。

② 光伏阵列的安装形式。影响光伏组件的吸收光照效果，跟踪式、最佳固定倾角、平铺以及不同朝向。

③ 阴影遮挡将对发电量产生影响。

④ 系统设计合理性能够减小发电量的损失。

⑤ 系统发电效率影响发电量。

⑥ 光伏组件的效率衰减影响发电量。

⑦ 设备故障率、电站运行稳定性等影响发电量。

⑧ 运维合理性，故障处理及时性，组件清洗的及时性等影响光伏系统发电量。

我们在项目选址、安装形式的确定、设计的优化等因素方面进行考虑和优化。

（3）屋顶租金或电价折扣对分布式光伏经济性的影响。分布式光伏现在相当一部分项目是由投资方在第三方的厂房屋顶上投资建设光伏电站，主流合作模式一种是投资方支付屋顶租金的形式，另一种模式是投资方对屋顶业主所用光伏电量给予一定比例的电价折扣优惠。屋顶租金各个区域不同、企业能够接受的条件不同，租金没有统一的标准，从 3 元/（m^2·年）到十几元/（m^2·年）不等，各个企业和各个区域的电价不同，电价折扣也与企业基础电价及投资方的标准等有关，折扣从 7 折到 9 折不等。不论屋顶租金还是电价折扣，都是在分布式电站运营期内的持续支出。

（4）融资成本对光伏电站经济性的影响。随着分布式光伏电站的迅猛发展，大部分分布式光伏电站的投资商都是通过各种融资渠道进行融资，来投资光伏电站，各个企业的能力背景不同，融资渠道和融资成本也不尽相同，融资方式有银行贷款、基金、融资租赁以及众筹等等，融资成本也跟资金渠道不同有较大差异。另外，国家的资金政策对融资成本也有较大影响。融资成本作为光伏电站经济性分析中的影响因素之一。

（5）光伏电站的建设成本对光伏电站经济性的影响。我国光伏发电的快速发展、装机规模的不断扩大，带动了光伏行业的技术进步和材料价格下降，也带来了光伏装机和发电成本的下降，将使我国光伏发电由最初的主要依赖政策补贴转变为逐渐走向电力市场实现平价上网。

光伏电池组件效率持续提升、成本不断下降。太阳能光伏发电系统的核心是太阳能电池，又称光伏电池。近年来，中国太阳能电池与组件规模迅速扩大的同时，产业化太阳能电池与组件效率也大幅提升，太阳能电池每年绝对效率平均提升 0.3％左右。2014 年，高效多晶太阳能电池产业化平均效率达 17.5％以上，2014 年底最高测试值已达 20.76％；单晶太阳能电池产业效率达 19％以上，效率已达到或超过国际平均水平。2015 年底，我国多晶及单晶太阳能电池产业化平均效率分别达到 18.3％和 19.5％。

伴随着太阳能电池效率持续提升，太阳能电池组件成本也在大幅下降。2007 年我国太阳能电池组件价格为每瓦约 4.8 美元，2010 年底我国太阳能电池的平均成本为每瓦 1.2～1.4 美元，2014 年底每瓦降至 0.62 美元以下，7 年时间成本下降到了原来的 1/10（见图 5-65），光伏组件成本已在 2010～2013 年间大幅下降。2015 年，我国晶硅组件平均价格为 0.568 美元/W，光伏制造商单晶硅太阳能电池组件的直接制造成本约 0.5 美元/W，多晶硅太阳能电池组件成本已降至 0.48 美元/W 以下。

同样条件下，美国平均每瓦组件的制造成本为 0.68～0.70 美元，受制造成本影响，目前全球光伏产业也逐渐向少数国家和地区集中，中国大陆、中国台湾、马来西亚、美国是当今全球排在前四位的主要光伏制造产业集中地。预计未来 3～5 年，中国晶体硅太阳能电池成本将下降至每瓦 0.4 美元左右。

光伏发电系统单位建设成本持续下降。已建地面光伏电站初始投资的大小占光伏电站总成本的大部分，土地费用等占整体建设及运行维护的成本一般不大，暂不考虑其影响。光伏电站初始投资大致可分为光伏组件、并网逆变器、配电设备及电缆、电站建设安装等成本，其中光伏组件投资成本占初始投资的 50％～60％。因此，光伏电池组件效率的提升、制造工艺的进步以及原材料价格下降等因素都会导致未来光伏发电成本的下降。有关测算表明，光伏组件效率提升 1％，约相当于光伏发电系统价格下降 17％。伴随着太阳能电池效率的持续提升和组件成本的大幅下降，再加上"十二五"期间光伏发电装机快速增加产生的规模化效应和光伏发电产业链的逐渐完善等因素，不仅光伏组件价格下降，逆变器价格也大幅下

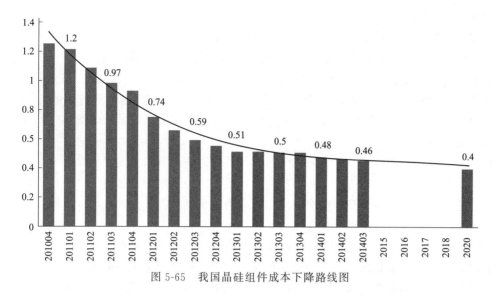

图 5-65　我国晶硅组件成本下降路线图

滑，因此，近年我国光伏电站单位千瓦投资也在不断下降。鉴于我国在 2007～2014 年期间，电池组件成本下降了近 10 倍，太阳能电池效率提升了 1.4%，与之相应，2014 年底我国光伏发电相比于 2007 年成本下降了 10 倍以上。我国地面光伏电站单位千瓦综合造价近年呈逐年下降的趋势，并网光伏发电站平均单位千瓦动态投资由 2009 年的 20000 元左右降至 2012 年底的 10000 元左右，2013 年光伏电站单位造价水平降至 8000～10000 元/kW，2015 年光伏电站单位造价水平基本在 7500～9000 元/kW 范围内波动。2017 年光伏电站单位造价水平基本在 6000～7500 元/kW 范围内波动。

IEA 基于国际光伏电池组件产业链价格下降和组件效率提升的预测结果为：2020 年国际光伏电站初始投资平均价格将下降至 4500～6000 元/kW，2030 年将下降至 3000～4200 元/kW。伴随着组件效率的不断提高，逆变器及组件价格的持续降低趋势，以及未来发展模式创新、规模效应等，分布式光伏发电系统总造价在上述预测基础上仍存在下降空间。

（6）税收政策对光伏电站经济性的影响。光伏电站作为清洁能源，国家及部分地方政府为了鼓励光伏电站的发展和应用，除了出台财政补贴政策之外，还出台税收减免政策来鼓励光伏电站的发展。

2008 年 9 月，财政部、国家税务总局、国家发展改革委印发《关于公布公共基础设施项目企业所得税优惠目录（2008 年版）的通知》（财税 [2008] 116 号），由政府投资主管部门核准的太阳能发电新建项目销售企业所得税 "三免三减半" 的优惠政策。

2013 年 11 月，财政部印发《关于对分布式光伏发电自发自用电量免征政府性基金有关问题的通知》（财综 [2013] 103 号）文件，通知规定对分布式光伏发电自发自用电量免收可再生能源电价附加、国家重大水利工程建设基金、大中型水库移民后期扶持基金、农网还贷资金等 4 项针对电量征收的政府性基金。

2013 年 9 月，财政部、国家税务总局印发《关于光伏发电增值税政策的通知》（财税 [2013] 66 号），通知规定自 2013 年 10 月 1 日至 2015 年 12 月 31 日，对纳税人销售自产的利用太阳能生产的电力产品，实行增值税即征即退 50% 的政策。

2017 年 8 月，国家能源局印发了《关于减轻可再生能源领域涉企税费负担的通知》征求意见函，提到对纳税人销售自产的利用太阳能生产的电力产品，实行增值税即征即退

50％的政策。

这些税收减免政策对光伏电站的经济性分析非常有利。

（7）运营费用对分布式光伏电站经济性的影响。随着光伏电站的迅猛发展，光伏电站投资企业越来越重视光伏电站的运营，因为光伏电站运营能够用较少的运营费用支出，换取更大的光伏发电收益。光伏电站的运营正在朝着智能化运营、大数据分析管理的方向迅速发展，通过有效运营维护和组件清洗，能够降低电站事故，减少电站故障，提高电站发电量从而提高电站收益。

（8）补贴发放及时性对分布式光伏电站经济性的影响。分布式光伏发电收益主要有售电收益＋国家补贴＋地方补贴构成，其中售电收益由电力公司给用户结算，一般地方售电收益电力公司按月给发电用户结算，但个别城市的电力公司结算存在拖欠现象，有些按季度或者半年结算。国家补贴由国家财政资金拨付，地方电力公司代发，江浙有些地方电力公司垫付国家补贴给发电用户按月计算，有些城市按年结算。地方补贴掌控权在地方政府，各地结算各不相同，有些地方结算比较及时的按年结算，有些城市严重拖欠补贴甚至不予计算。由于分布式光伏电站的主要受益靠补贴，补贴发放的及时性对光伏电站现金流影响非常大，也对光伏电站经济性分析产生重要影响。

◆ 参考文献 ◆

［1］ GB 50797—2012. 光伏发电站设计规范. 北京：中国计划出版社，2012.

［2］ 国家电网公司. 分布式电源接入系统典型设计. 北京：中国电力出版社，2014.

［3］ 沈洁. 光伏发电系统设计与施工. 北京：化学工业出版社，2017.

［4］ 李钟实. 太阳能光伏发电系统设计施工与维护. 北京：人民邮电出版社，2010.

第6章

分布式光伏电站的运营与维护

6.1 综述

光伏电站运维主要有三大指标。首先是安全运行，包括人和设备的安全。具体来说，操作人员要持证上岗，在工作时要实行"两票三制"的安全管控方法，做好事故的应急预案，并定期演练；若有事故发生，要按照"四不放过"的原则进行分析、教育和追责；第二是要关注电站的发电量，通过监控平台实时关注电站和每台逆变器的发生量，及时发现设备故障，建立台账、闭环处理；第三是要合理控制运营成本，为了降低运维成本，需要做到电站运维团队的人员属地化，同时要建立区域化的检修团队，按照区域建立备品配件库，降低资金占用，同时对运维的费用管控实行定额、预算、审批，这是跟实际操作相关的一些问题。

光伏电站的运维要加强监控能力的建设，要做到及时诊断，故障预判，这样对整个运维工作有很大的帮助作用。电站的全生命周期内的优化设计考虑，要从末端反馈到前端。积极探索新的清洗方式，将性价比最高的方式迅速推广，由粗放式管理向精细化管理方向推广。实现运维本地化，从全职服务变为资源共享。E电工模式已经在浙江建起了一个库实现资源整合，能够有效降低运维成本，值得推广。

6.2 标准作业模板[1]

（1）概况。小型光伏电站也越来越多。本运维手册，可供有一定的电气专业基础的人员参考，如遇复杂设备问题，请直接联系设备厂家解决。

（2）运维人员要求。光伏发电系统运维人员应具备相应的电气专业技能或经过专业的电气专业技能培训，熟悉光伏发电原理及主要系统构成。

（3）光伏发电系统构成。光伏电站系统由组件、逆变器、电缆、配电箱（配电箱中含空气开关、计量表）组成，见图6-1。太阳光照射到光伏组件上，产生的直流电通过电缆接入逆变器中，经逆变器将直流电转化为交流电接入配电箱，在配电箱中经过断路器、并网计量表进入电网，完成光伏并网发电。

（4）一般要求

① 光伏发电系统的运维应保证系统本身安全，以及系统不会对人员或建筑物造成危害，并使系统维持最大的发电能力。

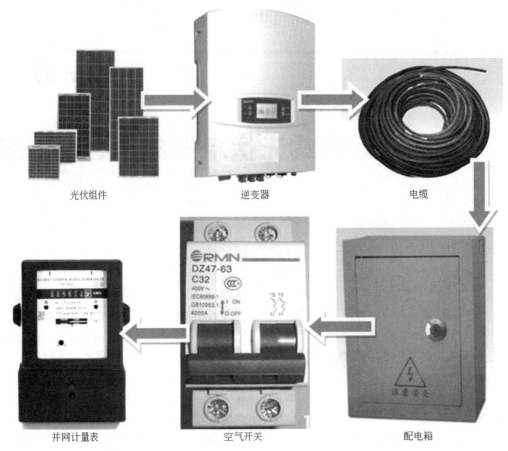

光伏组件   逆变器   电缆

并网计量表   空气开关   配电箱

图 6-1 分布式光伏发电系统构成

② 光伏发电系统的主要部件在运行时，温度、声音、气味等不应出现异常情况。

③ 光伏发电系统运维人员在故障处理之前要做好安全措施，确认断开逆变器开关和并网开关，同时需穿戴绝缘保护装备。

④ 光伏发电系统运维要做好运维记录，对于所有记录必须妥善保管，并对出现的故障进行分析。

（5）组件的维护（图 6-2）

① 光伏组件表面应保持清洁，清洗光伏组件时应使用柔软洁净的布料擦拭光伏组件，严禁使用腐蚀性溶剂或硬物擦拭光伏组件；不宜使用与组件温差较大的液体清洗组件；严禁在在大风、大雨或大雪的气象条件下清洗光伏组件。

② 光伏组件应定期检查，若发现下列问题应立即联系调整或更换光伏组件：

a. 光伏组件存在玻璃破碎；

b. 光伏组件接线盒变形、扭曲、开裂或烧毁，接线端子无法良好连接。

③ 检查外露的导线有无绝缘老化、机械性损坏。

④ 检查有无人为对组件进行遮挡情况。

⑤ 光伏组件和支架应结合良好，压块应压接牢固。

⑥ 发现严重故障，应立即切断电源，及时处理，需要时及时联系厂家。

（6）配电箱的维护（图 6-3）

图 6-2　太阳能电池组件

图 6-3　配电箱示意图

　　配电箱中一般配置有并网计量表、空气开关，如图 6-4。

　　① 配电箱不得存在变形、锈蚀、漏水、积灰现象，箱体外表面的安全警示标识应完整无损，箱体上的锁启闭应灵活。

　　② 配电箱内断路器、空气开关状态正常，各个接线端子不应出现松动、锈蚀、变色现象。设备运行无异常响声，运行环境无异味。

　　③ 查看计量表显示正常，如有异常咨询 95598 国家电网 24 小时供电服务热线。

　　(7) 逆变器的维护 (图 6-5)

　　① 逆变器不应存在锈蚀、积灰等现象，散热环境应良好，逆变器运行时不应有较大振动和异常噪声。

　　② 逆变器上的警示标识应完整无破损。

　　③ 逆变器液晶显示屏如图 6-6 所示，屏幕左半部分显示当日的发电曲线，屏幕右侧显示有四个菜单项，第一项"功率"有数据显示，说明逆变器正常发电，如"功率"无数据，再查看第四项"状态"，正常情况下显示"并网运行"，如有其他显示，说明系统故障，需要及时联系专业运维人员处理。第二项"日电量"为此光伏发电系统到查看时段当日的累计发

并网计量表

空气开关

图 6-4　配电箱内主要部件示意图

图 6-5　逆变器示意图

电量，第三项"总电量"为系统并网至查看时段的总发电量。

④ 逆变器风扇自行启动和停止的功能应正常，风扇运行时不应有较大振动及异常噪声，如有异常情况应断电检查。

⑤ 查看机器温度、声音和气味等是否异常。当环境温度超过 40℃时，应采取避免太阳直射等措施，防止设备发生超温故障，延长设备使用寿命。

⑥ 逆变器保护动作而停止工作时，应查明原因，修复后再开机。

⑦ 定期检查逆变器各部分的接线有无松动现象，发现异常立即修复。

（8）支架的维护（图 6-7）

① 所有螺栓、支架连接应牢固可靠。

② 支架表面的防腐涂层，不应出现开裂和脱落现象，否则应及时补刷。

图 6-6　逆变器液晶显示屏

图 6-7　组件支架示意图

③ 支架要保持接地良好，每年雷雨季节到来之前应对接地系统进行检查。主要检查连接处是否坚固、接触是否良好。

④ 在台风、暴雨等恶劣的自然天气过后应检查光伏方阵整体是否有变形、错位、松动。

⑤ 用于固定光伏支架的植筋或膨胀螺栓不应松动。采取预制基座安装的光伏支架，预制基座应放置平稳、整齐，位置不得移动。

⑥ 支架下端如在屋面固定，应定期查看屋面防水是否完整可靠。

（9）电缆及接头的维护（图 6-8）

① 电缆不应在过负荷的状态下运行，如电缆外皮损坏，应及时进行处理。

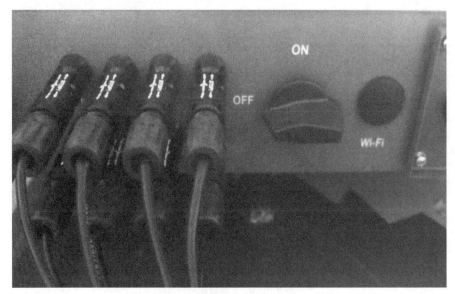

图 6-8 电缆及接头示意图

② 电缆在进出设备处的部位应封堵完好，不应存在直径大于 10mm 的孔洞，否则用防火泥封堵。

③ 电缆在连接线路中不应受力过紧，电缆要可靠绑扎，不应悬垂在空中。

④ 电缆保护管内壁应光滑；金属电缆管不应有严重锈蚀；不应有毛刺、硬物、垃圾，如有毛刺，锉光后用电缆外套包裹并扎紧。

⑤ 电缆接头应压接牢固，确保接触良好。

⑥ 出现接头故障应及时停运逆变器，同时断开与此逆变器相连的其他组件接头，才能重新进行接头压接。

⑦ 电缆的检查建议每月一次。

（10）接地与防雷系统（图 6-9、图 6-10）

图 6-9 接地示意图

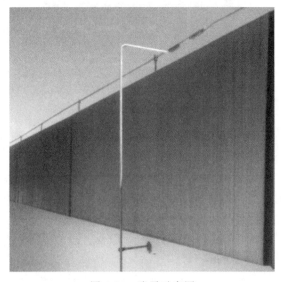

图 6-10 防雷示意图

① 接地系统与建筑结构钢筋的连接应可靠。

② 光伏组件、支架与屋面接地网的连接应可靠。

③ 光伏方阵接地应连续、可靠，接地电阻应小于 4Ω。

④ 雷雨季节到来之前应对接地系统进行检查和维护。主要检查连接处是否坚固、接触是否良好。

⑤ 雷雨季节前应对防雷模块进行检测，发现防雷模块显示窗口出现红色及时更换处理。

（11）数据监控系统。因分布式电站用户数众多、地域分散，为了提高运维的及时性，保证用户收益，同时降低运维成本，需配置监控系统。现就监控系统简单介绍如下。此系统需配合带数据传输功能的逆变器使用。

① 登录方式

a. 通过电脑浏览器，根据厂家提供的网址直接登录网站进行用户注册，如图 6-11。

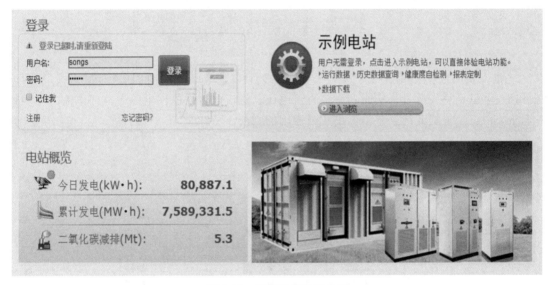

图 6-11　监控系统登录界面

b. 根据用户名进入后，可看到如图 6-12 所示的电站发电基本状况的监控主界面。

名称	国家	城市	设计功率/kW	今日发电/(kW·h)	累计发电量/(kW·h)	当前功率/kW
happy	中国	合肥	3	0.50	3,611.00	0.64
维宅	中国	合肥	4	0.60	3,486.00	0.71
邮电东村6-601	中国	合肥	5	1.00	4,265.00	1.33
九溪江南江柳苑11-101	中国	合肥	5	0.70	3,064.00	0.70
方先生	中国	合肥	15	2.20	3,944.00	2.80

图 6-12　监控主界面

c. 选择单一用户，可看到如图 6-13 单一用户发电主界面及发电曲线。

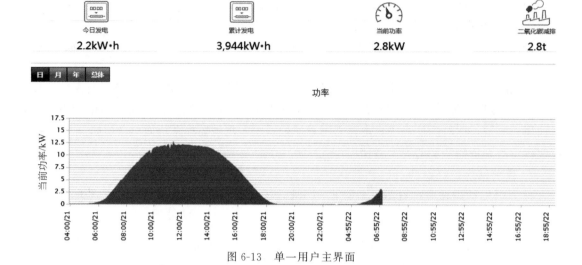

图 6-13　单一用户主界面

d. 进入实时数据界面如图 6-14 可看到电站运行状态、运行总时间、额定功率、机内温度、日发电量、总发电量、实时功率、直流电压、直流电流、电网电压、电网电流、电网频率等相关信息，根据此信息基本做出故障原因的判断。

图 6-14　单一用户实时监控数据及运行状态

② 监控系统维护

a. 监控平台的维护由软件服务商统一进行，无需日常维护，只需保证计算机网络畅通即可。

b. 及时提醒具备数据传输功能的用户缴纳通讯费。

c. 使用网线连接采集数据的，要保持网线连接牢固。

d. 使用 GPRS 进行数据传输的，注意查看 GPRS 装置连接是否牢固，信号是否正常。

（12）光伏系统与建筑物结合部分（图 6-15）

① 光伏系统应与建筑主体结构连接牢固，在台风、暴雨等恶劣的自然天气过后应检查

图 6-15　光伏系统与建筑物结合部分示意图

光伏支架，整体不应有变形、错位、松动。

②　用于固定光伏支架的植筋或膨胀螺栓不应松动；采取预制基座安装的光伏方阵，预制基座应放置平稳、整齐，位置不得移动。

③　光伏支架的主要受力构件、连接构件和连接螺栓不应损坏、松动，焊缝不应开焊，金属材料的防锈涂膜应完整，不应有剥落、锈蚀现象。

④　光伏系统区域内严禁增设相关设施，以免影响光伏系统安全运行。

（13）光伏系统定期确认检验。各个县乡镇应根据本地光伏系统安装情况，自行决定辖区内光伏系统定期确认检验周期。定期确认检验应给出定期检验报告，主要包括：系统信息、电路检查和测试清单、检查报告、电路的测试结果、检查人员姓名及日期、出现的问题及整改建议等。定期确认检验应复查之前定期检验发生的问题及建议。

①　光伏系统检查。根据光伏组件、汇流箱、逆变器、配电箱等电器设备的检查方法对光伏电站进行逐一检查。

②　保护装置和等电位体测试。在直流侧装有保护性接地或等电位导体的地方，比如方阵的支架，需要进行接地连续性，主要接地端子也需进行确认。

③　光伏方阵绝缘阻值测试

a. 光伏方阵应按照如下要求进行测试：

测试时限制非授权人员进入工作区；

不得用手直接触摸电气设备以防止触电；

绝缘测试装置应具有自动放电的能力；

在测试期间应当穿好适当的个人防护服/装备。

b. 先测试方阵负极对地的绝缘电阻，然后测试方阵正极对地的绝缘电阻。

④　光伏方阵标称功率测试。现场功率的测定可以采用由第三方检测单位校准过的 IV 测试仪抽检方阵的 IV 特征曲线，测试结束后进行光强校正、温度矫正、组合损失校正。

⑤　电能质量的测试。首先将光伏电站与电网断开，测试电网的电能质量；将逆变器并网，待稳定后测试并网点的电能质量。

⑥　系统电气效率测试

a. 光伏系统电气效率测试要求。

测试时限制非授权人员进入工作区；

不得用手直接触摸电气设备以防止触电；

系统电气效率测试应在日照强度大于 $800W/m^2$ 的条件下进行；

在测试期间应当穿好适当的个人防护服/设备。

b. 光伏系统电气效率测试步骤。

首先用标准的日射计测量当前的日照强度；

在测试日照强度的同时，测量并网逆变器交流并网点侧的交流功率；

根据光伏方阵功率、日照强度及温度功率系数，根据计算公式，可以计算当时的光伏方阵的产生功率；

根据公式计算出系统的电气效率。

⑦ 光伏方阵红外成像检查

a. 该测试的目的是为了实地验证正常工作情况下光伏组件的非正常温度情况，这种非正常的温度情况可能是由于光伏组件本身的缺陷造成的，比如旁路二极管缺陷、焊接缺陷等会产生高温点。

b. 在进行红外成像检查时，光伏方阵应处于正常工作状态，即逆变器处于最大功率点跟踪。检测时太阳辐照度应该大于 $800W/m^2$，并且天气比较稳定。

c. 使用红外成像仪扫描光伏方阵，着重注意接线盒、电气连接点处或者任何发生和周边相比温度较高的部位。

6.3 运维产业展望

在能源革命、深化电改和节能减排的新形势下，分布式能源迎来了难得的机遇。2017年上半年，全国光伏新增装机超过 24GW，其中分布式光伏新增装机超过 7GW，同比增长近 3 倍。居民分布式光伏装机增长最为迅猛，同比增长 7 倍多。在市场需求拉动及国家相关政策的支持下，今年我国分布式光伏产业持续高速增长，目前已站上发展的风口，越来越多的企业正加速布局分布式领域。

另一方面，由于弃光问题始终未能得到明显改善，在未来一段时间，我国集中式电站的增量会变的相对缓慢。分布式不存在弃光限电的问题，且从中央到地方都出台了各种鼓励政策。同时，由于安装分布式系统的面积有限，单位面积发电量高的组件将受青睐，尤其是户用分布式发展潜力巨大。目前我国拥有高达 5000 万个屋顶，其中如果 20% 的屋顶用于安装光伏发电系统，那么以每户 3 千瓦的保守装机量来测算，其装机规模可达到 30GW。

据《能源发展"十三五"规划》透露，到 2020 年光伏装机量达到 1.05 亿千瓦，发展重心在于分布式光伏。规划提出，到 2020 年建成 100 个分布式光伏应用示范区，在太阳能资源优良、电网接入消纳条件好的农村地区和小城镇，推进居民屋顶光伏工程。这足以说明分布式光伏时代已经到来。

1. 分布式光伏电站"问题突出"

在分布式光伏迎来"黄金期"，光伏分布式项目如浴春风，遍地开花的同时，分布式电站运维问题也逐渐显现。目前分布式电站主要包含工商业分布式和扶贫式分布式电站。其在管理方面存在如下主要问题：

① 分布广、站点多、环境复杂；

② 设备多、故障多、维护困难；

③ 缺监管、少分析、利用率低；

④ 成本高、人员少、发电效率低；

⑤ 施工质量参差不齐、寿命低。

由于以上突出问题给业主单位带来了巨大损失，加强分布式光伏电站的日常管理，保证光伏电站后时代运维稳定性，成为当下各发电企业保持企业收益的重中之重。

2. 谁为分布式光伏电站"保驾护航"

"你是谁，为了谁，经济效益何时归"，北京国能日新系统控制技术有限公司（简称"国能日新"），从企业角度出发，为使企业获得更好的经济效益，突破传统运维模式，强势推出"分布式光伏监控运营管理系统"，为光伏电站的经济收益和电站管理"保驾护航"。

传统的运维模式运维人员多且人员素质高低不一，对相关设备缺乏有效监管，基本上是通过人员巡检的方式来发现问题，这就造成关键设备长时间带故障运行，降低了设备寿命和利用效率，缩短了设备有效利用时间，导致电站经济收益流失。其次，传统运维模式，不能有效地分析电站整体的运行状态，无法及时定位故障和及时地发出告警信息，长此以往会导致大量缺陷堆积而无法被解决，给电站安全运行埋下巨大隐患。再次，运维过程得不到有效监管，针对一些故障或者缺陷，运维人员是否进行了正确有效的处理，是否对故障处理后的设备进行了系统的检查和记录，是否对处理结果进行了及时的反馈等，不能进行有效监管。

国能日新"分布式光伏监控运营管理系统"通过全国 20GW 的光伏电站运维经验和高精度气象预测服务，积累了大量的运营生产及气象大数据。通过对光伏电站的实时在线监控，对电站数据稳定及时的采集、分析、上传，通过移动终端或展示终端，使电站的设备运行信息、电站故障缺陷信息、天气预警信息实时展示在管理人员面前，协助管理人员及时定位故障、解决故障，延长设备 MTBF（平均故障间隔时间），缩短设备 MTTR（平均故障处理时间），降低电站设备故障率，提高设备运行稳定性，从而达到企业增收的目的。

3. 六大主要功能

另外，系统有机融合国能日新功率预测及 AGC/AVC 自动控制系统，实现互通互联，

资源共享，可助力电站精准预测以降低电站考核、精准 AGC/AVC 指令跟踪保证电站最大出力、智慧运维，提升电站信息化建设及提高电站运维水平，多维度保障电站处于高效健康发电状态，为发电及投资企业的电站运维、经济收益、高效管理"保驾护航"。

◆ 参考文献 ◆

［1］ 河南省电力公司 . 分布式光伏发电并网与运维管理 . 北京：中国电力出版社，2015.

第7章

关于分布式光伏电站其他问题的讨论

分布式光伏电站不仅仅是包括设计、采购、施工在内简单的工程问题，它的成功与否很大程度上也取决于其他因素。本章从电站地域选择、质量评估、保险、法律等几个方面介绍其对电站价值的影响。

7.1 分布式发电收益的区域比较[1,2]

7.1.1 影响分布式电站经济效益的因素

分布式光伏电站能否得到大面积推广归根结底决定于它的经济效益。而影响分布式电站投资回报的因素众多，主要有以下几类：

(1) 建设成本及运维成本。投资光伏电站是一次性固定资产投入较大，后期缓慢收回的过程。目前对于不需屋顶加固的低压并网兆瓦级分布式电站EPC（设计、采购、建设施工）总包价格一般能控制在5.5～6元/W左右，高压并网的兆瓦级分布式电站EPC总包价格大约会高出0.1～0.4元/W。装机容量越小，则单价建设成本会有所提高。建设成本中以组件占有的比例最高（50%左右），依次是逆变器、支架、箱变及高低压配电设备、电缆、人工、桥架等。以2017年下半年的行情来看，组件价格与上半年相比基本未变，其他设备普遍上涨，预计短期内光伏电站的造价会保持坚挺，降价空间不大。在运维方面，现在电站投资人普遍采用无人值守、定期巡检清洁、远程监控、大数据分析管理的模式以降低人工劳务成本；但是对于高压并网的电站，往往电力公司要求24h有现场值班人员。另外设备的修理与更换，尤其是电气设备预期在25年的电站运营期内至少更换一次。各个分布式电站具体情况不同，运维条件千差万别，但在25年的运营期内预计要有0.05～0.1元/kW·h的投入。

(2) 并网模式。根据当下国家政策的规定，分布式光伏电站的上网模式决定了光伏电量的度电价格。以"全额上网"模式并网的电站，每度电的电价按照当年的国家光伏上网标杆电价执行，2017年末的标杆电价标准为：Ⅰ类资源区0.65元/kW·h；Ⅱ类资源区0.75元/kW·h；Ⅲ类资源区0.85元/kW·h；西藏光伏电量上网执行1.05元/kW·h标准。三类资源区的划分见表7-1。以"自发自用、余电上网"模式并网的电站，自用部分除了抵消光伏电量使用者相应电网售电价格外，另外享受国家0.42元/kW·h的分布式光伏度电补贴；余电上网部分按照当地脱硫煤标杆上网电价计价，另加0.42元/kW·h分布式光伏度电补贴。国家发改委能源局已于2017年9月征询了对于降低此项补贴的意见，预计2018年分布式光伏度电补贴会降至 0.32 元/kW·h。

表 7-1　光伏标杆电价资源分类区

资源区	光伏电站标杆上网 电价/(元/kW·h)	各资源区所包含的地区
Ⅰ类资源区	0.65	宁夏,青海海西,甘肃嘉峪关、武威、张掖、酒泉、敦煌、金昌,新疆哈密、塔城、阿勒泰、克拉玛依,内蒙古除赤峰、通辽、兴安盟、呼伦贝尔以外的地区
Ⅱ类资源区	0.75	北京,天津,黑龙江,吉林,辽宁,四川,云南,内蒙古赤峰、通辽、兴安盟、呼伦贝尔,河北承德、张家口、唐山、秦皇岛,山西大同、朔州、忻州、阳泉,陕西榆林、延安,青海、甘肃、新疆除Ⅰ类以外的其他地区
Ⅲ类资源区	0.85	除西藏、Ⅰ类、Ⅱ类资源区以外的其他地区

(3)发电量。光伏电站发电量首先取决于项目地点的光照资源丰度,光照越强发电量越高;表 7-2 中列出了全国各地级市的"日均峰值日照时数(h/d)",即按照 $AM1.5$ 标准日照强度($1000W/m^2$)折合的一年内日均日照小时数。其次取决于光伏电站的设计合理性和设备质量,其中包括阴影、倾角、组件衰减、逆变器效率、电缆线损(关于电站设计、设备与电站整体质量评估分别见本书第 5 章及本章 7.2 节)等因素;再就是其他一些非技术因素,如雾霾、落叶、鸟粪、反光、清洗、温度等也会造成发电量的降低。考虑到以上技术及非技术性因素,预估分布式电站的系统效率为 79%,并据此折合为表 7-2 中的"年均有效利用峰值日照小时数(h/a)",以此为基础计算出"每瓦首年发电量(kW·h/W)"。这个数值越高,则代表于每瓦光伏装机产生的电量越多,自然电费收益越高。另外补充一句,关于很多人关注的"最佳倾角",并不是一定要与当地纬度相同(使组件表面在春秋分日的正午正面朝向太阳),而要根据当地的气象条件,在满足电站支架强度及整体稳定性的前提下,并综合考虑灰尘沉机、雨水冲刷等因素后全年发电量最大的角度为最佳安装角度,确保实现最大的经济效益。表 7-2 中也列出了全国各地级市建设光伏电站的建议"最佳倾角"。

(4)当地脱硫煤标杆上网电价及电网售电价格。项目所在地的脱硫煤标杆电价是无法就地消纳的多余电量的计价基础,而被就地消纳的自用电量相当于抵消了电量使用者从电力公司购买电量的电费。项目所在地的各种电价水平由物价部门根据当地实际情况制定,全国各省市的脱硫煤标杆上网电价及 1kV 以下一般工商业的用电电价格已列于表 7-2 中。另,除西藏外各省(直辖市)针对不同用户类型的电网售电价格(自 2017 年 7 月 1 起执行)也列在本章附录中。

(5)省、市、县(区)地方光伏补贴。除了国家层面外,部分省、地级市也对光伏电站建设大力支持,出台了补贴政策,具体的度电补贴额度及年限已列在表 7-2 中。此表之外,全国还有 30 个县级单位有县级单独的度电补贴:杭州市萧山区、富阳区、建德市,宁波市象山县、余姚市,湖州市德清县、安吉县,温州洞头县、瑞安市、乐清市、永嘉县、泰顺县,衢州龙游县、江山县、衢江区、开化县,嘉兴平湖市、海盐县、桐乡市、海宁市,镇江扬中市、句容市,绍兴上虞区、新昌县、诸暨市,金华义乌市、东阳市、永康市、磐安县,商洛市商南县。

另外还有 3 省(江西、陕西、广西)、10 个地级市(无锡、合肥、亳州、嘉兴、绍兴、广州、东莞、佛山、西安、晋城);14 个县(杭州市富阳区、建德市,宁波慈溪市、鄞州区,湖州德清县、安吉县,温州洞头县、永嘉县,衢州龙游县、江山县,嘉兴秀洲区、平

表 7-2 中国各省市脱硫煤上网电价、一般工商业用电价格（1kV 以下）；分布式光伏电站最佳安装倾角、发电量、补贴、FRI 指数一览表

光伏系统效率：79%　自用电量国家补贴（元/kW·h）：0.42　县级补贴暂未入

"全额上网"模式标杆电价计算标准：I 类资源区 0.75 元/kW·h；II 类资源区 0.85 元/kW·h。西藏光伏电量上网执行 1.05 元/kW·h 标准。

首年 FRI_1："自发自用、余电上网"模式中余电上网部分计算标准：I 类资源区 0.65 元/kW·h；II 类资源区 0.85 元/kW·h；III 类资源区 0.85 元/kW·h。西藏电上网部分执行 1.05 元/kW·h 标准。

类别	城市	安装角度/(°)	所属光照资源区	日均峰值日照时数/(h/d)	年均有效峰值利用小时数/(h/a)	每瓦首年发电量/(kW·h/W)	省、市对工商业屋顶光伏补贴/(元/kW·h)	2017.7.1 后脱硫煤标杆电价/(元/kW·h)	2017.7.1 后 1kV 等级下一般工商业用电价格或峰平段平均用电价格/(元/kW·h)	首年 FRI_1："全额上网"模式	首年 FRI_1："自发自用、余电上网"模式中低压自用电量部分	首年 FRI："自发自用、余电上网"模式中余电上网部分
直辖市	北京	35	II	4.21	1213.95	1.214		0.3598	1.13（城区及郊区）	1.275	2.246	1.311
	上海	25	III	4.09	1179.35	1.179	0.3（5 年）	0.4155	0.8955（不分时单一制）	1.297	1.846	1.280
	天津	35	II	4.57	1317.76	1.318	0.25（5 年）	0.3655	0.8367	0.989	1.656	1.035
	重庆	8	III	2.38	686.27	0.686		0.3964	0.82	0.583	0.851	0.560
黑龙江	哈尔滨	40	II	4.3	1239.91	1.268				0.951	1.640	1.005
	齐齐哈尔	43	II	4.81	1386.96	1.388				1.041	1.795	1.100
	牡丹江	40	II	4.51	1300.46	1.301				0.976	1.682	1.031
	佳木斯	43	II	4.3	1239.91	1.241				0.931	1.605	0.983
	鸡西	41	II	4.53	1306.23	1.308		0.3723	0.873	0.981	1.691	1.036
	鹤岗	43	II	4.41	1271.62	1.272				0.954	1.645	1.008
	双鸭山	43	II	4.41	1271.62	1.272				0.954	1.645	1.008
	黑河	46	II	4.9	1412.92	1.415				1.061	1.830	1.121
	大庆	41	II	4.61	1329.29	1.331				0.998	1.721	1.055
	大兴安岭-漠河	49	II	4.8	1384.08	1.384				1.038	1.790	1.097
	伊春	45	II	4.73	1363.9	1.364				1.023	1.764	1.081
	七台河	42	II	4.41	1271.62	1.272				0.954	1.645	1.008
	绥化	42	II	4.52	1303.34	1.304				0.978	1.686	1.033

续表

光伏系统效率：79%　　自用电量国家补贴(元/kW·h)：0.42　　县级补贴暂未计入

"全额上网"模式标杆电价计算标准：I类资源区0.65元/kW·h；II类资源区0.75元/kW·h；III类资源区0.85元/kW·h，西藏光伏电量上网执行1.05元/kW·h标准。

类别	城市	安装角度/(°)	所属光照资源区	日均峰值日照时数/(h/d)	年均有效利用峰值日照小时数/(h/a)	每瓦首年发电量/(kW·h/W)	省、市对工商业屋顶光伏补贴/(元/kW·h)	2017.7.1后脱硫煤标杆电价/(元/kW·h)	2017.7.1后1kV等级下一般工商业用电价格或峰、平段平均用电价格/(元/kW·h)	首年FRI₁："全额上网"模式	首年FRI₁："自发自用、余电上网"模式中低压自用电量部分	首年FRI₁："自发自用、余电上网"模式中余电上网部分
吉林	长春	41	II	4.74	1366.78	1.367	省0.15(20年)	0.3731	0.8864	1.230	1.991	1.289
	延边-延吉	38	II	4.27	1231.25	1.231	省0.15(20年)			1.108	1.793	1.161
	白城	42	II	4.74	1366.78	1.369	省0.15(20年)			1.232	1.994	1.291
	松原-扶余	40	II	4.63	1335.06	1.336	省0.15(20年)			1.202	1.946	1.260
	吉林	41	II	4.68	1349.48	1.351	省0.15(20年)			1.216	1.968	1.274
	四平	40	II	4.66	1343.71	1.344	省0.15(20年)			1.210	1.957	1.268
	辽源	40	II	4.7	1355.25	1.355	省0.15(20年)			1.220	1.973	1.278
	通化	37	II	4.45	1283.16	1.283	省0.15(20年)			1.155	1.869	1.210
	白山	37	II	4.31	1242.79	1.244	省0.15(20年)			1.120	1.812	1.173
辽宁	沈阳	36	II	4.38	1262.97	1.264		0.3749	0.8012	0.948	1.544	1.005
	朝阳	37	II	4.78	1378.31	1.378				1.034	1.683	1.095
	阜新	38	II	4.64	1337.94	1.338				1.004	1.634	1.064
	铁岭	37	II	4.4	1268.74	1.269				0.952	1.550	1.009
	抚顺	37	II	4.41	1271.62	1.274				0.956	1.556	1.013
	本溪	36	II	4.4	1268.74	1.271				0.953	1.552	1.010
	辽阳	36	II	4.41	1271.62	1.272				0.954	1.553	1.011
	鞍山	35	II	4.37	1260.09	1.262				0.947	1.541	1.003

续表

光伏系统效率：79%　自用电量国家补贴(元/kW·h)：0.42

"全额上网"模式标杆电价计算标准：I类资源区 0.75 元/kW·h；II类资源区 0.85 元/kW·h；III类资源区 0.85 元/kW·h，西藏光伏电量上网执行 1.05 元/kW·h 标准。首年 FRI₁："自发自用、余电上网"模式中余电上网部分电价：I类资源区 0.65 元/kW·h；……

类别	城市	安装角度/(°)	所属光照资源区	日均峰值日照时数/(h/d)	年均有效利用峰值日照小时数/(h/a)	每瓦首年发电量/(kW·h/W)	省、市对工商业屋顶光伏补贴/(元/kW·h)（县级补贴暂未计入）	2017.7.1后脱硫煤标杆电价/(元/kW·h)	2017.7.1后 1kV等级下一般工商业用电价格或峰、平段平均用电价格/(元/kW·h)	首年 FRI₁ "全额上网"模式	首年 FRI₁ "自发自用、余电上网"模式中自用电量部分	首年 FRI₁ "自发自用、余电上网"模式中余电上网部分电上网部分/(元/kW·h)
辽宁	丹东	36	II	4.41	1271.62	1.273				0.955	1.555	1.012
	大连	32	II	4.3	1239.91	1.241				0.931	1.516	0.986
	营口	35	II	4.4	1268.74	1.269		0.3749	0.8012	0.952	1.550	1.009
	盘锦	36	II	4.36	1257.21	1.258				0.944	1.536	1.000
	锦州	37	II	4.7	1355.25	1.358				1.019	1.658	1.079
	葫芦岛	36	II	4.66	1343.71	1.344				1.008	1.641	1.068
河北省	石家庄	37	III	5.03	1450.4	1.453	省 0.1(3 年)			1.380	1.930	1.285
	保定	32	III	4.1	1182.24	1.182	省 0.1(3 年)			1.123	1.570	1.045
	承德	42	II	5.46	1574.39	1.574	省 0.1(3 年)			1.338	2.039	1.404
	唐山	36	II	4.64	1337.94	1.338	省 0.1(3 年)			1.137	1.733	1.193
	秦皇岛	38	II	5	1441.75	1.442	省 0.1(3 年)	冀北 0.3720 冀南 0.3644	冀北 0.77525 冀南 0.80825	1.226	1.868	1.286
	邯郸	36	III	4.93	1421.57	1.422	省 0.1(3 年)			1.351	1.889	1.258
	邢台	36	III	4.93	1421.57	1.422	省 0.1(3 年)			1.351	1.889	1.258
	张家口	38	II	4.77	1375.43	1.375	省 0.1(3 年)			1.169	1.781	1.227
	沧州	37	III	5.07	1461.93	1.462	省 0.1(3 年)			1.389	1.942	1.293
	廊坊	40	III	5.17	1490.77	1.491	省 0.1(3 年)			1.416	1.931	1.330
	衡水	36	III	5	1441.75	1.442	省 0.1(3 年)			1.370	1.915	1.275

续表

光伏系统效率：79%　　自用电量国家补贴/(元/kW·h)：0.42　　"全额上网"模式标杆电价计算标准：I类资源区0.65元/kW·h；II类资源区0.75元/kW·h；III类资源区0.85元/kW·h。西藏光伏电量上网执行1.05元/kW·h标准。

类别	城市	安装角度/(°)	所属光照资源区	日均峰值日照时数/(h/d)	年均有效利用峰值日照小时数/(h/a)	每瓦首年发电量/(kW·h/W)	省、市对工商业屋顶光伏补贴/(元/(kW·h)) 县级补贴暂未计入	2017.7.1后脱硫煤标杆电价/(元/(kW·h))	2017.7.1后1kV等级下一般工商业用电价或峰、平段平均用电价格/(元/(kW·h))	首年FRI₁："全额上网"模式	首年FRI₁："自发自用、余电上网"模式自用电量部分	首年FRI₁："自发自用、余电上网"模式中余电上网部分
山西省	太原	33	III	4.65	1340.83	1.341				1.140	1.654	1.008
	大同	36	II	5.11	1473.47	1.474				1.106	1.818	1.108
	朔州	36	II	5.16	1487.89	1.489				1.117	1.837	1.120
	阳泉	33	II	4.67	1346.59	1.348				1.011	1.663	1.014
	长治	28	III	4.04	1164.93	1.165	0.2(5年)	0.332	0.8136	0.990	1.437	0.876
	晋城	29	III	4.28	1234.14	1.234				1.296	1.769	1.175
	忻州	34	II	4.78	1378.31	1.378				1.034	1.700	1.036
	晋中	33	III	4.65	1340.83	1.342				1.141	1.655	1.009
	临汾	30	III	4.27	1231.25	1.231				1.046	1.519	0.926
	运城	26	III	4.13	1190.89	1.193				1.014	1.472	0.897
	吕梁	32	III	4.65	1340.83	1.341				1.140	1.654	1.008
内蒙古	呼和浩特	35	I	4.68	1349.48	1.349				0.877	1.708	0.976
	包头	41	I	5.55	1600.34	1.6				1.040	2.026	1.158
	乌海	39	I	5.51	1588.81	1.589		蒙西 0.2772 蒙东 0.3035	蒙西 0.6783 蒙东 0.846	1.033	2.012	1.150
	赤峰	41	II	5.35	1542.67	1.543				1.157	1.695	1.076
	通辽	44	II	5.44	1568.62	1.569				1.177	1.723	1.094
	呼伦贝尔	47	II	4.99	1438.87	1.439				1.079	1.580	1.003

续表

光伏系统效率：79%　自用电量国家补贴（元/kW·h）：0.42　县级补贴暂未计入

"全额上网"模式标杆电价计算准：Ⅰ类资源区 0.65 元/kW·h；Ⅱ类资源区 0.75 元/kW·h；Ⅲ类资源区 0.85 元/kW·h。西藏光伏电量上网执行 1.05 元/kW·h 标准。

类别	城市	安装角度/(°)	所属光照资源区	日均峰值日照时数/(h/d)	年均有效利用峰值日照小时数/(h/a)	每瓦首年发电量/(kW·h/W)	省、市对工商业屋顶光伏补贴/(元/kW·h)	2017.7.1后脱硫煤标杆电价/(元/kW·h)	2017.7.1后1kV等级下一般工商业用电价格或峰、平段平均用电价格/(元/kW·h)	首年FRI₁："全额上网"模式	首年FRI₁："自发自用、余电上网"模式中低压自用电量部分	首年FRI₁："自发自用、余电上网"模式中余电上网部分
内蒙古	兴安盟	46	Ⅱ	5.2	1499.42	1.499		蒙西 0.2772　蒙东 0.3035	蒙西 0.6783　蒙东 0.846	1.124	1.646	1.045
	鄂尔多斯	40	Ⅰ	5.55	1600.34	1.6				1.040	2.026	1.158
	锡林郭勒	43	Ⅰ	5.37	1548.44	1.548				1.006	1.700	1.079
	阿拉善	36	Ⅰ	5.35	1542.67	1.543				1.003	1.953	1.116
	巴彦淖尔	41	Ⅰ	5.48	1580.16	1.58				1.027	2.000	1.143
	乌兰察布	40	Ⅰ	5.49	1583.04	1.574				1.023	1.993	1.139
河南	郑州	29	Ⅲ	4.23	1219.72	1.22		0.3779	0.75633	1.037	1.435	0.973
	开封	32	Ⅲ	4.54	1309.11	1.309				1.113	1.540	1.044
	洛阳	31	Ⅲ	4.56	1314.88	1.315				1.118	1.547	1.049
	焦作	33	Ⅲ	4.68	1349.48	1.349				1.147	1.587	1.076
	平顶山	30	Ⅲ	4.28	1234.14	1.234				1.049	1.452	0.985
	鹤壁	33	Ⅲ	4.73	1363.9	1.364				1.159	1.605	1.088
	新乡	33	Ⅲ	4.68	1349.48	1.349				1.147	1.587	1.076
	安阳	30	Ⅲ	4.32	1245.67	1.246				1.059	1.466	0.994
	濮阳	33	Ⅲ	4.68	1349.48	1.349				1.147	1.587	1.076
	商丘	31	Ⅲ	4.56	1314.88	1.315				1.118	1.547	1.049
	许昌	30	Ⅲ	4.4	1268.74	1.269				1.079	1.493	1.013

续表

类别	城市	安装角度/(°)	所属光照资源区	日均峰值日照时数/(h/d)	年均有效利用峰值日照小时数/(h/a)	每瓦首年发电量/(kW·h/W)	省、市对工商业屋顶光伏补贴/(元/kW·h)	2017.7.1后脱硫煤标杆电价/(元/kW·h)	2017.7.1后1kV等级下一般工商业用电价或峰、平段平均用电价格/(元/kW·h)	首年FRI₁:"全额上网"模式	首年FRI₁:"自发自用，余电上网"模式中低压自用电量部分	首年FRI₁:"自发自用，余电上网"模式中余电上网部分
		光伏系统效率：79%	自用电量国家补贴(元/kW·h)：0.42				县级补贴暂未计入		"全额上网"模式标杆电价计算标准：I类资源区 0.75元/kW·h；II类资源区 0.85元/kW·h，III类资源区 1.05元/kW·h。西藏 I类资源区 0.65元/kW·h。II类资源区 0.85元/kW·h。光伏电量上网执行 1.05元/kW·h标准。			
河南	漯河	29	III	4.16	1199.54	1.2		0.3779	0.75633	1.020	1.412	0.957
	信阳	27	III	4.13	1190.89	1.191				1.012	1.401	0.950
	三门峡	31	III	4.56	1314.88	1.315				1.118	1.547	1.049
	南阳	29	III	4.16	1199.54	1.2				1.020	1.412	0.957
	周口	29	III	4.16	1199.54	1.2				1.020	1.412	0.957
	驻马店	28	III	4.34	1251.44	1.251				1.063	1.472	0.998
	济源	28	III	4.1	1182.24	1.182				1.005	1.390	0.943
湖南	长沙	20	III	3.18	916.95	0.917	0.1(5年)	0.45	0.862	0.871	1.267	0.889
	张家界	23	III	3.81	1098.61	1.099				0.934	1.409	0.956
	常德	20	III	3.38	974.62	0.975				0.829	1.250	0.848
	益阳	16	III	3.16	911.19	0.912				0.775	1.169	0.793
	岳阳	16	III	3.22	928.49	0.931				0.791	1.194	0.810
	株洲	19	III	3.46	997.69	0.998				0.848	1.279	0.868
	湘潭	16	III	3.23	931.37	0.933				0.793	1.196	0.812
	衡阳	18	III	3.39	977.51	0.978				0.831	1.254	0.851
	郴州	18	III	3.46	997.69	0.998				0.848	1.279	0.868
	永州	15	III	3.27	942.9	0.944				0.802	1.210	0.821

续表

光伏系统效率：79%　　自用电量国家补贴(元/kW·h)：0.42

"全额上网"模式标杆电价计算标准：I类资源区 0.65 元/kW·h；II类资源区 0.75 元/kW·h；III类资源区 0.85 元/kW·h。西藏光伏电量上网执行 1.05 元/kW·h标准。

县级补贴暂未计入

类别	城市	安装角度/(°)	所属光照资源区	日均峰值日照时数/(h/d)	年均有效利用峰值日照小时数/(h/a)	每瓦首年发电量/(kW·h/W)	省、市对工商业屋顶光伏补贴/(元/kW·h)	2017.7.1后脱硫煤标杆电价/(元/kW·h)	2017.7.1后1kV等级下一般工商业用电价格或峰、平段平均用电价格/(元/kW·h)	首年FRI₁"全额上网"模式	首年FRI₁"自发自用、余电上网"模式中低压自用中电量部分	首年FRI₁"自发自用、余电上网"模式中余电上网部分
湖南	邵阳	15	III	3.25	937.14	0.937		0.45	0.862	0.796	1.201	0.815
	怀化	15	III	2.96	853.52	0.853				0.725	1.094	0.742
	娄底	16	III	3.19	919.84	0.921				0.783	1.181	0.801
	湘西	15	III	2.83	816.03	0.817				0.694	1.047	0.711
湖北	武汉	20	III	3.17	914.07	0.914	省 0.25(5 年)	0.4161	0.88	1.005	1.417	0.993
	十堰	26	III	3.87	1115.91	1.116	省 0.25(5 年)			1.228	1.730	1.212
	襄樊	20	III	3.52	1014.99	1.016	省 0.25(5 年)			1.118	1.575	1.103
	荆门	20	III	3.16	911.19	0.913	省 0.25(5 年)、市 0.25(5 年)			1.004	1.643	1.220
	孝感	20	III	3.51	1012.11	1.012	省 0.25(5 年)			1.113	1.569	1.099
	黄石	25	III	3.89	1121.68	1.122	省 0.25(5 年)、市 0.1(10 年)			1.234	1.851	1.331
	咸宁	19	III	3.37	971.74	0.972	省 0.25(5 年)			1.069	1.507	1.056
	荆州	23	III	3.75	1081.31	1.081	省 0.25(5 年)			1.189	1.676	1.174
	宜昌	20	III	3.44	991.92	0.992	省 0.25(5 年)、市 0.25(10 年)			1.091	1.786	1.325
	随州	22	III	3.59	1035.18	1.036	省 0.25(5 年)			1.140	1.606	1.125
	鄂州	21	III	3.66	1055.36	1.057	省 0.25(5 年)			1.163	1.638	1.148
	黄冈	21	III	3.68	1061.13	1.063	省 0.25(5 年)			1.169	1.648	1.155

续表

光伏系统效率:79%　自用电量国家补贴(元/kW·h):0.42

注:"全额上网"模式标杆电价计算标准:Ⅰ类资源区0.65元/kW·h;Ⅱ类资源区0.75元/kW·h;Ⅲ类资源区0.85元/kW·h。西藏光伏电量上网执行1.05元/kW·h标准。

类别	城市	安装角度/(°)	所属光照资源区	日均峰值日照时数/(h/d)	年均有效峰值利用小时数/(h/a)	每瓦首年发电量/(kW·h/W)	省、市对工商业屋顶光伏补贴/(元/kW·h)(县级补贴暂未计入)	2017.7.1后脱硫煤标杆电价/(元/kW·h)	2017.7.1后1kV等级下一般工商业用电价或峰、平段平均用电价格/(元/kW·h)	首年FRI₁:"全额上网"模式	首年FRI₁:"自发自用、余电上网"模式中低压自用电量部分	首年FRI₁:"自发自用、余电上网"模式中余电上网部分
湖北	恩施	15	Ⅲ	2.73	787.2	0.788	省0.25(5年)	0.4161	0.88	0.867	1.221	0.856
	仙桃	17	Ⅲ	3.29	948.67	0.949	省0.25(5年)			1.044	1.471	1.031
	天门	18	Ⅲ	3.15	908.3	0.91	省0.25(5年)			1.001	1.411	0.988
	神农架	21	Ⅲ	3.23	931.37	0.934	省0.25(5年)			1.027	1.448	1.014
	潜江	27	Ⅲ	3.89	1121.68	1.122	省0.25(5年)			1.234	1.739	1.219
四川	成都	16	Ⅱ	2.76	795.85	0.798		0.4012	0.816	0.599	0.986	0.655
	广元	19	Ⅱ	3.25	937.14	0.937				0.703	1.158	0.769
	绵阳	17	Ⅱ	2.82	813.15	0.813				0.610	1.005	0.668
	德阳	17	Ⅱ	2.79	804.5	0.805				0.604	0.995	0.661
	南充	14	Ⅱ	2.81	810.26	0.81				0.608	1.001	0.665
	广安	13	Ⅱ	2.77	798.73	0.8				0.600	0.989	0.657
	遂宁	11	Ⅱ	2.8	807.38	0.808				0.606	0.999	0.664
	内江	11	Ⅱ	2.59	746.83	0.747				0.560	0.923	0.613
	乐山	17	Ⅱ	2.77	798.73	0.799				0.599	0.988	0.656
	自贡	13	Ⅱ	2.62	755.48	0.756				0.567	0.934	0.621
	泸州	11	Ⅱ	2.6	749.71	0.75				0.563	0.927	0.616
	宜宾	12	Ⅱ	2.67	769.89	0.771				0.578	0.953	0.633

续表

类别		城市	安装角度/(°)	所属光照资源区	自用电量国家补贴(元/kW·h): 0.42			县级补贴暂未计入		"全额上网"模式标杆电价计算标准: I类资源区 0.65 元/kW·h; II类资源区 0.75 元/kW·h; III类资源区 0.85 元/kW·h。西藏光伏电量上网执行 1.05 元/kW·h 标准。			
					日均峰值日照时数/(h/d)	年均有效利用峰值日照小时数/(h/a)	每瓦首年发电量/(kW·h/W)	省、市对工商业屋顶光伏补贴/(元/kW·h)	2017.7.1后脱硫燃煤电价标杆电价/(元/kW·h)	2017.7.1后 1kV等级下一般工商业用电价格或峰、平段平均用电价格/(元/kW·h)	首年 FRI₁:"全额上网"模式	首年 FRI₁:"自发自用、余电上网"模式中低压自用电量部分	首年 FRI₁:"自发自用、余电上网"模式中余电上网部分电让电量部分
光伏系统效率: 79%													
四川		攀枝花	27	II	5.01	1444.63	1.445		0.4012	0.816	1.084	1.786	1.187
		巴中	17	II	2.94	847.75	0.849				0.637	1.049	0.697
		达州	14	II	2.82	813.15	0.814				0.611	1.006	0.668
		资阳	15	II	2.73	787.2	0.789				0.592	0.975	0.648
		眉山	16	II	2.72	784.31	0.786				0.590	0.971	0.645
		雅安	16	II	2.92	841.98	0.842				0.632	1.041	0.691
		甘孜	30	II	4.17	1202.42	1.203				0.902	1.487	0.988
		凉山·西昌	25	II	4.39	1265.86	1.266				0.950	1.565	1.040
		阿坝	35	II	5.28	1522.49	1.523				1.142	1.882	1.251
云南		昆明	25	II	4.4	1268.74	1.271		0.3358	0.663	0.953	1.376	0.961
		曲靖	25	II	4.24	1222.6	1.224				0.918	1.326	0.925
		玉溪	24	II	4.46	1286.04	1.288				0.966	1.395	0.973
		丽江	29	II	5.18	1493.65	1.494				1.121	1.618	1.129
		普洱	21	II	4.33	1248.56	1.25				0.938	1.354	0.945
		临沧	25	II	4.63	1335.06	1.335				1.001	1.446	1.009
		德宏	25	II	4.74	1366.78	1.367				1.025	1.480	1.033
		怒江	27	II	4.68	1349.48	1.35				1.013	1.462	1.020

续表

光伏系统效率：79%　自用电量国家补贴(元/kW·h)：0.42

"全额上网"模式标杆电价计算标准：I类资源区 0.65 元/kW·h；II类资源区 0.75 元/kW·h；III类资源区 0.85 元/kW·h。西藏光伏电量上网执行 1.05 元/kW·h 标准。

类别	城市	安装角度/(°)	所属光照资源区	日均峰值日照时数/(h/d)	年均有效利用峰值日照小时数/(h/a)	每瓦首年发电量/(kW·h/W)	省、市对工商业屋顶光伏补贴/(元/kW·h)	2017.7.1后脱硫煤标杆电价/(元/kW·h)	2017.7.1后 1kV 等级下一般工商业用电价格或峰、平段平均用电价格/(元/kW·h)	首年 FRI₁："全额上网"模式	首年 FRI₁："自发自用，余电上网"模式中低压自用电量部分	首年 FRI₁："自发自用，余电上网"模式中余电上网部分电上网部分
云南	迪庆	28	II	5.01	1444.63	1.446	县级补贴暂未计入	0.3358	0.663	1.085	1.566	1.093
	楚雄	25	II	4.49	1294.69	1.296				0.972	1.404	0.980
	昭通	22	II	4.25	1225.49	1.225				0.919	1.327	0.926
	大理	27	II	4.91	1415.8	1.416				1.062	1.534	1.070
	红河	23	II	4.56	1314.88	1.314				0.986	1.423	0.993
	保山	29	II	4.66	1343.71	1.344				1.008	1.456	1.016
	文山	22	II	4.52	1303.34	1.303				0.977	1.411	0.985
	西双版纳	20	II	4.47	1288.92	1.291				0.968	1.398	0.976
贵州	贵阳	15	III	2.95	850.63	0.852		0.3515	0.7224	0.724	0.973	0.657
	六盘水	22	III	3.84	1107.26	1.107				0.941	1.265	0.854
	遵义	13	III	2.79	804.5	0.805				0.684	0.920	0.621
	安顺	13	III	3.05	879.47	0.879				0.747	1.004	0.678
	毕节	21	III	3.76	1084.2	1.086				0.923	1.241	0.838
	黔西南	20	III	3.85	1110.15	1.111				0.944	1.269	0.857
	铜仁	15	III	2.9	836.22	0.836				0.711	0.955	0.645

续表

光伏系统效率：79%；自用电量国家补贴（元/kW·h）：0.42；县级补贴暂未计入；"全额上网"模式标杆电价计算标准：Ⅰ类资源区0.75元/kW·h；Ⅱ类资源区0.65元/kW·h；Ⅲ类资源区0.85元/kW·h。西藏光伏电量上网执行1.05元/kW·h标准。

类别	城市	安装角度/(°)	所属光照资源区	日均峰值日照时数/(h/d)	年均有效利用峰值日照小时数/(h/a)	每瓦首年发电量/(kW·h/W)	省、市对工商业屋顶光伏补贴/(元/kW·h)	2017.7.1后脱硫煤标杆电价/(元/kW·h)	2017.7.1后1kV等级下一般工商业用电价或峰、平段平均用电价格/(元/kW·h)	首年FRI₁："全额上网"模式	首年FRI₁："自发自用，余电上网"模式中低压自用电量部分	首年FRI₁："自发自用，余电上网"模式中余电上网部分
西藏	拉萨	28		6.4	1845.44	1.845			商业0.8521、工业0.6631	1.937	商业2.347 工业1.998	商业2.347 工业1.998
	阿里	32		6.59	1900.23	1.9			商业2.332、工业1.6891	1.995	商业5.229 工业4.007	商业5.229 工业4.007
	昌都	32		5.18	1493.65	1.494			商业0.4806、工业0.5536	1.569	商业1.345 工业1.455	商业1.345 工业1.455
	林芝	30		5.33	1536.91	1.537			商业0.8521、工业0.6631	1.614	商业1.955 工业1.665	商业1.955 工业1.665
	日喀则	32		6.61	1905.99	1.906			商业0.8521、工业0.6631	2.001	商业2.425 工业2.064	商业2.425 工业2.064
	山南	32		6.13	1767.59	1.768			商业0.8521、工业0.6631	1.856	商业2.249 工业1.915	商业2.249 工业1.915
	那曲	35		5.84	1683.96	1.648			商业0.8521、工业0.6631	1.730	商业2.096 工业1.785	商业2.096 工业1.785

续表

光伏系统效率：79%　自用电量国家补贴（元/kW·h）：0.42　县级补贴暂未计入

"全额上网"模式标杆电价计算标准：Ⅰ类资源区0.75元/kW·h；Ⅱ类资源区0.85元/kW·h；Ⅲ类资源区1.05元/kW·h标准。

首年FRI₁："自发自用、余电上网"模式中余电上网部分电量计算标准：Ⅰ类资源区0.65元/kW·h；Ⅱ类资源区0.85元/kW·h。西藏光伏电量上网电价执行1.05元/kW·h标准。

类别	城市	安装角度/(°)	所属光照资源区	日均峰值日照时数/(h/d)	年均有效利用峰值日照小时数/(h/a)	每瓦首年发电量/(kW·h/W)	省、市对工商业屋顶光伏补贴/(元/kW·h)	2017.7.1后脱硫煤标杆电价/(元/kW·h)	2017.7.1后1kV等级以下一般工商业用电价格或峰、平段平均用电价格/(元/kW·h)	首年FRI₁："全额上网"模式	首年FRI₁："自发自用、余电上网"模式中低压自用电量自用部分	首年FRI₁："自发自用、余电上网"模式中余电上网部分
新疆	乌鲁木齐	33	Ⅱ	4.22	1216.84	1.217		0.25	0.519	0.913	1.143	0.815
	昌吉	33	Ⅱ	4.22	1216.84	1.217		0.25	0.519	0.913	1.143	0.815
	克拉玛依	41	Ⅰ	4.87	1404.26	1.404		0.25	0.519	0.913	1.318	0.941
	吐鲁番	42	Ⅱ	5.55	1600.34	1.6		0.25	0.519	1.200	1.502	1.072
	哈密	40	Ⅰ	5.33	1536.91	1.537		0.25	0.519	0.999	1.443	1.030
	石河子	38	Ⅱ	5.12	1476.35	1.478		0.25	0.519	1.109	1.388	0.990
	伊犁	40	Ⅱ	4.95	1427.33	1.427		0.25	0.519	1.070	1.340	0.956
	巴音郭楞	41	Ⅱ	5.42	1562.86	1.563		0.25	0.519	1.172	1.468	1.047
	五家渠	36	Ⅱ	4.65	1340.83	1.341		0.25	0.519	1.006	1.259	0.898
	阿勒泰	44	Ⅰ	5.17	1490.77	1.494		0.25	0.519	0.971	1.403	1.001
	塔城	41	Ⅰ	4.88	1407.15	1.407		0.25	0.519	0.915	1.321	0.943
	阿克苏	40	Ⅱ	5.35	1542.67	1.543		0.25	0.519	1.157	1.449	1.034
	博尔塔拉	40	Ⅱ	4.91	1415.8	1.416		0.25	0.519	1.062	1.330	0.949
	克孜勒苏	40	Ⅱ	4.92	1418.68	1.419		0.25	0.519	1.064	1.332	0.951
	喀什	40	Ⅱ	4.92	1418.68	1.419		0.25	0.519	1.064	1.332	0.951
	图木舒克	37	Ⅱ	5	1441.75	1.442		0.25	0.519	1.082	1.354	0.966
	阿拉尔	38	Ⅱ	4.92	1418.68	1.419		0.25	0.519	1.064	1.332	0.951
	和田	35	Ⅱ	5.59	1611.88	1.612		0.45	0.45	1.209	1.402	1.080

续表

类别	城市	安装角度/(°)	所属光照资源区	日均峰值日照时数/(h/d)	年均有效利用峰值日照小时数/(h/a)	每瓦首年发电量/(kW·h/W)	省、市对工商业屋顶光伏补贴/(元/kW·h)	2017.7.1后脱硫煤标杆电价/(元/kW·h)	2017.7.1后1kV等级下一般工商业用电价格或峰、平段平均用电价格/(元/kW·h)	首年FRI₁:"全额上网"模式	首年FRI₁:"自发自用、余电上网"模式中低压自用电量部分	首年FRI₁:"自发自用、余电上网"模式中余电上网部分
陕西	西安	26	III	3.57	1029.41	1.029		0.3545	0.7704	0.875	1.225	0.797
	宝鸡	30	III	4.28	1234.14	1.234				1.049	1.469	0.956
	咸阳	26	III	3.57	1029.41	1.029				0.875	1.225	0.797
	渭南	31	III	4.45	1283.16	1.283				1.091	1.527	0.994
	铜川	33	III	4.65	1340.83	1.341				1.140	1.596	1.039
	延安	35	II	4.99	1438.87	1.439				1.079	1.713	1.115
	榆林	38	II	5.4	1557.09	1.557				1.168	1.853	1.206
	汉中	29	III	4.06	1170.7	1.171				0.995	1.394	0.907
	安康	26	III	3.85	1110.15	1.11				0.944	1.321	0.860
	商洛	26	III	3.57	1029.41	1.029	0.05(预计3年)			0.926	1.276	0.848
甘肃	兰州	29	II	4.21	1213.95	1.214				0.911	1.684	0.871
	酒泉	41	I	5.54	1597.46	1.597				1.038	2.215	1.146
	嘉峪关	41	I	5.54	1597.46	1.597		0.2978	0.96685	1.038	2.215	1.146
	张掖	42	I	5.59	1611.88	1.612				1.048	2.236	1.157
	天水	32	II	4.51	1300.46	1.3				0.975	1.803	0.933
	白银	38	II	5.31	1531.14	1.531				1.148	2.123	1.099
	定西	38	II	5.2	1499.42	1.499				1.124	2.079	1.076

光伏系统效率：79%　自用电量国家补贴(元/kW·h)：0.42　县级补贴暂未计入

"全额上网"模式标杆电价计算标准：I类资源区0.65元/kW·h；II类资源区0.75元/kW·h；III类资源区0.85元/kW·h，西藏光伏电量上网执行1.05元/kW·h标准。

续表

光伏系统效率：79%　　自用电量国家补贴(元/kW·h)：0.42

"全额上网"模式标杆电价计算标准：Ⅰ类资源区 0.65 元/kW·h；Ⅱ类资源区 0.75 元/kW·h；Ⅲ类资源区 0.85 元/kW·h。西藏光伏电量上网执行 1.05 元/kW·h 标准。

类别	城市	安装角度/(°)	所属光照资源区	日均峰值日照时数/(h/d)	年均有效利用峰值日照小时数/(h/a)	每瓦首年发电量/(kW·h/W)	省、市对工商业屋顶光伏补贴/(元/kW·h)（县级补贴暂未计入）	2017.7.1后脱硫煤标杆电价/(元/kW·h)	2017.7.1后1kV等级下一般工商业用电价格或峰平段平均用电价格/(元/kW·h)	首年FRI₁："全额上网"模式	首年FRI₁："自发自用、余电上网"模式中低压自用电量部分	首年FRI₁："自发自用、余电上网"模式中余电上网部分
甘肃	甘南	32	Ⅱ	4.51	1300.46	1.3		0.2978	0.96685	0.975	1.803	0.933
	金昌	39	Ⅰ	5.6	1614.76	1.615				1.050	2.240	1.159
	临夏	38	Ⅱ	5.2	1499.42	1.499				1.124	2.079	1.076
	陇南	28	Ⅱ	4.51	1300.46	1.3				0.975	1.803	0.933
	平凉	34	Ⅱ	4.76	1372.55	1.373				1.030	1.904	0.986
	庆阳	34	Ⅱ	4.69	1352.36	1.352				1.014	1.875	0.970
	武威	40	Ⅰ	5.17	1490.77	1.491				0.969	2.068	1.070
宁夏	银川	36	Ⅰ	5.06	1459.05	1.459		0.2595	0.6854	0.948	1.613	0.991
	石嘴山	39	Ⅰ	5.54	1597.46	1.597				1.038	1.765	1.085
	固原	34	Ⅰ	4.76	1372.55	1.373				0.892	1.518	0.933
	中卫	37	Ⅰ	5.39	1554.21	1.554				1.010	1.718	1.056
	吴忠	38	Ⅰ	5.3	1528.26	1.528				0.993	1.689	1.038
青海	西宁	34	Ⅱ	4.7	1355.25	1.355		0.3247	0.77365	1.016	1.617	1.009
	果洛·达日	36	Ⅱ	5.19	1496.54	1.497				1.123	1.787	1.115
	海北·海晏	34	Ⅱ	4.7	1355.25	1.355				1.016	1.617	1.009
	海东·平安	34	Ⅱ	4.7	1355.25	1.355				1.016	1.617	1.009
	海南·共和	38	Ⅱ	5.88	1695.5	1.695				1.271	2.023	1.262

续表

光伏系统效率：79%　自用电量国家补贴(元/kW·h)：0.42　县级补贴暂未计入

"全额上网"模式标杆电价计算标准：I 类资源区 0.65 元/kW·h；II 类资源区 0.75 元/kW·h；III 类资源区 0.85 元/kW·h。西藏光伏电量上网执行 1.05 元/kW·h 标准。

类别	城市	安装角度/(°)	所属光照资源区	日均峰值日照时数/(h/d)	年均有效利用峰值日照小时数/(h/a)	每瓦首年发电量/(kW·h/W)	省、市对工商业屋顶光伏补贴/(元/kW·h)	2017.7.1后脱硫煤标杆电价/(元/kW·h)	2017.7.1后1kV等级下一般工商业用电价格或峰、平段平均用电价格/(元/kW·h)	首年 FRI₁："全额上网"模式	首年 FRI₁："自发自用、余电上网"模式中低压自用电量部分	首年 FRI₁："自发自用、余电上网"模式中余电上网部分电上网部分
青海	海西-格尔木	38	I	5.88	1695.5	1.695		0.3247	0.77365	1.102	2.023	1.262
	海西-德令哈	41	I	5.65	1629.18	1.629				1.059	1.944	1.213
	黄南-同仁	39	II	5.81	1675.31	1.675				1.256	1.999	1.247
	玉树	34	II	5.37	1548.44	1.548				1.161	1.848	1.153
广东	广州	20	III	3.16	911.19	0.91	0.1(10 年)	0.453	1.0947	0.865	1.469	0.885
	清远	19	III	3.43	989.04	0.989				0.841	1.498	0.863
	韶关	18	III	3.67	1058.24	1.06				0.901	1.606	0.925
	河源	18	III	3.66	1055.36	1.056				0.898	1.600	0.922
	梅州	20	III	3.92	1130.33	1.132				0.962	1.715	0.988
	潮州	19	III	4	1153.4	1.156				0.983	1.751	1.009
	汕头	19	III	4.02	1159.17	1.16				0.986	1.757	1.013
	揭阳	18	III	3.97	1144.75	1.147				0.975	1.737	1.001
	汕尾	17	III	3.81	1098.61	1.1				0.935	1.666	0.960
	惠州	18	III	3.74	1078.43	1.079				0.917	1.634	0.942
	东莞	17	III	3.52	1014.99	1.017	0.1(5 年)			0.966	1.642	0.990
	深圳	17	III	3.78	1089.96	1.089				0.926	1.650	0.951

续表

光伏系统效率：79%　自用电量国家补贴(元/kW·h)：0.42　"全额上网"模式标杆电价计算标准：Ⅰ类资源区0.65元/kW·h；Ⅱ类资源区0.75元/kW·h；Ⅲ类资源区0.85元/kW·h。西藏光伏电量上网执行1.05元/kW·h标准。

类别	城市	安装角度/(°)	所属光照资源区	日均峰值日照时数/(h/d)	年均有效利用峰值日照小时数/(h/a)	每瓦首年发电量/(kW·h/W)	省、市对工商业屋顶光伏补贴/(元/kW·h)	县级补贴暂未计入 2017.7.1后脱硫煤标杆电价/(元/kW·h)	2017.7.1后1kV等级下一般工商业用电价格或峰、平段平均用电价格/(元/kW·h)	首年FRI₁："全额上网"模式	首年FRI₁："自发自用、余电上网"模式中低压自用电量部分	首年FRI₁："自发自用、余电上网"模式中余电上网部分
广东	珠海	17	Ⅲ	4	1153.4	1.153		0.453	1.0947	0.980	1.746	1.007
	中山	17	Ⅲ	3.88	1118.8	1.118				0.950	1.693	0.976
	江门	17	Ⅲ	3.76	1084.2	1.084				0.921	1.642	0.946
	佛山	18	Ⅲ	3.43	989.04	0.99	0.15(3年)			0.990	1.648	1.013
	肇庆	18	Ⅲ	3.48	1003.46	1.003				0.853	1.519	0.876
	云浮	17	Ⅲ	3.53	1017.88	1.018				0.865	1.542	0.889
	阳江	16	Ⅲ	3.9	1124.57	1.127				0.958	1.707	0.984
	茂名	16	Ⅲ	3.84	1107.26	1.108				0.942	1.678	0.967
	湛江	14	Ⅲ	3.9	1124.57	1.125				0.956	1.704	0.982
广西	南宁	14	Ⅲ	3.62	1043.83	1.044		0.4207	0.8175	0.887	1.292	0.878
	桂林	17	Ⅲ	3.35	965.97	0.967				0.822	1.197	0.813
	百色	15	Ⅲ	3.79	1092.85	1.094				0.930	1.354	0.920
	玉林	16	Ⅲ	3.74	1078.43	1.079				0.917	1.335	0.907
	钦州	14	Ⅲ	3.67	1058.24	1.059				0.900	1.311	0.890
	北海	14	Ⅲ	3.76	1084.2	1.085				0.922	1.343	0.912
	梧州	16	Ⅲ	3.63	1046.71	1.046				0.889	1.294	0.879
	柳州	16	Ⅲ	3.46	997.69	0.998				0.848	1.235	0.839

续表

"全额上网"模式标杆电价计算标准：I 类资源区 0.65 元/kW·h；II 类资源区 0.75 元/kW·h；III 类资源区 0.85 元/kW·h。西藏光伏电量上网执行 1.05 元/kW·h 标准。

光伏系统效率：79%　　自用电量国家补贴(元/kW·h)：0.42　　县级补贴暂未计入

类别	城市	安装角度/(°)	所属光照资源区	日均峰值日照时数/(h/d)	年均有效利用峰值日照小时数/(h/a)	每瓦首年发电量/(kW·h/W)	省、市对工商业屋顶光伏补贴/(元/kW·h)	2017.7.1后脱硫煤标杆电价/(元/kW·h)	2017.7.1后1kV等级下一般工商业用电价格或峰、平段平均用电价格/(元/kW·h)	首年FRI₁："全额上网"模式	首年FRI₁："自发自用、余电上网"模式中低压自用电量部分	首年FRI₁："自发自用、余电上网"模式中余电上网部分
广西	河池	14	III	3.46	997.69	0.998		0.4207	0.8175	0.848	1.235	0.839
	防城港	14	III	3.67	1058.24	1.059				0.900	1.311	0.890
	贺州	17	III	3.54	1020.76	1.02				0.867	1.262	0.858
	来宾	14	III	3.55	1023.64	1.024				0.870	1.267	0.861
	崇左	14	III	3.74	1078.43	1.078				0.916	1.334	0.906
	贵港	15	III	3.61	1040.94	1.042				0.886	1.289	0.876
海南	海口	10	III	4.33	1248.56	1.25		0.4298	0.74	1.063	1.450	1.062
	三亚	15	III	4.75	1369.66	1.371	0.25(20 年)			1.508	1.933	1.508
	琼海	12	III	4.71	1358.13	1.358				1.154	1.575	1.154
	白沙	15	III	4.76	1372.55	1.374				1.168	1.594	1.168
	保亭	15	III	4.74	1366.78	1.368				1.163	1.587	1.163
	昌江	13	III	4.55	1311.99	1.314				1.117	1.524	1.117
	澄迈	13	III	4.55	1311.99	1.313				1.116	1.523	1.116
	儋州	13	III	4.48	1291.81	1.294				1.100	1.501	1.100
	定安	10	III	4.32	1245.67	1.246				1.059	1.445	1.059
	东方	14	III	4.84	1395.61	1.396				1.187	1.619	1.186
	乐东	16	III	4.77	1375.43	1.376				1.170	1.596	1.169

续表

光伏系统效率: 79%　自用电量国家补贴(元/kW·h): 0.42　县级补贴暂未计入

"全额上网"模式标杆电价计算标准: Ⅰ类资源区 0.65 元/kW·h; Ⅱ类资源区 0.75 元/kW·h; Ⅲ类资源区 0.85 元/kW·h。西藏光伏电量上网执行 1.05 元/kW·h 标准。

首年 FRI₁: "自发自用、余电上网"模式中余电上网部分电价计算标准: Ⅰ类资源区 0.65 元/kW·h; Ⅱ类资源区 0.85 元/kW·h; Ⅲ类资源区 0.85 元/kW·h。西藏光伏电量上网执行 1.05 元/kW·h 标准。

类别	城市	安装角度/(°)	所属光照资源区	日均峰值日照时数/(h/d)	年均有效利用峰值日照小时数/(h/a)	每瓦首年发电量/(kW·h/W)	省、市对工商业屋顶光伏补贴/(元/kW·h)	2017.7.1后脱硫煤标杆电价/(元/kW·h)	2017.7.1后1kV等级下一般工商业用电价格或峰、平段平均用电价格/(元/kW·h)	首年FRI₁:"全额上网"模式	首年FRI₁:"自发自用、余电上网"模式中低压自用电量自用部分	首年FRI₁:"自发自用、余电上网"模式中余电上网部分
海南	临高	12	Ⅲ	4.51	1300.46	1.302		0.4298	0.74	1.107	1.510	1.106
	陵水	15	Ⅲ	4.74	1366.78	1.366				1.161	1.585	1.161
	琼中	13	Ⅲ	4.72	1361.01	1.362				1.158	1.580	1.157
	屯昌	13	Ⅲ	4.68	1349.48	1.351				1.148	1.567	1.148
	万宁	13	Ⅲ	4.67	1346.59	1.346				1.144	1.561	1.144
	文昌	10	Ⅲ	4.28	1234.14	1.233				1.048	1.430	1.048
	五指山	15	Ⅲ	4.8	1384.08	1.387				1.179	1.609	1.179
江苏	南京	23	Ⅲ	3.71	1069.78	1.07		0.391	0.8366	0.910	1.345	0.868
	徐州	25	Ⅲ	3.95	1138.98	1.139				0.968	1.431	0.924
	连云港	26	Ⅲ	4.13	1190.89	1.19				1.012	1.495	0.965
	盐城	25	Ⅲ	3.98	1147.63	1.147	0.1(年限未明确)			1.090	1.556	1.045
	泰州	23	Ⅲ	3.8	1095.73	1.097				0.932	1.378	0.890
	镇江	23	Ⅲ	3.68	1061.13	1.062	0.1(5年)			1.009	1.441	0.967
	南通	23	Ⅲ	3.92	1130.33	1.13				0.961	1.420	0.916
	常州	23	Ⅲ	3.73	1075.55	1.076				0.915	1.352	0.873
	无锡	23	Ⅲ	3.71	1069.78	1.07				0.910	1.345	0.868
	苏州	22	Ⅲ	3.68	1061.13	1.062	0.1(3年)			1.009	1.441	0.967

续表

光伏系统效率：79%；自用电量国家补贴(元/kW·h)：0.42；"全额上网"模式标杆电价计算标准：I类资源区 0.65 元/kW·h；II类资源区 0.75 元/kW·h；III类资源区 0.85 元/kW·h。西藏光伏电量上网执行 1.05 元/kW·h 标准。

县级补贴暂未计入

类别	城市	安装角度/(°)	所属光照资源区	日均峰值日照时数/(h/d)	年均有效利用峰值日照小时数/(h/a)	每瓦首年发电量/(kW·h/W)	省、市对工商业屋顶光伏补贴/(元/(kW·h))	2017.7.1后脱硫煤标杆电价/(元/(kW·h))	2017.7.1后1kV等级下一般工商业用电价格或峰、平段平均用电价格/(元/(kW·h))	首年FRI$_1$："全额上网"模式	首年FRI$_1$："自发自用、余电上网"模式中低压自用电量部分	首年FRI$_1$："自发自用、余电上网"模式中余电上网部分电量部分
江苏	淮安	25	III	3.98	1147.63	1.148		0.391	0.8366	0.976	1.443	0.931
	宿迁	25	III	3.96	1141.87	1.141				0.970	1.434	0.925
	扬州	22	III	3.69	1064.01	1.065				0.905	1.338	0.864
浙江	杭州	20	III	3.42	986.16	0.988	省 0.1(20年)，市 0.1(5年)	0.4153	0.8607	1.037	1.463	1.023
	绍兴	20	III	3.56	1026.53	1.028	省 0.1(20年)，市 0.1(5年)			1.182	1.625	1.167
	宁波	20	III	3.67	1058.24	1.057	省 0.1(20年)，市 0.1(5年)			1.110	1.565	1.094
	湖州	20	III	3.7	1066.9	1.067	省 0.1(20年)，市 0.18(5年)			1.206	1.665	1.190
	嘉兴	20	III	3.66	1055.36	1.057	省 0.1(20年)，市 0.1(3年)			1.110	1.565	1.094
	金华	20	III	3.63	1046.71	1.047	省 0.1(20年)，市 0.2(3年)			1.204	1.655	1.189
	丽水	20	III	3.77	1087.08	1.089	省 0.1(20年)，市 0.15(5年)			1.198	1.667	1.182

续表

光伏系统效率：79%　自用电量国家补贴(元/kW·h)：0.42　县级补贴暂未计入

"全额上网"模式标杆电价计算标准：Ⅰ类资源区 0.65 元/kW·h；Ⅱ类资源区 0.75 元/kW·h；Ⅲ类资源区 0.85 元/kW·h。西藏光伏电量上网执行 1.05 元/kW·h 标准。

类别	城市	安装角度/(°)	所属光照资源区	日均峰值日照时数/(h/d)	年均有效利用峰值日照小时数/(h/a)	每瓦首年发电量/(kW·h/W)	省、市对工商业屋顶光伏补贴/(元/kW·h)	2017.7.1 后脱硫煤标杆电价/(元/kW·h)	2017.7.1后 1kV 等级下一般工商业用电价格或峰、平段平均用电价格/(元/kW·h)	首年 FRI_1："全额上网"模式	首年 FRI_1："自发自用、余电上网"模式中低压自用电量自用部分	首年 FRI_1："自发自用、余电上网"模式中余电上网部分
浙江	温州	18	Ⅲ	3.77	1087.08	1.088	省 0.1(20 年)，市 0.1(15 年)	0.4153	0.8607	1.142	1.611	1.126
	台州	23	Ⅲ	3.8	1095.73	1.098	省 0.1(20 年)，市 0.1(15 年)			1.153	1.626	1.137
	舟山	20	Ⅲ	3.76	1084.2	1.085	省 0.1(20 年)，市 0.15(15 年)			1.031	1.498	1.015
	衢州	20	Ⅲ	3.69	1064.01	1.064	省 0.1(20 年)，市 0.3(5 年)			1.330	1.788	1.314
福建	福州	17	Ⅲ	3.54	1020.76	1.021		0.3932	0.859	0.868	1.306	0.830
	莆田	16	Ⅲ	3.59	1035.18	1.035				0.880	1.324	0.842
	南平	18	Ⅲ	4.17	1202.42	1.204				1.023	1.540	0.979
	厦门	17	Ⅲ	3.89	1121.68	1.121				0.953	1.434	0.912
	泉州	17	Ⅲ	3.92	1130.33	1.131				0.961	1.447	0.920
	漳州	18	Ⅲ	3.87	1115.91	1.116				0.949	1.427	0.908
	三明	18	Ⅲ	3.92	1130.33	1.132				0.962	1.448	0.921
	龙岩	20	Ⅲ	3.92	1130.33	1.13				0.961	1.445	0.919
	宁德	18	Ⅲ	3.62	1043.83	1.045				0.888	1.337	0.850

续表

光伏系统效率：79%　自用电量国家补贴（元/kW·h）：0.42　县级补贴暂未计入

"全额上网"模式标杆电价计算标准：I 类资源区 0.65 元/kW·h；II 类资源区 0.75 元/kW·h；III 类资源区 0.85 元/kW·h。西藏光伏电量上网执行 1.05 元/kW·h 标准。

类别	城市	安装角度/(°)	所属光照资源区	日均峰值日照时数/(h/d)	年均有效峰值利用小时数/(h/a)	每瓦首年发电量/(kW·h/W)	省、市对工商业屋顶光伏补贴/(元/kW·h)	2017.7.1 后脱硫燃煤标杆电价/(元/kW·h)	2017.7.1 后 1kV 等级下一般工商业用电价格或峰、平段平均用电价格/(元/kW·h)	首年 FRI₁："全额上网"模式	首年 FRI₁："自发自用、余电上网"模式中低压自用电量部分	首年 FRI₁："自发自用、余电上网"模式中余电上网部分电上网部分
山东	济南	32	III	4.27	1231.25	1.231		0.3949	0.7525	1.046	1.443	1.003
	青岛	30	III	3.38	974.62	0.975				0.829	1.143	0.795
	淄博	35	III	4.9	1412.92	1.413				1.201	1.657	1.151
	东营	36	III	4.98	1435.98	1.436				1.221	1.684	1.170
	潍坊	35	III	4.9	1412.92	1.413				1.201	1.657	1.151
	烟台	35	III	4.94	1424.45	1.424				1.210	1.670	1.160
	枣庄	32	III	4.11	1185.12	1.349				1.147	1.582	1.099
	威海	33	III	4.94	1424.45	1.424				1.210	1.670	1.160
	济宁	32	III	4.72	1361.01	1.361				1.157	1.596	1.109
	泰安	36	III	4.93	1421.57	1.422				1.209	1.667	1.159
	日照	33	III	4.7	1355.25	1.355				1.152	1.589	1.104
	莱芜	34	III	4.88	1407.15	1.407				1.196	1.650	1.147
	临沂	33	III	4.77	1375.43	1.375				1.169	1.612	1.120
	德州	35	III	5	1441.75	1.442				1.226	1.691	1.175
	聊城	36	III	4.93	1421.57	1.422				1.209	1.667	1.159
	滨州	37	III	5.03	1450.4	1.45				1.233	1.700	1.182
	菏泽	32	III	4.72	1361.01	1.361				1.157	1.596	1.109

续表

光伏系统效率：79%；自用电量国家补贴（元/kW·h）：0.42；"全额上网"模式标杆电价计算标准：I类资源区0.65元/kW·h；II类资源区0.75元/kW·h；III类资源区0.85元/kW·h。西藏光伏上网电量上网执行1.05元/kW·h标准。

县级补贴暂未计入

类别	城市	安装角度/(°)	所属光照资源区	日均峰值日照时数/(h/d)	年均有效利用峰值日照小时数/(h/a)	每瓦首年发电量/(kW·h/W)	省、市对工商业屋顶光伏补贴/(元/kW·h)	2017.7.1后脱硫煤标杆电价/(元/kW·h)	2017.7.1后1kV等级以下一般工商业用电价格或峰、平段平均用电价格/(元/kW·h)	首年FRI₁："全额上网"模式	首年FRI₁："自发自用，余电上网"模式中低压自用电量部分	首年FRI₁："自发自用，余电上网"模式中余电上网部分
江西	南昌	16	III	3.59	1035.18	1.036	省0.2(20年)、市0.15(5年)	0.4143	0.7802	1.243	1.606	1.227
	九江	20	III	3.56	1026.53	1.026	省0.2(20年)			1.077	1.437	1.061
	景德镇	20	III	3.63	1046.71	1.047	省0.2(20年)			1.099	1.466	1.083
	上饶	20	III	3.76	1084.2	1.084	省0.2(20年)、市0.15(5年)			1.301	1.680	1.284
	鹰潭	17	III	3.68	1061.13	1.062	省0.2(20年)			1.115	1.487	1.098
	宜春	15	III	3.37	971.74	0.973	省0.2(20年)			1.022	1.362	1.006
	萍乡	15	III	3.33	960.21	0.962	省0.2(20年)			1.010	1.347	0.995
	赣州	16	III	3.67	1058.24	1.059	省0.2(20年)			1.112	1.483	1.095
	吉安	16	III	3.59	1035.18	1.037	省0.2(20年)			1.089	1.452	1.073
	抚州	16	III	3.64	1049.59	1.049	省0.2(20年)			1.101	1.469	1.085
	新余	15	III	3.55	1023.64	1.025	省0.2(20年)、市0.1(6年)			1.179	1.538	1.163

续表

光伏系统效率：79%　自用电量国家补贴(元/kW·h)：0.42

"全额上网"模式标杆电价计算标准：I类资源区0.65元/kW·h；II类资源区0.75元/kW·h；III类资源区0.85元/kW·h。西藏光伏电量上网执行1.05元/kW·h标准。

类别	城市	安装角度/(°)	所属光照资源区	日均峰值日照时数/(h/d)	年均有效利用峰值日照小时数/(h/a)	每瓦首年发电量/(kW·h/W)	省、市对工商业屋顶光伏补贴/(元/kW·h)	县级补贴暂未计入 2017.7.1后脱硫煤标杆电价/(元/kW·h)	2017.7.1后1kV等级下一般工商业用电价格或峰、平段平均用电价格/(元/kW·h)	首年FRI₁："全额上网"模式	首年FRI₁："自发自用、余电上网"模式中低压自用电量部分	首年FRI₁："自发自用、余电上网"模式中余电上网部分
安徽	合肥	27	III	3.69	1064.01	1.064	0.25(15年)	0.3693	0.8234	1.170	1.589	1.106
	芜湖	26	III	4.03	1162.05	1.162				0.988	1.445	0.917
	黄山	25	III	3.84	1107.26	1.107				0.941	1.376	0.874
	安庆	25	III	3.91	1127.45	1.127				0.958	1.401	0.890
	蚌埠	25	III	3.92	1130.33	1.13				0.961	1.405	0.892
	亳州	23	III	3.86	1113.03	1.115	0.25(10年)			1.227	1.665	1.159
	池州	22	III	3.64	1049.59	1.048				0.891	1.303	0.827
	滁州	23	III	3.66	1055.36	1.056				0.898	1.313	0.834
	阜阳	28	III	4.21	1213.95	1.214				1.032	1.509	0.958
	淮北	30	III	4.49	1294.69	1.295	0.25(年限未明确)			1.425	1.934	1.346
	六安	23	III	3.69	1064.01	1.065				0.905	1.324	0.841
	马鞍山	22	III	3.68	1061.13	1.061	0.25(年限未明确)			1.167	1.584	1.103
	宿州	30	III	4.47	1288.92	1.289				1.096	1.603	1.017
	铜陵	22	III	3.65	1052.48	1.054				0.896	1.311	0.832
	宣城	23	III	3.65	1052.48	1.052				0.894	1.308	0.830
	淮南	28	III	4.24	1222.6	1.223				1.040	1.521	0.965

湖市、海盐县、海宁市）给予一定额度的初始安装补贴。

此外还有不少县市对户用光伏电站和扶贫电站有专门的补贴政策（见第 4 章 4.3 节）。

以上省、市、县（区）地方补贴对于并网时间一般都有具体要求，且享受补贴的年限从 3～20 年不等，部分地区要求必须使用当地生产的产品，针对具体项目补贴情况应咨询当地发改部门。

（6）财务成本。若投资者投入小部分资本金，其余部分通过融资途径建设光伏电站，则电费收入除了支付运维、税费、本金、利息外，剩余的纯收入才是盈余，而盈余的多少与融资利率成反比；这部分盈余要抵消投资者在建设期付出的那部分资本金需要数年的时间，在这种情况下是否投资光伏则是仁者见仁的决定，但核心因素则是融资利率，即财务成本。

（7）电费支付和补贴到位的时间。"自发自用、余电上网"的电站需要向电量使用者收取电费，结算时间点按照合同能源管理协议双方的约定执行，但可能出现支付不及时或用远期承兑汇票支付的情况。各级政府补贴大部分都是通过当地电力公司发放，一方面补贴政策本身要求一定时间段才结算一次，另一方面发放流程也需要时间，因此电站投资者要做好现金流的准备。一般来说光伏电价中脱硫煤部分是当地电力公司按月结算（也有当地电力公司要求每三个月或六个月一结的情况），另外根据笔者目前掌握的情况，浙江省光伏电站能够按月收到国补 0.42 元和省补 0.1 元的补贴，而市、县（区）补贴则是每年结算一次。

从以上来看，影响光伏电站经济效益除最重要的区域因素外，光照、国家补贴、地方补贴、脱硫煤电价、各种售电价格都与之有关。因此表 7-2 根据地理行政区域对与光伏收益相关的各项参数做了汇总。

7.1.2 光伏电站的经济回报指数（FRI）与光伏投资地图

前面分析论述了与电站收益相关的发电量测算、并网模型的收益计算方式等。本节在整合前文内容基础上，提出"经济回报指数（FRI）"概念，并通过表 7-2 对全国各个城市的分布式电站做了首年 FRI 计算。

经济回报指数（Financial ReturnIndex，FRI），它代表了分布式光伏电站每瓦装机所带来的收益（税前），25 年运营期权重的加权平均值。

$$FRI = \delta_1(x_1 f_1 + x_2 f_2 + \cdots x_n f_n) + \delta_2(x_{(n+1)} f_{(n+1)} + x_{(n+2)} f_{(n+2)} + \cdots x_{25} f_{25})$$

式中，① δ_1 与 δ_2 是出资人对项目资金回收快慢的主观权重；相对客观的可用项目贷款与资本金的比例折算。两者比最大为 4（即光伏电站总投资中，资本金最低占比 0.2）；

② f_n 中的 n 是地方政府对光伏电站的补贴年限；

③ x_n 是每年分布式光伏电站的收益（税前），根据电量与并网情况计算；

④ f_n 是每年的权重系数，取值可分为三种模式：

第一种 f_n 的值按照第 n 年等于 [电站运营期折减系数乘以 $(26-n)/25$] 取用；

第二种模式是根据当地补贴年限 n，f_1 到 f_n 权重一致，后续 f_{n+1} 到 f_{25}，按照上第一种方法计算；

第三种是心理预期值。

根据以上对公式的分析和政府补贴政策、融资的论述。我们可以简化计算，提高公式的应用效率，则电站每年的 FRI_m（m 为并网后的年数）计算公式为：

$$FRI_m = 每瓦第 m 年发电量(kW \cdot h/W) \times 第 m 年度电价格(元/kW \cdot h)$$

（1）从以上定义来看，某年度 FRI 实际上是每瓦光伏装机在当年所带来的全部营业收入（税前），其单位也是"元/W"。因此电站并网后，若前 t 年的 FRI 之和恰好超过电站的建设成本，则可粗略的认为电站的静态投资回收期是 t 年。以北京市城区或郊区为例，某全部自发自用的电站建设成本为 6 元/瓦，首年 FRI_1 为 2.246（见表 7-2）；第二年各级补贴未变，假设组件衰减 2%，则 FRI_2 为（$FRI_1 \times 0.98$）2.201；第三年补贴额度仍没有变化（北京市补贴年限为 5 年），假设组件再衰减 0.5%，则 FRI_3 为（$FRI_2 \times 0.995$）2.19；前三年 FRI 之和 6.637 元/W 刚刚超出成本 6 元/W，说明若是电站建设资金全部来源是自有资金，则投资者三年可收回全部建设资金，考虑到三年中有少量运维支出、增值税（可抵扣）、所得税（三免三减半）、及补贴到位的滞后，在实际中应该是并网后约四年收回全部投资。

（2）表 7-2 列出了以下三种情形下全国各地级市分布式光伏电站的首年 FRI_1：

① "全额上网"；

② "自发自用、余电上网"中 100% 自用；

③ "自发自用、余电上网"中 100% 作为余电上网。在绝大部分城市，b 情形下 FRI 最高，a、c 两种情形下 FRI 比较接近但明显低于 a 情形，说明为了得到更多更快的投资回报应尽量将光伏电量"自用"掉，若自用比例很低，则不如直接"全额上网"。在 2018 年 0.42 元/kW·h 补贴额度可能降低而标杆上网电价暂时不变的情况下，b 情形的 FRI 将会降低但应该仍会高于 a 和 c 情形。

（3）四川省东部是 FRI 最低的区域，且明显低于其他地区。一方面是因为光照较弱发电量少，却又被列为 Ⅱ 类资源区，标杆上网电价只有 0.75 元/kW·h，一般工商业电价也较低；另一方面没有省、市的地方补贴。比四川稍高的是湖南和贵州（除六盘水、黔西南外）。这三个省区在现实中也的确是光伏投资最不活跃的区域，虽然近两年有部分光伏扶贫项目在开展。

（4）表 7-2 计算"自发自用、余电上网"情形下的 FRI 是以低压并网的一般工商业为例，此种情况下光伏电量能抵消的电价最高。但若电量使用者是其他性质的用电客户（如 35kV 大工业用电、110kV 大工业用电、趸售、直供电等），则所能抵消的电价会降低（附录 7-1 列出了全国各省电网售电价格分类明细），相应 FRI 会大幅降低，接近于"全额上网"模式下的 FRI。实际中大面积的工业厂房业主往往是大工业用电用户甚至直供电用户，电价很低，投资者更倾向于全额上网。

（5）FRI 可以作为光伏投资的主要参考，但也要考虑一些具体因素，例如西藏特别是阿里地区的 FRI 极高，但分布式投资并不活跃，原因是当地并网条件有限，反而是离网的独立式电站更适用。

（6）新疆虽然光照条件很好，但脱硫煤电价和出售给一般工商业的电价都很低，导致 FRI 指数低于国内大部分地区，这也是新疆仍然以地面集中式光伏投资为主的原因。

（7）我们以浙江省为例（不考虑县级补贴），分别按照"全额上网"模式计算 11 个地级市的首年 FRI_1；以及"自发自用、余电上网"模型中全部自用和全部不自用的两种情况下的首年 FRI_1，计算结果见表 7-2。可在浙江省地图中用不同颜色代表每个地级市，颜色深浅代表 FRI_1 越高，投资回收越快。这要则得到浙江省光伏投资地图，即可方便进行投资决策。

同理我们可以描绘出全国各地分布式光伏电站在不同并网模式下的投资地图，将县（区）补贴也考虑进去后地图"分辨率"会更高，以便业内人士作为最直观的参考。

7.2　分布式电站评估机制[2~4]

光伏行业的发展虽然经历了很多高低起伏，但相较于普通能源而言还没有实现平价上网，还是一个需要国家补贴的新兴行业。对于中国来说，尽管之前有"金太阳"项目，有集中式电站项目，而光伏电站整体认证使用的并不全面，一些相对应的政策、标准还很缺失。但随着行业的发展，尤其是在国家提出度电补贴之后，业主（电站投资者）会越来越重视电站的质量。除了投资者对电站质量的要求外，光伏电站的建设，运行，维护等都存在各种风险。以光伏电站的重要组成组件来说，如果组件的质量不过关，不仅会造成电站发电效率下降，更严重的会在电站运行过程中埋下安全隐患。随着国家政策的出台，之前火热的"金太阳"落下帷幕，取而代之的是度电补贴，这一新的补贴模式对光伏电站的质量和安全要求更高。一个电站从采址、设计、安装到验收的整个环节都有可能影响到电站的最终发电量。为了保障电站的质量和安全性，提高投资者、保险公司及运营者的利润和信心，光伏电站的质量控制、光伏电站检测认证会显得越来越重要。例如日本，在电站融资过程中就会涉及到电站认证。

如何确保光伏电站的质量，保证投资者、银行、保险等相关主体的利益，第三方认证机构无疑是最佳选择。就目前而言，第三方认证机构对于光伏系统中各个类别的设备或部件已经形成了较为完整的认证体系，例如组件、逆变器、电缆、开关、箱变、电柜等都有严格而明确的全方位检测标准及检测方法，不同检测机构也都相继在国内设立了检测实验室。但是对于光伏电站整体的认证及评级体系仍处于方兴未艾的摸索阶段，有数家机构（如 TUV、远景、鉴衡、国家太阳能光伏产品质量监督检验中心、中国电科院等）声称正在开发或已经开发出电站整体评估标准和评估方法，但是目前行业内并没有统一的标准及在电站整体评估领域受普遍认可的有公信力的第三方出现。

7.2.1　国内外光伏认证评估机构

1. 目前国外具备相关资质和实力进行光伏方面认证的机构

（1）德国技术监督协会（TUV 集团）。为太阳能光伏产品提供较完善的测试和认证服务，检测认证产品覆盖地面用晶体硅电池组件，地面用薄膜电池组件，接线盒，连接器，光缆、背板、逆变器，该集团承担全球 70% 以上的光伏组件测试和认证业务。目前扬州光电产品检测中心作为其中国境内指定的测试实验室；2007 年该集团在我国上海成了了光伏实验室，是我国唯一一家经 DATECH（德国技术认证监督委员会）认可并拥有 100% 光伏测试能力的专业机构。

（2）ASU-PTL（美国亚利桑那州光伏检测室）。全球三大光伏认证检测室之一，也是美国唯一一家经过授权可进行光伏产品设计资质认证和型式认可的实验室。

（3）VDE 检测认证研究所（Fraunhofer Institute for Solar Energy Systems，德国弗劳恩霍夫太阳能研究所）。欧洲最有经验的第三方测试认证机构。产品测试涵盖完整的光伏系统、光伏组件、功率逆变器、安装系统、连接器和电缆。服务内容包括根据 VDE 和 IEC 标准的安全测试、环境试验、现场符合性监督/检查，并能颁发 VDE、VDE-GS、VDE-EMC、CB（即 IECEE 电工产品测试证书互认体系，IECEE 是国际电工委员会电工产品合格测试与认证组织的缩写）证书。

（4）美国安全检测实验室（UL）。一家独立的专注于安全方面认证的机构，全球首家制定光伏产品标准的第三方认证机构，也是 CB 体系下美国唯一一家具备核发和认可双重资格的国家认证机构，可颁发 IECEE-CB 证书，2009 年进入中国在苏州建立了光伏卓越技术中心，是 UL 在亚洲地区规模最大的光伏实验室。

（5）Intertek 天祥集团（英国）。世界上规模最大的消费品测试检验和认证公司之一，可依据 CE（Conformité Européenne 欧洲合格评定）、UL、CSA（Canadian Standards Association 加拿大标准协会）、IEC（International Electrical Commission 国际电工委员会）、EN 标准进行检测，包括性能检测和安全检测，涉及晶体硅太阳能组件、薄膜太阳能组件、充电控制器等。

（6）瑞士同标标准技术服务有限公司（SGS）。

（7）欧洲委员会联合研究中心的环境可持续发展研究所。

（8）法国国际检验局（BV）。

2. 国内机构

（1）中国电子科技集团第十八研究所。中国最大的综合性化学物理电源研究所、国防工程一类所，是我国成立最早的光伏测试单位，是世界上四个具有光伏计量基准标定资格的实验室之一。目前，该机构已和美国 UL 建立合作关系，检测产品涵盖了晶体硅太阳能组件、控制器、逆变器、光风互补发电系统。

（2）上海空间电源研究所。隶属于中国航天技术总公司上海航天局，主要认证产品晶体硅太阳能组件、薄膜太阳能组件。

（3）中科院太阳光伏发电系统和风力发电系统质量检测中心。即"中日合作太阳能光伏电池检测室"，该实验室已具备完全按 IEC 标准对光伏电池及组件进行质量评估的能力。

（4）国家太阳能光伏产品质量监督检验中心。继美国、德国和日本之后的第四家从事光伏产品质量监督检验的国家级机构，该中心与 SGS-CSTC 通标标准技术服务公司合作，共同开展国内外光伏检测认证服务，该中心可提供太阳能电池及组件、储能电池、光伏系统、控制器及逆变器、光伏应用产品及原辅材料检测认证服务。

（5）CGC 鉴衡认证中心。经国家认证认可委批准由中国计量科学研究院组建，主要致力于风能、太阳能等新能源和可再生能源产品标准研究及产品认证的第三方机构，检测认证范围包括地面晶体硅光伏组件、控制器、逆变器、独立系统。

（6）深圳电子产品质量检测中心。中国南方首家光伏电池产品认证检测实验室。

（7）扬州光电检测中心、国家光伏产品质量监督检验中心（成都）等。

7.2.2 电站整体评估所涵盖的方面

不论是哪一个第三方机构对电站进行评估，都应至少包含以下几个方面：

1. 项目合规性、技术方案的合理性、商业模式的风险评估

主要是对各种报批手续、技术资料的评估。包括且不限于屋顶租赁合同、合同能源管理协议、购售电合同、发改部门的备案、电力公司接入意见、屋顶所有者资信及背景调查、屋顶荷载报告、方阵排布及倾角、电气设计方案、防雷方案、建筑合法性证明、预计政府补贴到位时间表等等。

2. 电站监造

主要是对影响发电量的主要设备，如光伏组件，逆变器等进行全程监造的过程，该过程包括来料检验、原材料质量控制、生产工艺的控制、成品检验、包装运输、第三方实验室验证以及并网后检测等。同时电站监造可以实现项目业主对电站的特定要求确认。以光伏电站的核心构成器件光伏组件为例，组件以及项目整体的质量表现在设计、采购、生产、包装、储存、发货、运输、安装、使用和维护等各个环节，第三方认证机构将从最初生产到最终维护实现超越时间和空间限制的监造过程。组件的全过程质量监造过程包括工厂检查、原材料性能检验、生产工艺控制（含抽样检测、实验室抽样测试以及电站现场监造及测试要求）。需要重点提出的是在电站现场检测及测试过程中，安装现场组件的拆卸、组件的检查和测试以及光伏组件安装指导及人员培训都涵括在内。其涉及到关键器件如组件在监测时依据标准主要为 IEC61215，IEC61730 等。

3. 电站认证的实施

主要是以减少电站中存在的质量和安全风险为目的，以第三方认证机构编写的内部标准为依据，内容主要涉及到发电量预测，场地评估，阴影分析，设计、安装评估，组件及逆变器抽样测试等。认证过程中标准除了涉及到组件，逆变器等关键器件的标准外，还涉及到钢结构，电气及系统发电效率计算等相关标准。符合要求后电站方可获得第三方相应的评级或颁发的证书。该证书可作为银行和保险公司对电站性能和安全的依据，亦可作为将来电站转让时估值的参考。

4. 电站运维及问题诊断

主要指结合电站的实际现场情况，评估运维方案是否合理有效；并针对已有电站中出现的问题，如发电效率下降，电站着火，光伏组件出现明显质量问题等由权威的第三方出具测试报告及整改方案。

5. 经济性确认

主要针对已建成至少一年的电站，评估其建造成本、实际发电量、实际收到电费及到位补贴情况、运维成本、缴税情况等经济性因素，给出其相关收益评级。此方面已超出技术质量评估的范畴，需要审计机构的协作。

7.3 分布式电站保险[5]

安装 1MW 的工商业屋顶分布式电站大约需要耗资 600 万元；一套 5kW 的户用光伏电站，正规厂家的价格一般都在 4 万～5 万，对于普通小企业和家庭来说都是一笔不小的开销，虽然是在投资，差不多 5～8 年能收回成本，但是万一遇到天灾人祸，自身利益受到损害怎么办？万一伤到别人要赔钱怎么办？这个担忧可以通过购买保险来消除。

购买保险时首先要知道两个影响保费的基本要素。

① 理赔限额。保险公司只承担事先约定的损失额以内的赔偿，超过损失限额部分，保险公司不负赔偿责任的赔偿方式。

② 免赔额。指由保险公司和被保险人（光伏电站投资者或其项目公司）事先约定，损失额在规定数额内，被保险人自行承担损失，保险公司不负责赔偿的额度。对于光伏电站来说一般需要购买两种保险：财产一切险和第三者责任险。

1. 财产一切险

承保自然灾害及意外事故造成的直接物质损坏或损失。包括：雷电、暴雨、洪水、风龙卷、冰雹、台风、飓风、暴雪、冰凌、沙尘、地震、海啸、罢工、暴动、民众骚乱、盗窃/抢劫等。一般来说财产一切险是每年购买，年度保费约是理赔限额的 $0.1\% \sim 0.2\%$。以下为某些特定意外发生后保险公司的标准赔偿政策，被保险人可根据电站具体情况另行提出不同要求。若电站是通过融资（银行或融资租赁）建成，则融资机构会要求理赔限额至少要等于融资额度的 110%，在还款期内每年都要购买，且受益人须为融资机构。

（1）台风

理赔限额：沿海区域，12 级及以上台风造成的损失，累计赔偿限额为总保险金额的 40%。

免赔额：沿海区域，12 级及以上台风造成的损失适用于免赔额为每次事故绝对免赔人民币 5000 元或核定损失金额的 25%，以高者为准。

（2）地震

理赔限额：每次事故赔偿限额不超过主险保险金额的 80%。

免赔额：每次事故免赔额不低于人民币 1 万元或损失金额的 5%，两者以高为准。

（3）其他自然灾害

包括：雷电、暴雨、洪水、风龙卷、冰雹、飓风、暴雪、冰凌、沙尘、海啸等。

理赔限额：保险金额。

免赔额：因自然灾害造成保险标的损失，每次事故绝对免赔额为人民币 2000 元或核定损失金额的 10%，两者以高为准。

（4）其他事故

包括：罢工、暴动、民众骚乱、盗窃/抢劫等非自然灾害造成的事故。

理赔限额：保险金额。

免赔额：人民币 1000 元。

关于财产一切险也有特别制定的扩展条款。

（1）地震扩展条款。由于烈度达到或超过保险标的所在地抗震设防标准的地震或由此引起的海啸、火灾、爆炸造成保险标的的损失，保险公司按照保险合同的约定负责赔偿。

注意：由于电站所依托建筑物未达到国家建筑质量要求（包括抗震设防标准）造成保险标的的损失，保险公司不负责赔偿。被保险人应向保险公司提供建筑物本身的抗震设防达标证明、建筑物的建筑结构及主要原材料工艺质量证明，被保险人未能提供上述证明材料或证明材料不真实的，保险人不承担赔偿责任。

（2）盗窃/抢劫扩展条款。经保险合同双方同意，由于使用暴力手段进出保险标的的坐落地址或被电子监测系统记录的，并经公安部门证明确系盗窃或抢劫行为造成保险标的的损失，保险公司按照本保险合同的约定负责赔偿。

（3）下列损失保险公司不负责赔偿

① 被保险人家庭成员直接或间接参与盗窃及内外串通、故意纵容他人盗窃或抢劫所致的损失。

② 保险标的坐落地址发生火灾、爆炸时保险标的遭受的盗窃损失。

③ 无合格的防盗措施、无专人看管或无详细记录情况下发生的损失。

④ 营业或工作期间、进出库过程中发生的盗窃损失。

⑤ 盘点时发现的短缺。

注意：保险公司履行赔偿义务后破案追回的保险标的，仍归被保险人，被保险人应将已获赔款退还保险公司；对被追回保险标的的损失部分，保险公司按照本保险合同的约定进行赔偿。

2. 第三者责任险

被保险人的保险财产因发生保险单列明的保险责任范围内的灾害或事故，造成第三者财产损失或人身伤亡，在法律上应由被保险人承担赔偿责任，以及事先经保险公司同意而支付的诉讼费用，由保险公司负责赔偿。

理赔限额：保险金额为 10 万及以下则限额为 10 万；保险金额为 10 万至 40 万（含）则限额为 20 万；保险金额大于 40 万则限额为 30 万。

免赔额：其他事故免赔为人民币 1000 元；因自然灾害造成保险标的的损失，每次事故绝对免赔额为人民币 2000 元或核定损失金额的 10%，两者以高者为准。

（1）事故发生后，保险理赔的流程一般有以下四个步骤：

第一步：出险备案

出险后被保险人应第一时间拨打其所投保的保险公司电话，如发生人伤事故拨打 120 急救电话。报案时，根据语音提示告知出险时间、出险地点、是否有人身伤亡情况、初步损失情况等，等待理赔查勘人员现场查勘定损。

第二步：现场查勘

查勘人员会尽快与报案人取得联系并询问出险情况并指导报案人处理事故，报案人配合理赔人员做好查勘工作并相关资料收集工作，确认此次事故的理赔内容、范围、金额等。

第三步：提交资料

被保险人提供有关的事故证明、损失金额的证明材料；根据保险公司要求收集索赔资料；将相关资料寄送给保险公司售后服务专员。

第四步：保险赔付

保险公司对索赔单证进行审核，并根据查勘情况及保单条款对损失进行理算。被保险人如果把理赔资料提交齐全、收款账户准确无误，当天可结案，三个工作日内付理赔款。

（2）事故发生后被保险人要注意以下三件事：

① 尽力采取必要、合理的措施，防止或减少损失，否则，对因此扩大的损失，保险公司不承担赔偿责任。

② 立即通知保险公司，并书面说明事故发生的原因、经过和损失情况；故意或者因重大过失未及时通知，致使保险事故的性质、原因、损失程度等难以确定的，保险公司对无法确定的部分，不承担赔偿责任，但保险公司通过其他途径已经及时知道或者应当及时知道保险事故发生的除外。

③ 保护事故现场，允许并且协助保险公司进行事故调查；对于拒绝或者妨碍保险公司进行事故调查导致无法确定事故原因或核实损失情况的，保险公司对无法核实的部分不承担赔偿责任。

7.4 分布式电站投资的法律风险

地面光伏电站项目中土地性质是否合规往往成为困扰投资人的难题，另外土地所有权、使用权、林权等若不清晰也会造成法律纠纷，屋顶分布式电站由于不占用土地因此在法律风险上大大低于地面光伏电站。但随着屋顶分布式光伏电站的发展，关于屋顶租赁方面的风险问题也逐渐受到市场的关注：所租赁房屋建设手续或证照不全、屋顶出租人非房屋产权人等等问题。以下是中伦律师事务所郝利律师就分布式光伏屋顶租赁问题总结了需要关注的法律风险点，供业内人士参考。

1. 租赁房屋建设手续或证照不全的风险

（1）风险主要表现形式

房屋建设未取得工程规划许可证；

租赁房屋未经批准或者未按照批准内容建设的临时建筑；

租赁房屋未取得土地使用权证；

租赁房屋未取得房屋所有权证。

（2）风险的后果。租赁合同无效或潜在的纠纷隐患。

（3）防范措施。签署屋顶租赁合同前，查询房屋权属证明，如果没有产权证的必须保证取得工程规划许可手续，尽量避免租赁临时建筑。

注：建设工程规划许可证非常重要，如果没有这一许可证所签的合同是无效合同。再就是租赁房屋没有经过批准或者是没有按照批准的内容建设的临时建筑，这样的情况下，签订的合同也是无效合同。在租赁房屋没有取得土地使用权证和房屋所有权证的情况下，一般情况下只要取得规划许可手续合同也是有效的，所以我们要特别关注工程规划许可证。最高人民法院关于审理城镇房屋租赁合同纠纷案件司法解释中对这个是有明确规定的。

《最高人民法院关于审理城镇房屋租赁合同纠纷案件具体应用法律若干问题的解释》

第二条　出租人就未取得建设工程规划许可证或者未按照建设工程规划许可证的规定建设的房屋，与承租人订立的租赁合同无效。但在一审法庭辩论终结前取得建设工程规划许可证或者经主管部门批准建设的，人民法院应当认定有效。

第三条　出租人就未经批准或者未按照批准内容建设的临时建筑，与承租人订立的租赁合同无效。租赁期限超过临时建筑的使用期限，超过部分无效。

2. 屋顶出租人非房屋产权人的风险

（1）风险主要表现形式。屋顶的出租人非房屋产权人，且未得到产权人的授权，且未在事后得到产权人的追认。

（2）风险的后果。构成无权处分，导致无法获得屋顶的使用权。

（3）防范措施。签订合同前，核实出租房屋的产权人，确保出租人为房屋的产权人，或已得到产权人的授权。

签订合同时发现出租人非产权人的，应争取获得产权人的追认。

3. 租赁屋顶为多人共有的风险

（1）风险主要表现形式。出租属于建筑共有部分的屋顶的出租未经半数以上业主同意；出租共同共有的房屋的屋顶未经共有人一致同意的；出租按份共有的房屋的屋顶未经 2/3 以上共有人同意。

（2）风险的后果。构成无权处分，导致租赁合同无法履行。

（3）防范措施。在签订租赁合同前，核实房屋屋顶是否属于建筑共有部分，如属于共有部分的，应当经专有部分占建筑物总面积半数以上的业主且占总人数半数以上的业主同意；

在签订租赁合同前，核实房屋是否属于共有财产，如属于共有财产的，需征得所有共同共有人或 2/3 以上按份共有人的同意。

《最高人民法院关于审理建筑物区分所有权纠纷案件具体应用法律若干问题的解释》

第三条 除法律、行政法规规定的共有部分外，建筑区划内的以下部分，也应当认定为物权法第六章所称的共有部分：

（一）建筑物……、外墙、屋顶等基本结构部分，……；

第七条 改变共有部分的用途、利用共有部分从事经营性活动、处分共有部分，以及业主大会依法决定或者管理规约依法确定应由业主共同决定的事项，应当认定为物权法第七十六条第一款第（七）项规定的有关共有和共同管理权利的"其他重大事项"。

《物权法》第七十六条 下列事项由业主共同决定：……（七）有关共有和共同管理权利的其他重大事项。决定前款第五项和第六项规定的事项，应当经专有部分占建筑物总面积三分之二以上的业主且占总人数三分之二以上的业主同意。决定前款其他事项，应当经专有部分占建筑物总面积过半数的业主且占总人数过半数的业主同意。

4. 租赁房屋未经消防验收或屋顶荷载不足的风险

（1）风险主要表现形式。出租房屋未经消防验收；出租屋顶不符合光伏项目建设的荷载规范要求。

（2）风险的后果。房屋未经消防验收，可能导致无法正常并网发电；屋顶不符合光伏项目建设的荷载规范要求，将导致无法安装光伏面板，或者需要进行加固，增加费用。

（3）防范措施。签署租赁合同前要求提供消防验收证明和房屋设计图纸，并聘请专业机构判断屋顶荷载是否满足光伏电站建设要求。

注：没有经过消防验收并不会影响合同的效力，但是会导致合同无法履行，也可能会出现消防部门进行检查导致无法继续履行合同的情况。

5. 租赁期限超过 20 年的风险

（1）风险主要表现形式。屋顶租赁合同约定的租赁期限超过 20 年。

（2）风险的后果。租赁期限超过 20 年的部分无效。

（3）防范措施。签两份合同，一份合同期限为 20 年，另签一份待生效的合同；通过在建筑物上设置地役权的方式，建设分布式光伏项目。

注：部分租赁合同中约定，合同期限为 20 年，20 年期满后再续租 5 年，以规避租赁期限不得超过 20 年的规定。但根据司法判例，这种约定仍然是无效的，因为通过这种形式还是突破了 20 年的限制，所以超过 20 年的部分仍然是无效的。

《合同法》第二百一十四条 租赁期限不得超过二十年。超过二十年的，超过部分无效。租赁期间届满，当事人可以续订租赁合同。

《国土资源部办公厅产业用地政策实施工作指引》第十一条：根据《物权法》和国办发〔2014〕35 号、国土资规〔2015〕5 号等法律和文件规定，地役权适用于在已有使用权人的土地、建筑物、构筑物上布设新能源汽车充电设施、无线通讯基站、分布式光伏发电设施等小型设施的情形。

《物权法》第一百六十一条：地役权的期限由当事人约定，但不得超过土地承包经营权、建设用地使用权等用益物权的剩余期限。

6. 屋顶出租人为转租人的风险

（1）风险主要表现形式。屋顶承租人未经出租人同意将屋顶转租给次承租人，或者转租合同的转租期限超过承租人剩余租赁期限。

（2）风险的后果。出租人有权解除租赁合同或确认转租合同无效。

（3）防范措施。承租人将所租赁的屋顶转租的，需事先征得出租人的书面同意，并且确保转租期限不超过承租人剩余租赁期限，如超过剩余租赁期限的，需征得出租人的同意。

注：如果没有经过出租人的同意转租，或者是超过了承租人剩余的租赁期限，出租人有权解除租赁合同或者是确认转租合同无效。在跟二房东签合同时要征得出租人的同意，尽量避免与二房东签，如果一定要跟二房东签必须经过出租人的同意，并且确保期限上是没有问题的。

《合同法》第二百二十四条　承租人经出租人同意，可以将租赁物转租给第三人。承租人转租的，承租人与出租人之间的租赁合同继续有效，第三人对租赁物造成损失的，承租人应当赔偿损失。

承租人未经出租人同意转租的，出租人可以解除合同。

《最高人民法院关于审理城镇房屋租赁合同纠纷案件具体应用法律若干问题的解释》

第十五条　承租人经出租人同意将租赁房屋转租给第三人时，转租期限超过承租人剩余租赁期限的，人民法院应当认定超过部分的约定无效。但出租人与承租人另有约定的除外。

7. 同一屋顶签署多个租赁合同的风险

（1）风险主要表现形式。出租人就同一房屋订立数份租赁合同，在合同均有效的情况下，承租人均主张履行合同。

（2）风险的后果。导致承租人无法取得屋顶的使用权。

（3）防范措施。在签订租赁合同前，核实屋顶租赁情况，避免租赁已出租给他人的屋顶；在租赁合同中明确约定违约责任，一屋顶数租导致承租人无法取得屋顶使用权的，提出解除合同并要求出租人承担违约赔偿；在签订租赁合同后，尽快进场施工，达成先行合法占有的事实。

注：同一个房屋可能会有多份租赁合同，一般来说都是有效的。根据最高法院的司法解释，在合同均有效的情况下，承租人都主张履行合同的，人民法院按照下列顺序确定履行合同的承租人：第一已经合法占有租赁房屋的，先占的优先；第二个就是已经办理了登记备案手续的，虽然没有占但是办了备案手续的优先；第三个是合同成立在先的优先。这是同一个屋顶签署多个合同下的优先原则。

《最高人民法院关于审理建筑物区分所有权纠纷案件具体应用法律若干问题的解释》

第六条　出租人就同一房屋订立数份租赁合同，在合同均有效的情况下，承租人均主张履行合同的，人民法院按照下列顺序确定履行合同的承租人：

（一）已经合法占有租赁房屋的；

（二）已经办理登记备案手续的；

（三）合同成立在先的。

不能取得租赁房屋的承租人请求解除合同、赔偿损失的，依照合同法的有关规定处理。

8. 租赁房屋被抵押或查封的风险

（1）风险主要表现形式。出租人将屋顶出租给承租人之前，房屋已被抵押或查封。

（2）风险的后果。房屋被抵押或查封，导致房屋被折价或拍卖，租赁合同对房屋受让人不具有法律约束力。

（3）防范措施。在签订租赁合同前，对房屋情况进行调查，避免房屋在出租之前被抵押或查封；在签订租赁合同之前，对出租人的资信进行调查，避免因出租人资信不佳，与他人发生纠纷，导致房屋被抵押或查封；在签订租赁合同当时或之后，对租赁合同进行公证或备案，确定屋顶出租的时间，以便于判断屋顶租赁与被抵押和查封的先后顺序。

注：在签约的时候首先要对房屋情况进行核查，避免房屋在出租前就被抵押和查封了。到哪里查？到房管部门，只要它有合法登记和产权证的，抵押和查封情况在房管部门是可以查到的。如果说我们的租赁权在抵押权和查封之前的话，那么我们的权利还是可以得到保障，这是最高人民法院的司法解释。

《最高人民法院关于审理建筑物区分所有权纠纷案件具体应用法律若干问题的解释》

第二十条　租赁房屋在租赁期间发生所有权变动，承租人请求房屋受让人继续履行原租赁合同的，人民法院应予支持。但租赁房屋具有下列情形或者当事人另有约定的除外：

（一）房屋在出租前已设立抵押权，因抵押权人实现抵押权发生所有权变动的；

（二）房屋在出租前已被人民法院依法查封的。

9. 租赁房屋被征收、拆迁的风险

（1）风险主要表现形式。出租房屋被政府依法征收、拆迁。

（2）风险的后果。房屋被拆迁后，无法继续使用房屋屋顶；承租人并非法律规定的房屋征收补偿的主体。

（3）防范措施。对房屋区域的规划情况进行调查，避免出租房屋已被政府列入征收计划；在租赁合同中对于房屋被征收、拆迁的补偿问题作出明确约定；采用设立地役权的方式使用屋顶，屋顶使用人为地役权人，属于拆迁补偿的对象。

注：作为承租人通常不是拆迁补偿的对象，拆迁补偿的对象是所有权人，因此在签约的时候首先要注意对房屋区域的规划情况进行调查，避免出租房屋已经被列入政府的征收拆迁计划。如果说我们要想防范这个风险，需要在租赁合同当中对房屋征收的补偿问题做出约定，如果房屋被征收，有关的补偿费用该如何分配，在合同当中进行明确地约定，另外也可以考虑设立地役权的方式，这在物权法当中是有规定的，但是目前操作比较少。

《国有土地上房屋征收与补偿条例》第二条　为了公共利益的需要，征收国有土地上单位、个人的房屋，应当对被征收房屋所有权人（以下称被征收人）给予公平补偿；

《关于办理申请人民法院强制执行国有土地上房屋征收补偿决定案件若干问题的规定》第二条　申请机关向人民法院申请强制执行，…，还应当提供下列材料：（二）征收补偿决定送达凭证、催告情况及房屋被征收人、直接利害关系人的意见；

《物权法》第一百二十一条　因不动产或者动产被征收、征用致使用益物权消灭或者影响用益物权行使的，用益物权人有权依照本法第四十二条、第四十四条的规定获得相应补偿。

10. 租赁房屋被转让的风险

（1）风险主要表现形式。屋顶租赁合同已签订，但合同约定的租赁期间未起算，或者出租人未将屋顶交付给承租人，出租人将房屋转让。

租赁合同未经备案，在部分地区导致无法主张"买卖不破租赁"。

（2）风险的后果。租赁合同对受让人不具有约束力。

（3）防范措施。签订租赁合同后，要求出租人尽快交付屋顶并起算租赁期限；租赁合同签约后到房地产管理部门登记备案。

注：所谓"买卖不破租赁"，即如果房屋产权发生变化是不影响租赁权的。但是这有前提的，如果租赁期间没有起算或者是没有交付的话，"买卖不破租赁"是不成立的，另外根据上海的规定，没有经过登记备案的合同，可能无法主张"买卖不破租赁"。

上海市高级人民法院《关于处理房屋租赁纠纷若干法律适用问题的解答（三）》（沪高法

民一〔2015〕16 号）第 30 条规定：未经登记的租赁合同，当房屋所有权发生变化时，承租人不能以"买卖不破租赁为由"向新的房屋权利人要求租赁合同继续履行。但是，承租人有证据证明新的房屋权利人知道或者应当知道租赁事实的除外。

◆ **参考文献** ◆

［1］　赵争鸣，刘建政等 . 太阳能光伏发电及其应用 . 北京：科学出版社，2005.

［2］　王东 . 太阳能光伏发电技术与系统集成 . 北京：化学工业出版社，2011.

［3］　沈辉，曾祖勤 . 太阳能光伏发电技术 . 北京：化学工业出版社，2005.

［4］　李钟实 . 太阳能光伏发电系统设计施工与维护 . 北京：人民邮电出版社，2010.

［5］　张国印 . 建设工程保险案例与实务 . 北京：法律出版社，2015.

附录 7-1

1 河南省电网销售电价表（2017 年 7 月 1 日起）

用电分类	电压等级	电度电价/元/(kW·h)						基本电价	
		净电价	国家重大水利工程建设基金	可再生能源电价附加	大中型水库移民后期扶持资金	地方水库移民后期扶持资金	合计	最大需量/元/(kW·mon)	变压器容量/元/(kVA·mon)
一、大工业用电									
大工业用电	1~10kV	0.58183	0.0085	0.019	0.0062	0.0005	0.61603	28	20
	35~110kV 以下	0.56683	0.0085	0.019	0.0062	0.0005	0.60103	28	20
	110kV	0.55183	0.0085	0.019	0.0062	0.0005	0.58603	28	20
	220kV 及以下	0.54383	0.0085	0.019	0.0062	0.0005	0.57803	28	20
二、一般工商业及其他用电									
一般工商业及其他用电	不满 1kV	0.72213	0.0085	0.019	0.0062	0.0005	0.75633		
	1~10kV	0.68813	0.0085	0.019	0.0062	0.0005	0.72233		
	35~110kV 以下	0.65513	0.0085	0.019	0.0062	0.0005	0.68933		
三、农业生产用电									
1. 一般农业用电	不满 1kV	0.47570	0.0085				0.4842		
	1~10kV	0.46670	0.0085				0.4752		
	35~110kV 以下	0.45770	0.0085				0.4662		
2. 农业深井及高扬程排灌用电	不满 1kV	0.45570	0.0085				0.4642		
	1~10kV	0.44670	0.0085				0.4552		
	35~110kV 以下	0.43770	0.0085				0.4462		

续表

单位: 元/(kW·h)

用电分类		电压等级	净电价	电度电价/元/(kW·h)					基本电价	
				国家重大水利工程建设基金	可再生能源电价附加	大中型水库移民后期扶持资金	地方水库移民后期扶持资金	合计	最大需量/元/(kW·mon)	变压器容量/元/(kVA·mon)
四、居民生活用电										
1. 直供一户一表居民生活用电一档电量		不满 1kV	0.54380	0.0085	0.001	0.0062	0.0005	0.5600		
		1～10kV 及以上	0.50480	0.0085	0.001	0.0062	0.0005	0.5210		
2. 直供合表用户		不满 1kV	0.55180	0.0085	0.001	0.0062	0.0005	0.5680		
		1～10kV 及以上	0.51280	0.0085	0.001	0.0062	0.0005	0.5290		
3. 复售一户一表居民生活用电一档电量		不满 1kV	0.54380	0.0085	0.001	0.0062	0.0005	0.5600		
		1～10kV 及以上	0.48380	0.0085	0.001	0.0062	0.0005	0.5000		
4. 复售合表用户		不满 1kV	0.55180	0.0085	0.001	0.0062	0.0005	0.5680		
		1～10kV 及以上	0.49180	0.0085	0.001	0.0062	0.0005	0.5080		

注: 1. 农村低压各类用电按上表合计栏电价执行,其中含维管费。
　　2. 一户一表居民生活用电二档、三档电价,在一档电价基础上每千瓦时分别提高 5 分钱和 0.3 元。

2　江苏省电网销售电价表

单位: 元/(kW·h)

用电分类			电度电价						基本电价	
			不满 1kV	1～10kV	20～35kV 以下	35～110kV 以下	110kV	220kV 及以上	最大需量/元/(kW·mon)	变压器容量/元/(kVA·mon)
一、居民生活用电	阶梯电价	年用电量≤2760 千瓦时	0.5283	0.5183						
		2760 千瓦时<年用电量≤4800 千瓦时	0.5783	0.5683						
		年用电量>4800 千瓦时	0.8283	0.8183						
	其他居民生活用电		0.5483	0.5383						

续表

| 用电分类 | 电度电价 | | | | | | 基本电价 | |
	不满1kV	1~10kV	20~35kV以下	35~110kV以下	110kV	220kV及以上	最大需量 /元/(kW·mon)	变压器容量 /元/(kVA·mon)
二、一般工商业及其他用电	0.8366	0.8216	0.8156	0.8066				
三、大工业用电		0.6601	0.6541	0.6451	0.6301	0.6151	40	30
四、农业生产用电	0.5090	0.4990	0.4930	0.4840				

注：1. 以上附表所列价格，均含国家重大水利工程建设基金，具体标准为：居民生活用电 0.3 分线，其他用电 1.4191 分线。库移民后期扶贫资金 0.83 分线以及地方小型水库后期扶持资金 0.05 分线。

2. 以上附表所列价格，除农业生产，农村居民生活用电外，均含城市公用事业附加费，具体标准为城镇居民生活用电 3 分线，其他用电 0.6 分线、大工业用电、一般工商业及其他用电含可再生能源电价附加 1.9 分线。

3. 对国家明确规定执行居民用电价格的非居民用户，按其他居民生活用电价格标准执行。

4. 对城乡"低保户"和农村"五保户"家庭每户每月给予 15 度免费用电基数，电价标准为 0。

江苏省工业用电峰谷分时销售电价表

单位：元/(kW·h)

类别	价格	高峰	平段	低谷
大工业用电	1~10kV	1.1002	0.6601	0.32
	20~35kV以下	1.0902	0.6541	0.318
	35~110kV以下	1.0752	0.6451	0.315
	110kV	1.0502	0.6301	0.31
	220kV及以下	1.0252	0.6151	0.305
110kVA(kW)及以上普通工业用电	不满1kV	1.3943	0.8366	0.3789
	1~10kV	1.3693	0.8216	0.3739
	20~35kV以下	1.3593	0.8156	0.3719
	35~110kV以下	1.3443	·0.8066	0.3689

注：7~8月季节性尖峰电价按照我省季节尖峰电价相关实施文件执行。

3　辽宁省电网销售电价表

单位：元/(kW·h)

用电分类	电度电价						基本电价	
	不满1kV	1~10kV	20kV	35~110kV以下	110kV	220kV及以上	最大需量 /元/(kW·mon)	变压器容量 /元/(kVA·mon)
一、居民生活用电	0.5000	0.4900	0.4900	0.4900				
二、一般工商业及其他用电	0.8012	0.7912	0.7892	0.7812				
三、大工业用电		0.5286	0.5256	0.5156	0.5026	0.4926	33	22
其中：电石、电解烧碱、合成氨、电炉黄磷生产用电		0.5186	0.5156	0.5056	0.4926	0.4826	33	22
四、农业生产用电	0.4946	0.4846	0.4826	0.4746				

注：1. 上表所列价格，均含农网还贷基金 2 分钱，国家重大水利工程建设基金 0.3 分钱。

2. 农业排灌、抗灾救灾，按上表所列相应分类电价降低 2 分钱（农网还贷资金）执行。

3. 上表所列价格，除农业生产用电外，均含大中型水库移民后期扶持资金 0.62 分钱，地方水库移民后期扶持资金 0.05 分钱。

4. 上表所列价格，除农业生产用电外，均含可再生能源电价附加。其中：居民生活用电 0.1 分钱，其余各类用电 1.9 分钱。

5. 大工业用电、一般工商业及其他用电实行峰谷分时电价和功率因数调整电费办法。

4　吉林省电网销售电价表

单位：元/(kW·h)

用电分类	电度电价					基本电价	
	1kV以下	1~10kV	35~66kV以下	66~220kV以下	220kV及以上	最大需量 /元/(kW·mon)	变压器容量 /元/(kVA·mon)
一、居民生活用电	0.5250	0.5150	0.5150				
二、一般工商业及其他用电	0.8864	0.8714	0.8564				
三、大工业用电		0.5866	0.5716	0.5556	0.5416	33	22

续表

用电分类	电度电价					基本电价	
	1kV以下	1~10kV	35~66kV以下	66~220kV以下	220kV及以上	最大需量 元/(kW·mon)	变压器容量 元/(kVA·mon)
其中：电石、电解烧碱、合成氨、电炉黄磷、铁合金生产用电，离子膜法氯碱生产用电	0.4840	0.5301	0.5166	0.5031	0.4896	33	22
四、农业生产用电	0.4740	0.4640					

注：1. 上表所列价格，均为农网还贷资金2分钱，国家重大水利工程建设基金0.3分钱。

2. 核工业铀扩散厂和堆化工厂生产用电价格，按上表所列相应分类电价格降低1.7分钱（农网还贷资金降低0.49分钱；除农业生产和居民生活用电外，均含地方水库移民后期扶持资金0.05分钱）执行。

3. 上表所列价格，除农业生产用电外，均含大中型水库移民后期扶持资金1.9分钱。

4. 上表所列价格，除农业生产用电外，均含可再生能源电价附加。其中：居民生活用电0.1分钱，其余各类用电1.9分钱。

5. 大工业用电，100kVA（kW）及以上其他工商业及其他用电实行峰谷分时电价和功率因数调整电费；100kVA（kW）及以上农业生产用电执行功率因数调整电费。

6. 居民生活用电试行阶梯电价的范围为吉林省境内"一户一表"居民用户。第一档为年用电量2040度以内（月用电量170度以内），保持现行电价水平不变。为每度0.525元；第二档为年用电量2041~3120度之间的电量（月用电量171~260度之间的电量），电价水平每度提高0.03元，为每度0.575元；第三档为年用电量3121度（月用电量261度）及以上，电价水平每度提高0.30元，为每度0.825元。

5 陕西电网销售电价表（7月1日起执行）

单位：元/(kW·h)

用电分类	电度电价					基本电价	
	不满1kV	1~10kV	35kV	110kV	220kV以上	最大需量 元/(kW·mon)	变压器容量 元/(kVA·mon)
一、居民生活用电	0.4983	0.4983	0.4983				
二、一般工商业用电	0.7704	0.7504	0.7304				
三、大工业用电		0.5502	0.5302	0.5102	0.5052	31	24
四、农业生产用电	0.5164	0.5084	0.4984				

续表

用电分类	电度电价					基本电价	
	不满1kV	1~10kV	35kV	110kV	220kV以上	最大需量 /[元/(kW·mon)]	变压器容量 /[元/(kVA·mon)]
其中:农业排灌用电	0.2994	0.2974	0.2944				
深井、高扬程农业排灌用电	50~100m 0.2794	100~300m 0.2694	300m以上 0.2594				

注：1. 上表所列价格，除农业生产用电类中农业排灌和深井、高扬程农业排灌用电类外，均含国家重大水利工程建设基金0.3分钱。除居民生活用电和农业生产用电类外，均含地方水库移民后扶持资金0.05分钱和可再生能源电价附加1.9分钱。除农业生产用电类外，均含大中型水库移民后扶持基金0.62分钱。抗灾救灾用电按上表所列分类价格降低1.7分钱执行。

2. 对已下放地方核工业铀扩散厂和堆化工厂生产用电价格，按上表所列分类价格降低2分钱执行。

陕西电网峰谷分时销售电价表（7月1日起执行）

单位：元/(kW·h)

用电分类	不满1kV			1~10kV			35kV			110kV			220kV以上		
	高峰	平段	低谷	高峰	平段	低谷	高峰	平段	低谷	高峰	平段	低谷	高峰	平段	低谷
一、大工业生产用电				0.8769	0.5502	0.2235	0.8443	0.5302	0.2161	0.8117	0.5102	0.2087	0.8035	0.5052	0.2069
二、一般工商业用电	1.1398	0.7704	0.4011	1.1098	0.7504	0.3911	1.0798	0.7304	0.3811						
三、农业生产用电	0.7632	0.5164	0.2698	0.7512	0.5084	0.2658	0.7362	0.4984	0.2608						

注：1. 上表所列价格，各类用电均含农网还贷资金2分钱和国家重大水利工程建设基金0.3分钱。除农业生产用电类外，均含大中型水库移民后扶持基金0.62分钱、地方水库后期扶持资金0.05分钱、可再生能源电价附加1.9分钱。

2. 对已下放地方核工业铀扩散厂和精细化工厂生产用电，按上表所列分类价格降低1.7分钱执行。抗灾救灾用电按上表所列分类价格降低2分钱执行。对生产能力在3万吨及以上的氯碱企业生产用大工业生产用电，电度电价在上表电平段价格基础上，各电压等级的电度电价分别降低2.46分钱，峰谷分时电价相应调整。

6 山东省电网销售电价表

单位：元/(kW·h)（含税）

用电分类		电压等级	电度电价 元/(kW·h)	基本电价	
				最大需量 元/(kW·mon)	变压器容量 元/(kVA·mon)
一、居民生活用电	一户一表	第一档	0.5469		
		第二档	0.5969		
		第三档	0.8469		
	合表	不满1kV	0.5550		
		1kV及以上	0.5010		
二、农业生产用电		不满1kV	0.5600		
		1~10kV	0.5450		
		35kV及以上	0.5300		
三、一般工商业及其他用电		不满1kV	0.7525		
		1~10kV	0.7375		
		35kV及以上	0.7225		
四、大工业用电		1~10kV	0.6206	38	28
		35~110kV以下	0.6056	38	28
		110~220kV以下	0.5906	38	28
		220kV及以上	0.5756	38	28

注：1. 在《山东省物价局关于降低上网电价和销售电价的通知》〔鲁价格一发【2015】131号〕公布的山东省电网销售电价表基础上，2017年4月1日起全省一般工商业及其他用电价格每千瓦时降低1分钱，大工业用电价格平均降低1.34分钱，其中淄博降低1.32分钱，其他16市降低1.29分钱；6月1日起全省一般工商业及其他用电价格每千瓦时降低0.09分钱，其中淄博降低1.23分钱，大工业用电价格平均降低0.09分钱，其他16市降低1.29分钱。7月1日起全省一般工商业及其他用电价格每千瓦时再降0.05分钱，调整后电价标准详见上表。

2. 上表所列价格，含农网还贷资金2分钱，国家重大水利工程建设基金0.52分钱，除农业生产用电外，均含大中型水库移民后期扶持资金0.62分钱。除业生产用电外，均含可再生能源电价附加，其中：居民生活用电0.1分钱，其他用电1.9分钱。

3. 农业排灌，抗灾救灾按上表所列分类电价降低2分钱农网还贷资金执行。

4. 居民生活用电合表分类包括：居民合表及上表所列分类电价中执行居民电价的非居民用户。

7　河北省南部电网销售电价表

用电分类		电压等级	电度电价/(元/(kW·h))					基本电价		变压器容量/元/(kVA·mon)
			平段	尖峰	高峰	低谷	双蓄	最大需量/元/(kW·mon)		
一、居民生活用电	一户一表	不满 1kV　第一档	0.5200		0.5500	0.3000				
		第二档	0.5700		0.6000	0.3500				
		第三档	0.8200		0.8500	0.6000				
		1～10kV 及以上　第一档	0.4700		0.5000	0.2700				
		第二档	0.5200		0.5500	0.3200				
		第三档	0.7700		0.8000	0.5700				
	合表	不满 1kV	0.5362		0.5700	0.3100				
		1～10kV 及以上	0.4862		0.5200	0.2800				
二、工商业及其他用电	单一制	不满 1kV	0.6781	1.0685	0.9384	0.4178	0.3528			
		1～10kV	0.6631	1.0445	0.9174	0.4088	0.3453			
		35kV 及以上	0.6531	1.0285	0.9034	0.4028	0.3403			
	两部制	1～10kV	0.5686	0.8933	0.7851	0.3521		35		23.3
		35～110kV	0.5536	0.8693	0.7641	0.3431		35		23.3
		110kV	0.5386	0.8453	0.7431	0.3341		35		23.3
		220kV 及以上	0.5336	0.8373	0.7361	0.3311		35		23.3
三、农业生产用电		不满 1kV	0.5215							
		1～10kV	0.5115							
		35kV 及以上	0.5015							
其中：贫困县农业生产用电		不满 1kV	0.3095							
		1～10kV	0.3045							
		35kV 及以上	0.2995							

注：1. 上表所列价格，除困县农业生产用电外，均含国家重大水利工程建设基金 0.53 分钱。
2. 上表所列价格，除农业生产用电外，均含大中型水库移民后期扶持基金 0.26 分钱，对方水库移民后期扶持资金 0.05 分钱。
3. 上表所列价格，除农业生产用电外，均含可再生能源电价附加，其中：居民生活用电 0.1 分钱，其他用电 1.9 分钱。

河北省北部电网销售电价表

用电分类	电压等级		电度电价/(元/(kW·h))					基本电价	变压器容量/(元/(kVA·mon))
			平段	尖峰	高峰	低谷	双蓄	最大需量/(元/(kW·mon))	
一、居民生活用电	一户一表	不满1kV 第一档	0.5200		0.5500	0.3000			
		第二档	0.5700		0.6000	0.3500			
		第三档	0.8200		0.8500	0.6000			
		1~10kV及以上 第一档	0.4700		0.5000	0.2700			
		第二档	0.5200		0.5500	0.3200			
		第三档	0.7700		0.8000	0.5700			
	合表	不满1kV	0.5362		0.5700	0.3100			
		1~10kV及以上	0.4862		0.5200	0.2800			
二、工商业及其他用电	单一制	不满1kV	0.6506	1.0245	0.8999	0.4013	0.3390		
		1~10kV	0.6356	1.0005	0.8789	0.3923	0.3315		
		35kV及以上	0.6256	0.9845	0.8649	0.3863	0.3265		
	两部制	1~10kV	0.5366	0.8421	0.7403	0.3329		35	23.3
		35~110kV	0.5216	0.8181	0.7193	0.3239		35	23.3
		110kV	0.5066	0.7941	0.6983	0.3149		35	23.3
		220kV及以上	0.5016	0.7861	0.6913	0.3119		35	23.3
三、农业生产用电		不满1kV	0.5004						
		1~10kV	0.4904						
		35kV及以上	0.4804						
其中：贫困县农业生产用电		不满1kV	0.3154						
		1~10kV	0.3094						
		35kV及以上							

注：1. 上表所列价格，除贫困县农业生产用电外，均含国家重大水利工程建设基金0.53分钱。

2. 上表所列价格，除农业生产用电外，均含大中型水库移民后期扶持基金0.26分钱，对方水库移民后期扶持资金0.05分钱。

3. 上表所列价格，除农业生产用电外，均含可再生能源电价附加。其中：居民生活用电0.1分钱，其他用电1.9分钱。

8　重庆市电网趸售电价表

单位：元/(kW·h)

用电分类	县级趸售			县级以下趸售		
	1~10kV	35~110kV以下	110kV及以下	1~10kV	35~110kV以下	110kV及以下
一、居民生活用电	0.3340	0.3340	0.3340	0.3740	0.3740	0.3740
二、工商业及其他用电	0.5206	0.5106	0.5056	0.5506	0.5406	0.5356
三、农业生产用电	0.4278	0.4178	0.4128	0.4478	0.4378	0.4328
其中：贫困县农业排灌	0.2142	0.2092	0.2067	0.2142	0.2092	0.2067

注：1. 上表所列价格，均含国家重大水利工程建设基金 0.52 分钱（国家重大水利工程建设基金）执行。县级以下趸售电价含除贫困县农业排灌用电外，均含农网还贷资金 2 分钱。

2. 上表所列价格，除农业生产用电外，均含大中型水库移民后期扶持基金 0.62 分钱；地方水库移民后期扶持基金 0.05 分钱；可再生能源电价附加。其中：居民生活用电 0.1 分钱，其他用电 1.9 分钱。

3. 重庆市电力公司对其控股供电公司趸售电量不适用此表。

重庆电网销售电价表

单位：元/(kW·h)

用电分类	电度电价					基本电价	
	不满 1kV	1~10kV	35~110kV 以下	110kV	220kV 及以上	最大需量 元/(kW·mon)	变压器容量 元/(kVA·mon)
一、居民生活用电							
其中：城乡"一户一表"居民用户年用电量 2400 度（含）以内	0.5200	0.5100					
其中：城乡"一户一表"居民用户年用电量 2401~4800 度（含）	0.5700	0.5600					
其中：城乡"一户一表"居民用户年用电量 4801 度（含）以上	0.8200	0.8100					

续表

用电分类		电度电价					基本电价	
		不满1kV	1~10kV	35~110kV以下	110kV	220kV及以上	最大需量 元/(kW·mon)	变压器容量 元/(kVA·mon)
居民合表用户		0.5400	0.5300	0.5300	0.5300			
二、一般工商业及其他用电		0.8200	0.8000	0.7800	0.7650			
三、大工业用电			0.6643	0.6393	0.6243	0.6143	40	26
其中	电炉铁合金、电解烧碱、合成氨、电炉钙镁磷肥、电炉黄磷、电石生产用电		0.6098	0.5868	0.5738	0.5648	40	26
	电解铝生产用电		0.6248	0.5998	0.5848	0.5748	40	26
四、农业生产用电		0.5680	0.5530	0.5380				
其中:贫困县农业排灌用电		0.3360	0.3210	0.3060				

9 天津电网销售电价表

用电分类	电压等级		电度电价/元/(kW·h)					基本电价	
			平段	尖峰	高峰	低谷	双蓄	最大需量 /元/(kW·mon)	变压器容量 /元/(kVA·mon)
一、居民生活用电	一户一表	不满1kV	第一档 0.4900						
			第二档 0.5400						
			第三档 0.7900						
		1kV及以上	第一档 0.4800						
			第二档 0.5300						
			第三档 0.7800						

用电分类	电压等级		电度电价/元/(kW·h)					基本电价	
			平段	尖峰	高峰	低谷	双蓄	最大需量 /元/(kW·mon)	变压器容量 /元/(kVA·mon)
一、居民生活用电	合表	不满1kV 居民用户	0.5100						
		不满1kV 非居民用户	0.5150						
		1kV及以上 居民用户	0.5000						
		1kV及以上 非居民用户	0.5050						
二、农业生产用电	不满1kV		0.5860		0.8580	0.3310			
	1~10kV		0.5710		0.8355	0.3235			
	35kV及以上		0.5560		0.8110	0.3170			
三、工商业及其他用电	大工业用电（两部制）	1~10kV	0.6785	1.0573	0.9640	0.4090	0.3523	25.5	17
		35~110kV	0.6585	1.0271	0.9365	0.3945	0.3400	25.5	17
		110~220kV	0.6485	1.0161	0.9265	0.3845	0.3315	25.5	17
		220kV及以上	0.6435	1.0062	0.9175	0.3815	0.3289	25.5	17
	一般工商业及其他用电（单一制）	不满1kV	0.8367		1.2035	0.5522	0.4740		
		1~10kV	0.8185		1.1040	0.5490	0.4713		
		35~110kV	0.7641		1.0421	0.5001	0.4297		
		110~220kV	0.7348		1.0128	0.4708	0.4048		
		220kV及以上	0.7291		1.0031	0.4671	0.4017		

注：1. 上表所列价格，均含国家重大水利工程建设基金每千瓦时0.52分线，其他用电1.9分线；居民生活用电0.1分线。其中：居民生活用电和居民生活用电外，均含大中型水库移民后期扶持资金0.62分线；除农业生产用电外，均含可再生能源电价附加。

2. 对已下放地方的原国有重点煤炭企业生产用电，核工业铀扩散厂和堆化工厂生产用电价格，按表所列分类电价执行。对深井、高扬程用电电价按照农业生产用电中"不满1kV"用电价格基础上，51~100m，每千瓦时降低2分线执行；101~300m，降低3分线执行；301m以上，降低4分线执行。

3. 峰谷时段划分：平段7.00~8.00，11.00~18.00；高峰时段8:00~11:00，18:00~23:00，其中，大工业用户于每年7、8、9三个月份的每日10:00~11:00，19:00~21:00实行尖峰电价；低谷时段23.00~7:00，其中，大工业蓄冷制冷的用户于每年7、8、9三个月份的每日23.00~7:00实施双蓄用电价格。

4. 居民一户一表实行阶梯电价，第一档每户每月0~220度，第二档221~400度，第三档400度以上，按年周期执行，不足一年按实际用电月数折算。

10 表 1 北京市居民生活用电电价表

用户		类别	分档电量/(kW·h)/(户·月)	电压等级	电价标准/元/(kW·h)
试行阶梯电价用户		一档	1～240(含)	不满 1kV	0.4883
				1kV 及以上	0.4783
		二档	241～400(含)	不满 1kV	0.5383
				1kV 及以上	0.5283
		三档	400 以上	不满 1kV	0.7883
				1kV 及以上	0.7783
	合表用户	城镇合表用户	—	不满 1kV	0.4733
			—	1kV 及以上	0.4633
		农村合表用户	—	不满 1kV	0.4433
			—	1kV 及以上	0.4333
执行居民价格的非居民用户		—	—	不满 1kV	0.5103
				1kV 及以上	0.5003

注：表中合表用户的电价标准均为国网北京市电力公司与合表用户的总表结算价。

表 2 北京市城区非居民销售电价表

单位：元/(kW·h)

用电分类	电压等级	电度电价				基本电价	
		尖峰	高峰	平段	低谷	最大需量/元/(kW·mon)	变压器容量/元/(kVA·mon)
一、一般工商业	不满 1kV	1.5295	1.4002	0.8745	0.3748		

续表

用电分类	电压等级	电度电价				基本电价	
		尖峰	高峰	平段	低谷	最大需量 /元/(kW·mon)	变压器容量 /元/(kVA·mon)
一、一般工商业	1~10kV	1.5065	1.3782	0.8595	0.3658		
	20kV	1.4995	1.3712	0.8525	0.3588		
	35kV	1.4915	1.3632	0.8445	0.3508		
	110kV	1.4765	1.3482	0.8295	0.3358		
	220kV 及以上	1.4615	1.3332	0.8145	0.3208		
二、大工业用电	1~10kV	1.0761	0.9864	0.6770	0.3766	48	32
	20kV	1.0611	0.9724	0.6670	0.3706	48	32
	35kV	1.0451	0.9584	0.6570	0.3646	48	32
	110kV	1.0181	0.9334	0.6370	0.3496	48	32
	220kV 及以上	0.9951	0.9104	0.6170	0.3316	48	32
三、农业生产用电	不满 1kV		0.9292	0.6255	0.3378		
	1~10kV		0.9142	0.6105	0.3218		
	20kV		0.9062	0.6035	0.3158		
	35kV 及以上		0.8982	0.5955	0.3088		

注：表中城区指东城区、西城区、朝阳区、海淀区、丰台区、石景山区。

表3 北京市郊区非居民销售电价表

单位：元/(kW·h)

用电分类	电压等级	电度电价				基本电价	
		尖峰	高峰	平段	低谷	最大需量/元/(kW·mon)	变压器容量/元/(kVA·mon)
一、一般工商业	不满1kV	1.5195	1.3902	0.8645	0.3648		
	1~10kV	1.4965	1.3682	0.8495	0.3558		
	20kV	1.4895	1.3612	0.8425	0.3488		
	35kV	1.4815	1.3532	0.8345	0.3408		
	110kV	1.4665	1.3382	0.8195	0.3258		
	220kV及以上	1.4515	1.3232	0.8045	0.3108		
二、大工业用电	1~10kV	1.0661	0.9764	0.6670	0.3666	48	32
	20kV	1.0511	0.9624	0.6570	0.3606	48	32
	35kV	1.0351	0.9484	0.6470	0.3546	48	32
	110kV	1.0081	0.9234	0.6270	0.3396	48	32
	220kV及以上	0.9815	0.9004	0.6070	0.3216	48	32
三、农业生产用电	不满1kV		0.9192	0.6155	0.3278		
	1~10kV		0.9042	0.6005	0.3118		
	20kV		0.8962	0.5935	0.3058		
	35kV及以上		0.8882	0.5855	0.2988		

注：表中郊区指门头沟区、房山区、通州区、顺义区、大兴区、昌平区、平谷区、怀柔区、密云区、延庆区。

表 4　北京经济技术开发区销售电价表

单位：元/(kW·h)

用电分类		电压等级	电度电价				基本电价	
			尖峰	高峰	平段	低谷	最大需量 /元/(kW·mon)	变压器容量 /元/(kVA·mon)
一、一般工商业		不满 1kV	0.9401	0.8634	0.5950	0.3346	41	1.0275
		1～10kV	0.9201	0.8444	0.5800	0.3236	41	1.0125
		20kV	0.9161	0.8404	0.5750	0.3176	41	1.0045
		110kV	0.8901	0.8144	0.5500	0.2936	41	0.9825
二、工业	100 千瓦及以上	1～10kV	0.9431	0.8654	0.5980	0.3376	41	
		20kV	0.9301	0.8534	0.5890	0.3316	41	
		110kV	0.8801	0.8054	0.5480	0.2976	41	
	100 千瓦及以下	1～10kV	1.2011	1.0994	0.7510	0.4126	31	
		20kV	1.1841	1.0834	0.7400	0.4056	31	

注：1. 表 1～4 所列价格，均含国家重大水利工程建设基金 0.52 分钱；除农业生产用电外，均含大中型水库移民后期扶持资金 0.62 分钱；除农业生产用电外，居民生活用电含可再生能源电价附加 0.1 分钱，一般工商业及大工业用电含可再生能源电价附加 1.9 分钱，参与到了市场化交易的电力用户在输配电价基础上征收政府性基金及附性标准为：国家重大水利工程建设基金 0.52 分钱；大中型水库移民后期扶持资金 0.62 分钱；可再生能源电价附件 1.9 分钱。

2. 对农业排灌用电、抗灾救灾用电，按表所列分类电价降低 2 分钱执行。

3. 峰谷电价时段划分为：高峰时段（10:00～15:00；18:00～21:00），平段（7:00～10:00；15:00～18:00；21:00～23:00），低谷时段（23:00～7:00）；夏季尖峰时段（7～8 月 11:00～13:00 和 16:00～17:00）。

4. 根据国家有关要求向电网经营企业直接报装接电的经营性集中式充换电设施用电，执行大工业用电价格（北京经济技术开发区执行工业用电 100kW 及以上电价）；电压等级不满 1kV 的，按照 1～10kV 价格执行。

11 浙江电网销售电价表

单位：元/(kW·h)

用电分类		电压等级	电度电价	分时电价			基本电价	
				尖峰电价	高峰电价	低谷电价	变压器容量 /元/(kVA·mon)	最大需量 /元/(kW·mon)
一、居民生活用电	"一户一表"不满1kV	年用电2760kW·h及以下部分	0.5380		0.5680	0.2880		
		年用电2761~4800kW·h部分	0.5880		0.6180	0.3380		
		年用电4801kW·h及以上部分	0.8380		0.8680	0.5880		
	居民用户	不满1kV合表用户	0.5580					
		1~10kV及以上合表用户	0.5380					
		农村1~10kV	0.5080					
二、大工业用电		1~10kV	0.6644	1.0824	0.9004	0.4164	30	40
		20kV	0.6444	1.0571	0.8771	0.4004	30	40
		35kV	0.6344	1.0444	0.8654	0.3924	30	40
		110kV	0.6124	1.0114	0.8364	0.3724	30	40
		220kV及以上	0.6074	1.0014	0.8284	0.3684	30	40
	其中 电解铝生产用电		0.4934				30	40
	氯碱生产用电	1~10kV	0.5984	0.9744	0.8104	0.3754	30	40
		20kV	0.5804	0.9514	0.7894	0.3604	30	40
		35kV	0.5714	0.9404	0.7794	0.3534	30	40
		110kV及以上	0.5514	0.9104	0.7534	0.3354	30	40
三、一般工商业及其他用电		不满1kV	0.8670	1.3707	1.0657	0.5427		
		1~10kV	0.8227	1.3207	1.0227	0.5107		
		20kV	0.8027	1.2947	1.0000	0.4940		
		35kV及以上	0.7927	1.2817	0.9887	0.4857		

续表

用电分类		电压等级	电度电价	分时电价			基本电价	
				尖峰电价	高峰电价	低谷电价	变压器容量 /[元/(kVA·mon)]	最大需量 /[元/(kW·mon)]
其中	部队、狱政用电	不满 1kV	0.6447					
		1～10kV	0.6067					
		20kV	0.5867					
		35kV 及以上	0.5767					
四、农业生产用电		不满 1kV	0.7280	0.9984	0.8986	0.4992		
		1～10kV	0.6900	0.9462	0.8516	0.4731		
		20kV	0.6700	0.9188	0.8269	0.4594		
		35kV 及以上	0.6600	0.9052	0.8147	0.4526		
其中	农业排灌、脱粒用电	不满 1kV	0.4770	0.6542	0.5888	0.3271		
		1～10kV	0.4390	0.6020	0.5418	0.3010		
		20kV	0.4190	0.5746	0.5171	0.2873		
		35kV 及以上	0.4090	0.5608	0.5047	0.2804		
	贫困县农业排灌用电	不满 1kV	0.2100	0.2880	0.2592	0.1440		
		1～10kV	0.1720	0.2358	0.2122	0.1179		

注：1. 上表所列价格，除农业生产中的贫困县农业排灌用电外，均含国家重大水利工程建设基金 1.08 分钱；除农业生产用电以外，均含大中型水库移民后期扶持资金 0.62 分钱、地方水库移民后期扶持资金 0.05 分钱和农网还贷资金 2 分钱；除农业生产用电外，均含可再生能源电价附件，其中居民生活用电 0.1 分钱、其余各类用电 1.5 分钱；核工业轴扩散厂和堆化工厂生产用电，按上表所列的分类电价格，降低 1.7 分钱（农网还贷资金）执行。

2. 居民生活用电分时电价时段划分：高峰时段 8:00～22:00，低谷时段 22:00～次日 8:00。大工业用电、一般工商业及其他用电，农业生产用电六时段分时电价时段划分：尖峰时段 19:00～21:00；高峰时段 8:00～11:00，13:00～19:00，21:00～22:00；低谷时段：11:00～13:00，22:00～次日 8:00。

3. 居民 1～10kV "一户一表" 用户用电价格在不满 1kV "一户一表" 居民用电价格基础上相应降低 2 分钱执行。

4. 不满 1kV 大工业用电价格在 1～10kV 大工业用电价格基础上相应提高 3.8 分钱执行。

12 广西电网趸售电价表

用电分类		电压等级	电度电价 元/(kW·h)
一、居民生活用电		1~10kV	0.3940
		35kV 及以上	0.3940
二、一般工商业用电		1~10kV	0.6877
		35kV 及以上	0.6657
三、大工业用电		1~10kV	0.5921
		35kV 及以上	0.5691
其中:	电石、电炉铁合金电解烧碱、隆林铝厂电解铝生产用电	1~10kV	0.5226
		35kV 及以上	0.5021
四、农业生产用电		1~10kV	0.3067
		35kV 及以上	0.3007

注: 1. 上表所列价格，均含农网还贷资金。其中：一般大工业用电 1.5 分钱，其他各类用电 2.5 分钱；上表所列价格，均含国家重大水利工程建设基金 0.3 分钱。

2. 上表所列价格，除农业生产用电外，均含大中型水库移民后期扶持资金 0.62 分钱。

3. 上表所列价格，除居民生活用电外，均含可再生能源电价附件 1.9 分钱和地方电价 0.05 分钱。

4. 核工业铀扩散厂和堆化工厂生产用电价格，按表中所列分类用电按表中所列分类电价降低 2 分钱（农网还贷资金）执行；抗洪救灾用电按表中所列分类电价降低 1.7 分钱（农网还贷资金）执行。

广西电网销售电价表

用电分类	电压等级	电度电价 元/(kW·h)	基本电价	
			最大需量 元/(kW·mon)	变压器容量 元/(kVA·mon)
一、居民生活用电	不满 1kV	0.5283	—	—
	1~10kV	0.5233		
	35kV 及以上	0.5233		

续表

用电分类		电压等级	电度电价	基本电价	
			元/(kW·h)	最大需量 元/(kW·mon)	变压器容量 元/(kVA·mon)
二、一般工商业用电		不满1kV	0.8175		—
		1~10kV	0.8025		
		35kV及以上	0.7875		
三、大工业用电		1~10kV	0.6261		
		35~110kV以下	0.6011		
		110~220kV以下	0.5761		
		220kV及以上	0.5561	34	27.5
	其中:电解铝,合成氨,电石,电炉铁合金,电解烧碱,电炉黄磷,电解二氧化锰,军工产品生产和军事动力用电	1~10kV	0.5666		
		35~110kV以下	0.5441		
		110~220kV以下	0.5216		
		220kV及以上	0.5036		
四、农业生产用电		不满1kV	0.4925	—	—
		1~10kV	0.3875		
		35kV及以上	0.3795		

注:1. 上表所列价格,均含农网还贷资金。其中:一般大工业用电1.5分钱,其他各类用电2.5分钱;上表所列价格,均含国家重大水利工程建设基金0.3分钱。

2. 上表所列价格,除农业生产用电外,均含大中型水库移民后期扶持资金0.62分钱。

3. 上表所列价格,除居民生活用电、农业生产用电外,均含可再生能源电价附件1.9分钱和地方水库移民后期扶持资金0.05分钱。

4. 核工业铀矿扩散厂和浓缩化工厂生产用电价格,按表中所列分类用电价格,按表中所列分类用电价格降低1.7分钱(农网还贷资金)执行;抗灾救灾用电按次用电按表中所列分类电价降低2分钱(农网还贷资金)执行。

5. 区直煤矿煤炭生产用电按上表电解铝类电价降低6分钱执行。

13　山西省电网销售电价表

用电分类	电度电价/元(kW·h)					基本电价	
	不满1kV	1~10kV	35kV	110kV	220kV	最大需量 元/(kW·mon)	变压器容量 元/(kVA·mon)
一、居民生活用电	0.4770	0.4670	0.4670				
二、一般工商业用电	0.6635	0.6435	0.6285				
三、大工业用电	0.5002	0.5082	0.4782	0.4582	0.4482	36	24
四、农业生产用电							
其中：非贫困县深井及高扬程农业排灌用电	0.4402	0.4852	0.4702				
贫困县农业排灌用电			0.0700				
提黄灌溉用电（万亩以上特定泵站）	0.3492	0.3392	0.3292				
五、趸售用电（不含基金）					0.3298		

注：
1. 上表所列价格，除贫困县农业排灌用电、趸售用电外，均含国家重大水利工程建设基金 0.52 分钱。
2. 上表所列价格，除农业生产用电、趸售用电外，均含可再生能源电价附件，其中：居民生活用电 0.1 分钱、其他用电 1.9 分钱。
3. 上表所列价格，除农业生产用电、趸售用电外，均含大中型水库移民后期扶持资金 0.24 分钱。
4. 上表所列价格，除农业生产用电、趸售用电外，均含小型水库移民后期扶持资金 0.05 分钱。
5. 上表所列价格，除贫困县排灌用电、趸售用电、提黄灌溉用电外，均含农网还贷资金 2 分钱。

山西省电网峰谷分时销售电价表

单位：元/(kW·h)

用电分类	不满1kV	1~10kV			35kV			110kV			220kV		
	平	峰	平	谷	峰	平	谷	峰	平	谷	峰	平	谷
一般工商业用电	0.6635	0.9637	0.6435	0.3843	0.9112	0.6285	0.3656						
大工业用电		0.9337	0.5082	0.3736	0.6913	0.4782	0.2961	0.6613	0.4582	0.2801	0.6463	0.4432	0.2640

14　广州、珠海、佛山、中山、东莞五市电价价目表

从 2017 年 7 月 1 日起执行

单位：分/(kW·h)（含税）

用电分类		基础（平段）电价	低谷电价	高峰电价
一、大工业				
（一）基本电价	变压器容量/[元/(kVA·mon)]	23.00		
	最大需量/[元/(kW·mon)]	32.00		
（二）电度电价	1～10kV	60.84	30.42	100.39
	20kV	60.52	30.26	99.86
	35～110kV	58.34	29.17	96.26
	220kV 及以上	55.84	27.92	92.14
二、一般工商业电度电价	不满 1kV	82.62	41.31	136.32
	1～10kV	80.12	40.06	132.20
	20kV	79.71	39.86	131.52
	35kV 及以上	77.62	38.81	128.07
	广州、佛山市地铁电价	72.92		
三、稻田排灌、脱粒电度电价		37.91		
四、农业生产电度电价		62.51		

注：1. 本价目表执行范围为广州、珠海、佛山、中山、东莞五市城乡地区。

2. 一般工商业用电的峰谷电价执行范围仅限于原普通工业专变用户。

3. 上述电价不含各项政府性基金及附加，各类用户除按上述电价标准支付电费外，还应按照财政部门的相关规定缴纳政府性基金及附加。

15 四川电网目录销售电价表

单位：元/(kW·h)

用电分类	电度电价					基本电价	
	不满 1kV	1～10kV	35～110kV 以内	110kV	220kV 及以上	最大需量 元/(kW·mon)	变压器容量 元/(kVA·mon)
一、居民生活用电							
（一）合表居民用电	0.5464	0.5364	0.5364				
（二）"一户一表"居民用电							
其中 月用电量 180(kW·h) 及以内部分	0.5224	0.5124	0.5124				
其中 月用电量 180 至 280(kW·h) 部分	0.6224	0.6124	0.6124				
其中 月用电量超过 280(kW·h) 部分	0.8224	0.8124	0.8124				
二、一般工商业及其他用电	0.8160	0.8010	0.7860				
三、大工业用电		0.5774	0.5574	0.5374	0.5174	39	26
其中 氯碱、电炉钢、电炉铁合金、电解铝、电石、黄磷生产用电		0.5374	0.5174	0.4974	0.4774	39	26
其中 采用离子膜法工艺的氯碱生产用电		0.5188	0.5008	0.4828	0.4648	39	26
四、农业生产用电	0.5601	0.5501	0.5401				
其中：贫困县农业排灌用电	0.2521	0.2421	0.2321				

注：1. 上表所列价格，除贫困县农业排灌用电外，均含农网还贷资金 2 分钱/(kW·h)、国家级贫困县农业排灌用电免征重大水利工程建设基金。核工业铀扩散厂和堆化工厂生产用电免征重大水利工程建设基金。核工业铀扩散厂和堆化工厂生产用电农网还贷资金按 0.3 分钱/(kW·h) 征收；抗灾救灾用电免征农网还贷资金。

2. 上表所列降低均含重大水利工程建设基金 0.52 分钱/(kW·h)。

3. 上表所列价格，除农业生产用电外，均含大中型水库移民后期扶持基金 0.62 分钱/(kW·h)。

4. 上表所列价格，除农业及其他用电外，均含可再生能源电价附件，其中：居民生活用电按 0.1 分钱/(kW·h) 计征，其余用电按 1.9 分钱/(kW·h) 计征。汶川地震重灾区大工业（含子类别）、一般工商业及其他用电可再生能源电价附件征收标准按 1.8 分钱/(kW·h) 执行。

四川电网复售目录电价表

单位：元/(kW·h)

用电分类	县级复售			县以下复售		
	1~10kV	35~110kV 以内	110kV 及以上	1~10kV	35~110kV 以内	110kV 及以上
一、居民生活用电	0.3734	0.3734	0.3584	0.3934	0.3934	0.3784
二、工商业用电	0.6180	0.6080	0.5930	0.6380	0.6180	0.6030
其中：采用离子膜法工艺的氯碱生产用电	0.5990	0.5890	0.5740	0.6190	0.5990	0.5840
三、农业生产用电	0.4647	0.4547	0.4397	0.4647	0.4547	0.4397
其中：贫困县农业排灌用电	0.1767	0.1717	0.1567	0.1767	0.1717	0.1567

注：1. 上表所列价格，除贫困县农业排灌用电外，均含农网还贷资金 2 分线/(kW·h)。

2. 上表所列降低价均含重大水利工程建设基金 0.52 分线/(kW·h)，国家级贫困县农业排灌用电免征重大水利工程建设基金。

3. 上表所列价格，除农业生产用电外，均含大中型水库移民后期扶持资金 0.62 分线/(kW·h)。

4. 上表所列价格，除农业生产用电外，均含可再生能源电价附件，其中：居民生活用电按 0.1 分线/(kW·h) 计征，其余用电按 1.9 分线/(kW·h) 计征。汶川地震重灾区大工业（含子类别）可再生能源电价附件征收标准按 1.8 分线/(kW·h) 执行。

16 江西省的最新销售电价

用电分类		电度电价/(元/(kW·h))						基本电价	
		电价	重大水利工程建设基金	大中型水库移民后期扶持资金	可再生能源电价附件	对方水库移民后期扶持资金	合计	最大需量 /元/(kW·mon)	变压器容量 /元/(kVA·mon)
一、居民生活	年用电 0~2160度部分	0.5882	0.0041	0.0062	0.001	0.0005	0.6		
	年用电 2161~4200度部分	0.6382	0.0041	0.0062	0.001	0.0005	0.65		
	年用电超过4200度部分	0.8882	0.0041	0.0062	0.001	0.0005	0.9		
	合表用户	0.6082	0.0041	0.0062	0.001	0.0005	0.62		

工业

续表

用电分类	电压等级	电度电价/元/(kW·h)						基本电价	
		电价	重大水利工程建设基金	大中型水库移民后期扶持资金	可再生能源电价附件	对方水库移民后期扶持资金	合计	最大需量/元/(kW·mon)	变压器容量/元/(kVA·mon)
二、农业生产	各电压等级	0.6493	0.0041				0.6534		
其中:贫困县农业排灌	不满1kV	0.4534					0.4534		
	1~10kV	0.4384					0.4384		
	35kV及以上	0.4234					0.4234		
三、一般工商业及其他	不满1kV	0.7504	0.0041	0.0062	0.019	0.0005	0.7802		
	1~10kV	0.7354	0.0041	0.0062	0.019	0.0005	0.7652		
	35kV及以上	0.7204	0.0041	0.0062	0.019	0.0005	0.7502		
四、大工业	1~10kV	0.5895	0.0041	0.0062	0.019	0.0005	0.6193	39	26
	35~110kV以下	0.5745	0.0041	0.0062	0.019	0.0005	0.6043	39	26
	110kV	0.5595	0.0041	0.0062	0.019	0.0005	0.5893	39	26
	220kV及以上	0.5495	0.0041	0.0062	0.019	0.0005	0.5793	39	26
其中:1.电炉铁合金、电解烧碱、合成氨、电炉钙镁磷肥、电炉黄磷生产	1~10kV	0.5598	0.0041	0.0062	0.019	0.0005	0.5896	39	26
	35~110kV以下	0.5448	0.0041	0.0062	0.019	0.0005	0.5746	39	26
	110kV	0.5298	0.0041	0.0062	0.019	0.0005	0.5596	39	26
	220kV及以上	0.5198	0.0041	0.0062	0.019	0.0005	0.5496	39	26
2.电石生产	1~10kV	0.5498	0.0041	0.0062	0.019	0.0005	0.5796	39	26
	35~110kV以下	0.5348	0.0041	0.0062	0.019	0.0005	0.5646	39	26
	110kV	0.5198	0.0041	0.0062	0.019	0.0005	0.5496	39	26
	220kV及以上	0.5098	0.0041	0.0062	0.019	0.0005	0.5396	39	26
3.核工业铀扩散厂和堆化工厂生产	1~10kV	0.5788	0.0041	0.0062	0.019	0.0005	0.6086	39	26
	35~110kV以下	0.5638	0.0041	0.0062	0.019	0.0005	0.5936	39	26
	110kV	0.5488	0.0041	0.0062	0.019	0.0005	0.5786	39	26
	220kV及以上	0.5388	0.0041	0.0062	0.019	0.0005	0.5686	39	26

17 上海的最新销售电价

表 1：上海市非居民用户电价表（分时）

单位：元/（kW·h）

	用电分类		电度电价								基本电费	
			非夏季				夏季				最大需量/元/(kW·mon)	变压器容量/元/(kVA·mon)
			不满 1kV	10kV	35kV	110kV及以上	不满 1kV	10kV	35kV	110kV及以上		
单一制	工商业及其他用电	峰时段	1.019	0.989	0.959		1.054	1.024	0.994			
		谷时段	0.489	0.459	0.429		0.524	0.494	0.464			
	农业生产用电	峰时段	0.749	0.729	0.709		0.749	0.729	0.709			
		谷时段	0.383	0.363	0.343		0.383	0.363	0.343			
两部制	工商业及其他用电	峰时段	1.127	1.097	1.067	1.042	1.162	1.132	1.102	1.077	42	28
		平时段	0.695	0.665	0.635	0.610	0.730	0.700	0.670	0.645	42	28
		谷时段	0.335	0.329	0.323	0.317	0.270	0.264	0.258	0.252	42	28

注：分时电价时段划分：

1. 单一制：峰时段（6～22 时），谷时段（22 时～次日 6 时）；
2. 两部制非夏季：峰时段（8～11 时，18～21 时），平时段（6～8 时，11～18 时，21～22 时），谷时段（22 时～次日 6 时）；
3. 两部制夏季：峰时段（8～11 时，13～15 时，18～21 时），平时段（6～8 时，11～13 时，15～18 时，21～22 时），谷时段（22 时～次日 6 时）。

表 2：上海市非居民用户电价表（未分时）

单位：元/（kW·h）

	用电分类	电度电价								基本电费	
		非夏季				夏季				最大需量/元/(kW·mon)	变压器容量/元/(kVA·mon)
		不满 1kV	10kV	35kV	110kV及以上	不满 1kV	10kV	35kV	110kV及以上		
单一制	工商业及其他用电	0.878	0.853	0.828	0.808	0.913	0.888	0.863	0.843		
	其中：下水道动力用电	0.691	0.666	0.641	0.621	0.726	0.701	0.676	0.656		

续表

用电分类		电度电价								基本电费	
		非夏季				夏季				最大需量/[元/(kW·mon)]	变压器容量/[元/(kVA·mon)]
		不满1kV	10kV	35kV	110kV及以上	不满1kV	10kV	35kV	110kV及以上		
单一制	农业生产用电	0.707	0.682	0.657		0.707	0.682	0.657			
	其中：农副业动力用电	0.443	0.441	0.438		0.443	0.441	0.438			
	排灌动力用电	0.388	0.386	0.383		0.388	0.386	0.383			
	工商业及其他用电	0.715	0.690	0.665	0.645	0.750	0.725	0.700	0.680	42	28
两部制	其中：铁合金、烧碱（含离子膜）用电		0.645	0.620	0.600		0.680	0.655	0.635	42	28

注：以上电价均含政府性基金及附加，具体为：

1. 根据重大水利工程建设基金1.044分钱；
2. 大中型水库移民后期扶持资金（农业生产用电除外）0.62分钱；
3. 可再生能源电价附加：居民用电0.1分钱，其他各类用电（农业生产用电除外）1.9分钱。

18 海南的最新销售电价

单位：元/(kW·h)

用电分类		电度电价					基本电价	
		不满1kV	1～10kV	35～110kV以下	110kV	220kV及以上	最大需量/[元/(kW·mon)]	变压器容量/[元/(kVA·mon)]
一、居民生活用电	"一户一表"户 月用电量230千瓦时以下		0.50					
	月用电量231~420千瓦时		0.55					
	月用电量421(kW·h)以上		0.80					
	合表用户		0.53					

续表

用电分类		电度电价					基本电价	
		不满 1kV	1～10kV	35～110kV 以下	110kV	220kV 及以上	最大需量 /元/(kW·mon)	变压器容量 /元/(kVA·mon)
二、一般工商业及其他用电	2017 年 4 月 1 日至 6 月 30 日	0.75	0.73	0.71	0.69	0.67		
	2017 年 7 月 1 日起	0.74	0.72	0.70	0.68	0.66		
三、大工业用电	2017 年 4 月 1 日至 6 月 30 日		0.61	0.59	0.57	0.55	39.00	26.00
	2017 年 7 月 1 日起		0.58	0.56	0.54	0.52	36.00	24.00
其中：氯碱生产用电	2017 年 4 月 1 日至 6 月 30 日		0.54	0.52	0.50	0.48	39.00	26.00
	2017 年 7 月 1 日起		0.51	0.49	0.47	0.45	36.00	24.00
四、农业用电	2017 年 4 月 1 日至 6 月 30 日	0.69	0.67	0.65	0.63	0.61		
	2017 年 7 月 1 日起	0.62	0.60	0.58	0.56	0.54		
其中：农业排灌用电		0.25	0.23	0.21	0.19	0.17		

19　福建的最新销售电价

单位：元/(kW·h)

用电分类	电压等级	电度电价			基本电价	
		峰时段	平时段	谷时段	最大需量 元/(kW·mon)	变压器容量 元/(kVA·mon)
一、居民生活用电	不满 1kV		0.6083			
	1kV 及以上		0.5883			
二、工商业及其他用电	220kV 及以上	0.9878	0.61	0.3194	38	26
	110kV	1.0043	0.62	0.3244	38	26
	35kV	1.0208	0.63	0.3294	38	26
	35kV 以下	1.0373	0.64	0.3344	38	26

续表

用电分类	电压等级	电度电价			基本电价	
		峰时段	平时段	谷时段	最大需量 元/(kW·mon)	变压器容量 元/(kVA·mon)
其中:100kVA以下	不满1kV		0.859			
	1kV及以上		0.849			
其中:行政事业单位办公场所用电	不满1kV		0.683			
	1kV及以上		0.663			
三、农业生产用电	不满1kV		0.768			
	1kV及以上		0.738			
其中:粮食作物排灌及种植业用电	不满1kV		0.512			
	1kV及以上		0.502			

20　黑龙江省电网销售电价表

单位：元/(kW·h)

用电分类	电度电价						基本电价	
	1kV以下	1～10kV	20kV	35～66kV	110～220kV以下	220kV及以上	最大需量 /元/(kW·mon)	变压器容量 /元/(kVA·mon)
一、居民生活用电	0.510	0.500	0.500	0.490				
二、一般工商业用电	0.873	0.863	0.861	0.853				
三、大工业用电		0.593	0.590	0.578	0.568	0.558	33	22
其中: 电石、电解烧碱、合成氨、电炉黄磷生产用电		0.583	0.580	0.568	0.558		33	22
中小化肥生产用电		0.511	0.507	0.491	0.476		33	22
四、农业生产用电	0.489	0.479	0.477	0.469				

21　内蒙古西部电网销售电价表

单位：元/(kW·h)

用电分类		电度电价									基本电价	
		不满1kV			1~10kV			35~110kV以下	110~220kV以下	220kV及以下	最大需量 /[元/(kW·mon)]	变压器容量 /[元/(kVA·mon)]
		第一档（月用电量为170kW·h及以下）	第二档（月用电量为171~260kW·h）	第三档（月用电量为261kW·h及以上）	第一档（月用电量为170kW·h及以下）	第二档（月用电量为171~260kW·h）	第三档（月用电量为261kW·h及以上）					
一、居民生活用电	一户一表用电	0.4300	0.4800	0.7300	0.4200	0.4700	0.7200					
	合表户用电	0.4420			0.4320							
二、一般工商业及其他		0.6783			0.6333			0.5653				
三、大工业用电					0.4548			0.4398	0.4278	0.4208	28.00	19.00
其中：1. 电石、电炉铁合金、电解烧碱、合成氨、电炉黄磷、电炉镁磷肥生产用电					0.4118			0.3968	0.3848	0.3778	28.00	19.00
2. 电解铝生产用电					0.4270			0.4170	0.4070	0.4000	21.00	14.00
3. 中、小化肥生产用电		0.4280			0.4180			0.4080				
四、农业生产用电		0.2370			0.2340			0.2310				

内蒙古东部电网销售电价表

单位：元/(kW·h)

用电分类		电度电价							基本电价	
		不满1kV			1~10kV			35~66kV以下	110~110kV以下	最大需量 /元/(kW·mon)	变压器容量 /元/(kVA·mon)
		第一档(月用电量为170kW·h及以下)	第二档(月用电量为171~260kW·h)	第三档(月用电量为261kW·h及以上)	第一档(月用电量为170kW·h及以下)	第二档(月用电量为171~260kW·h)	第三档(月用电量为261kW·h及以上)				
一、居民生活用电	一户一表用电	0.500	0.550	0.800	0.490	0.540	0.790	—	—	—	—
	合表户用电		0.512			0.502		—	—	—	—
二、一般工商业及其他			0.846			0.790		0.756	—	—	—
三、大工业用电			—			0.510		0.503	0.495	28.00	19.00
其中：1.电石、电炉铁合金、电解烧碱、合成氨、电炉黄磷、电炉钙镁磷肥生产用电			—			0.500		0.493	0.485	28.00	19.00
2.电解铝生产用电			—			0.460		0.453	0.445	28.00	19.00
3.中、小化肥生产用电			—			0.481		0.474	0.466	28.00	19.00
四、农业生产用电			0.451			0.441		0.431	—	—	—

22　甘肃电网销售电价表（已开征城市公用事业附加费地区）

单位：元/(kW·h)

用电分类		电压等级	电度电价			基本电价	
			高峰	平段	低谷	最大需量 /元/(kW·mon)	变压器容量 /元/(kVA·mon)
一、居民生活用电		不满 1kV	0.7590	0.5100	0.2610		
		1kV 及以上	0.7440	0.5000	0.2560		
二、一般工商业用电		不满 1kV	1.1549	0.7788	0.4028		
		1～10kV	1.1399	0.7688	0.3978		
		35kV 及以上	1.1249	0.7588	0.3928		
三、大工业用电		1～10kV	0.7070	0.4806	0.2541	33	22
		35kV	0.6920	0.4706	0.2491	33	22
		110kV	0.6770	0.4606	0.2441	33	22
		220kV	0.6695	0.4556	0.2416	33	22
	其中 电炉铁合金、电石、电解烧碱、电解铝生产用电	1～10kV	0.6377	0.4340	0.2304	33	22
		35kV	0.6227	0.4240	0.2254	33	22
		110kV	0.6092	0.4150	0.2209	33	22
		220kV	0.6017	0.4100	0.2184	33	22
四、农业生产用电		不满 1kV	0.6714	0.4489	0.2265		
		1～10kV	0.6564	0.4389	0.2215		
		35kV 及以上	0.6414	0.4289	0.2165		

续表

用电分类		电压等级	电度电价			基本电价	
			高峰	平段	低谷	最大需量 /元/(kW·mon)	变压器容量 /元/(kVA·mon)
其中	贫困县农业排灌用电	不满1kV		0.2325			
		1～10kV		0.2275			
		35kV		0.2225			
	高扬程地下水提灌用电	101m及以上		0.1905			
		101～200m		0.1205			
	高扬程地表水提灌用电	201～300m		0.1105			
		300m以上		0.0905			

甘肃电网销售电价表（未开征城市公用事业附加费地区）

单位：元/(kW·h)

用电分类	电压等级	电度电价			基本电价	
		高峰	平段	低谷	最大需量 /元/(kW·mon)	变压器容量 /元/(kVA·mon)
一、居民生活用电	不满1kV	0.7590	0.5100	0.2610		
	1kV及以上	0.7440	0.5000	0.2560		
二、一般工商业用电	不满1kV	1.1549	0.7788	0.4028		
	1～10kV	1.1399	0.7688	0.3978		
	35kV及以上	1.1249	0.7588	0.3928		

续表

用电分类		电压等级	电度电价			基本电价	
			高峰	平段	低谷	最大需量 /元/(kW·mon)	变压器容量 /元/(kVA·mon)
三、大工业用电		1~10kV	0.6964	0.4732	0.2499	33	22
		35kV	0.6814	0.4632	0.2449	33	22
		110kV	0.6664	0.4532	0.2399	33	22
		220kV	0.6529	0.4442	0.2354	33	22
	其中 电炉铁合金、电石、电解烧碱、电解铝生产用电	1~10kV	0.6377	0.4340	0.2304	33	22
		35kV	0.6227	0.4240	0.2254	33	22
		110kV	0.6092	0.4150	0.2209	33	22
		220kV	0.6017	0.4100	0.2184	33	22
四、农业生产用电		不满 1kV	0.6714	0.4489	0.2265		
		1~10kV	0.6564	0.4389	0.2215		
		35kV 及以上	0.6414	0.4289	0.2165		
	其中 贫困县农业排灌用电	不满 1kV		0.2325			
		1~10kV		0.2275			
		35kV		0.2225			
	其中 高扬程地下水提灌用电	101m 及以上		0.1905			
	高扬程地表水提灌用电	101~200m		0.1205			
		201~300m		0.1105			
		300m 以上		0.0905			

甘肃汶川地震重灾区八县（区）销售电价表（已开征城市公用事业附加费地区）

单位：元/(kW·h)

用电分类		电压等级	电度电价			基本电价	
			高峰	平段	低谷	最大需量 /(元/(kW·mon)	变压器容量 /(元/(kVA·mon)
一、居民生活用电		不满 1kV	0.7590	0.5100	0.2610		
		1kV 及以上	0.7440	0.5000	0.2560		
二、非居民照明用电		不满 1kV	1.1529	0.7802	0.4074		
		1kV 及以上	1.1379	0.7702	0.4024		
三、商业用电		不满 1kV	1.3629	0.9202	0.4774		
		1kV 及以上	1.3479	0.9102	0.4724		
四、非、普工业用电		不满 1kV	0.9494	0.6432	0.3369		
		1～10kV	0.9344	0.6332	0.3319		
		35kV 及以上	0.9194	0.6232	0.3269		
五、大工业用电		1～10kV	0.6641	0.4522	0.2402	33	22
		35kV	0.6491	0.4422	0.2352	33	22
		110kV	0.6341	0.4322	0.2302	33	22
		220kV	0.6266	0.4272	0.2277	33	22
	其中 电炉铁合金、电石、电解烧碱、电解铝生产用电	1～10kV	0.5942	0.4050	0.2159	33	22
		35kV	0.5792	0.3950	0.2109	33	22
		110kV	0.5657	0.3860	0.2064	33	22
		220kV	0.5582	0.3810	0.2039	33	22

续表

用电分类		电压等级	电度电价			基本电价	
			高峰	平段	低谷	最大需量 /元/(kW·mon)	变压器容量 /元/(kVA·mon)
六、农业生产用电		不满1kV	0.6714	0.4489	0.2265		
		1～10kV	0.6564	0.4389	0.2215		
		35kV及以上	0.6414	0.4289	0.2165		
其中	贫困县农业排灌用电	不满1kV		0.2325			
		1～10kV		0.2275			
		35kV		0.2225			
	高扬程地下水提灌用电	100m及以下		0.1905			
		101～200m		0.1205			
	高扬程地表水提灌用电	201～300m		0.1105			
		300m以上		0.0905			

甘肃汶川地震重灾区八县（区）销售电价表（未开征城市公用事业附加费地区）

单位：元/(kW·h)

用电分类	电压等级	电度电价			基本电价	
		高峰	平段	低谷	最大需量 /元/(kW·mon)	变压器容量 /元/(kVA·mon)
一、居民生活用电	不满1kV	0.7590	0.5100	0.2610		
	1kV及以上	0.7440	0.5000	0.2560		
二、非居民照明用电	不满1kV	1.1569	0.7802	0.4034		
	1kV及以上	1.1419	0.7702	0.3984		

用电分类		电压等级	电度电价			基本电价	
			高峰	平段	低谷	最大需量 /元/(kW·mon)	变压器容量 /元/(kVA·mon)
三、商业用电		不满 1kV	1.3669	0.9202	0.4734		
		1kV 及以上	1.3519	0.9102	0.4684		
四、非普工业用电		不满 1kV	0.9244	0.6252	0.3259		
		1~10kV	0.9094	0.6152	0.3209		
		35kV 及以上	0.8944	0.6052	0.3159		
五、大工业用电		1~10kV	0.6529	0.4442	0.2354	33	22
		35kV	0.6379	0.4342	0.2304	33	22
		110kV	0.6229	0.4242	0.2254	33	22
		220kV	0.6094	0.4152	0.2209	33	22
	其中 电炉铁合金、电石、电解烧碱、电解铝生产用电	1~10kV	0.5942	0.4050	0.2159	33	22
		35kV	0.5792	0.3950	0.2109	33	22
		110kV	0.5657	0.3860	0.2064	33	22
		220kV	0.5582	0.3810	0.2039	33	22
六、农业生产用电		不满 1kV	0.6714	0.4489	0.2265		
		1~10kV	0.6564	0.4389	0.2215		
		35kV 及以上	0.6414	0.4289	0.2165		
	贫困县农业排灌用电	不满 1kV		0.2325			
		1~10kV		0.2275			
		35kV		0.2225			
	其中 高扬程地下水提灌用电	101m 及以上		0.1905			
		101~200m		0.1205			
	高扬程地表水提灌用电	201~300m		0.1105			
		300m 以上		0.0905			

23 宁夏回族自治区电网销售电价表

单位: 元/(kW·h)

用电分类	电度电价					基本电价	
	不满 1kV	1~10kV	35~110kV 以下	110kV	220kV 及以上	最大需量 元/(kW·mon)	变压器容量 元/(kVA·mon)
一、居民生活用电	0.4486	0.4486					
二、一般工商业用电	0.6854	0.6654	0.6454				
三、大工业用电		0.4790	0.4490	0.4190	0.3880	38	30
其中:电石、铁合金、碳化硅、电解铝、单多晶硅行业生产用电		0.4510	0.4210	0.4010	0.3810	38	30
四、农业生产用电	0.4730	0.4630	0.4530				
其中:贫困县农业排灌用电	0.3020	0.2920	0.2820				

24 青海电网(已开征城市公用事业附加的地区)销售电价表

单位: 元/(kW·h)

用电分类	电度电价				基本电价	
	不满 1kV	1~10kV	35~110kV 以下	110kV 及以上	最大需量 /元/(kW·mon)	变压器容量 /元/(kVA·mon)
一、居民生活用电						
1. 一户一表用户						
一档电量 150 度以下	0.3771					
二档电量 151~230 度	0.4271					

用电分类		不满 1kV	1~10kV	35~110kV 以下	110kV 及以上	最大需量 /元/(kW·mon)	变压器容量 /元/(kVA·mon)
三档电量 230 度以上		0.6771					
2. 合表用户		0.3964	0.3914				
(一)一般工商业用电							
1. 100kVA 及以上用户用电	峰	0.9482	0.9401	0.9319		28.5	19
	平	0.5991	0.5941	0.5891			
	谷	0.2500	0.2481	0.2463			
2. 100kVA 以下用户用电	峰	0.9602	0.9527	0.9452			
	平	0.6551	0.6501	0.6451			
	谷	0.3500	0.3475	0.3450			
(二)大工业用电	峰		0.5978	0.5815	0.5652	28.5	19
	平		0.3822	0.3722	0.3622		
	谷		0.1666	0.1629	0.1592		
其中:电解铝、铁合金、电石、碳化硅生产用电	峰		0.5858	0.5695	0.5532	28.5	19
	平		0.3748	0.3648	0.3548		
	谷		0.1638	0.1601	0.1564		
二、农业生产用电		0.3467	0.3417	0.3347			
其中:1. 贫困县农业排灌		0.2707	0.2687	0.2657			
2. 高扬程提灌							
50~100m		0.188					
101~300m		0.173					
301m 以上		0.158					

25 安徽省电网销售电价表

单位：元/(kW·h)

用电分类	电度电价					基本电价	
	不满 1kV	1~10kV	35kV	110kV	220kV	最大需量 /元/(kW·mon)	变压器容量 /元/(kVA·mon)
一、居民生活用电	0.5653	0.5503					
二、一般工商业及其他用电	0.8234	0.8084	0.7934				
三、大工业用电		0.6474	0.6324	0.6174	0.6074	40	30
其中:中小化肥生产用电		0.5287	0.5137	0.4987		21	15
四、农业生产用电	0.5558	0.5408	0.5258				
其中:贫困县农业排灌用电	0.3516	0.3366	0.3216				

安徽电网峰谷分时电价表

单位：元/(kW·h)

用电分类			电度电价					基本电价	
			不满 1kV	1~10kV	35kV	110kV	220kV	最大需量 /元/(kW·mon)	变压器容量 /元/(kVA·mon)
一、居民生活用电	平段		0.5953						
	低谷		0.3153						
二、一般工商业及其他用电	高峰	7,8,9 月	1.3139	1.2829	1.2644				
		其他月份	1.2385	1.2152	1.1920				
	平段		0.8234	0.8084	0.7934				
	低谷		0.5140	0.5051	0.4963				

续表

用电分类			电度电价					基本电价	
			不满1kV	1~10kV	35kV	110kV	220kV	最大需量 /元/(kW·mon)	变压器容量 /元/(kVA·mon)
三、大工业用电	高峰	7、8、9月		1.0261	1.0014	0.9766	0.9601	40	30
		其他月份		0.9679	0.9446	0.9214	0.9059		
	平段			0.6474	0.6324	0.6174	0.6074		
	低谷			0.4085	0.3997	0.3908	0.3849		
四、电热锅炉、冰(水)蓄冷空调用电	高峰	7、8、9月	0.8100	0.7852					
		其他月份	0.7648	0.7416					
	平段		0.5164	0.5014					
	低谷		0.3312	0.3224					

26 湖北电网销售电价表

单位：元/(kW·h)

用电分类		电度电价						基本电价	
		不满1kV	1~10kV	20~35kV 以下	35~110kV 以下	110kV	220kV 及以上	最大需量 /元/(kW·mon)	变压器容量 /元/(kVA·mon)
一、居民生活用电	城乡"一户一表"居民用电 年用电量2160(kW·h)以内	0.5580							
	年用电2161至4800(kW·h)	0.6080							
	年用电4800(kW·h)以上	0.8580							
	居民合表用电	0.5800	0.5700	0.5700	0.5700				
二、一般工商业及其他用电		0.8800	0.8600	0.8550	0.8400				

续表

用电分类	电度电价						基本电价	
	不满 1kV	1～10kV	20～35kV 以下	35～110kV 以下	110kV	220kV 及以上	最大需量 /元/(kW·mon)	变压器容量 /元/(kVA·mon)
其中:中小化肥生产用电	0.6860	0.6660	0.6610	0.6460				
三、大工业用电		0.6167	0.6119	0.5969	0.5788	0.5598	42	28
其中 离子膜法烧碱生产用电		0.5897	0.5849	0.5699	0.5518	0.5328	42	28
中小化肥生产用电		0.5480	0.5430	0.5280	0.5130	0.4980	42	28
四、农业生产用电	0.5587	0.5387	0.5337	0.5187				
其中:贫困县农业排灌用电	0.3917	0.3717	0.3667	0.3517				

27 湖南省电网（已开征城市公用事业附加费地区）销售电价表

单位：元/(kW·h)

用电分类	电度电价					基本电价	
	不满 1kV	1～10kV	35～110kV 以下	110kV	220kV 及以上	最大需量 /元/(kW·mon)	变压器容量 /元/(kVA·mon)
一、居民生活用电	0.5880	0.5730	0.5630				
二、一般工商业及其他用电	0.8620	0.8420	0.8220	0.8020			
三、大工业用电		0.6437	0.6147	0.5867	0.5627	30	20
四、农业生产用电	0.5487	0.5287	0.5087	0.4887			
其中:贫困县农业排灌用电	0.4117	0.4017	0.3917				

28　云南省电网销售电价表

单位：元/(kW·h)

用电分类			电度电价					基本电价	
			不满 1kV	1～10kV	35～110kV以下	110kV	220kV及以上	最大需量/[元/(kW·mon)]	变压器容量/[元/(kVA·mon)]
一、居民生活用电	一户一表	每年 12 月至次年 4 月执行阶梯电价	每月 0～170kW·h	0.450	0.440	0.440				
			每月 171～260kW·h	0.500	0.490	0.490				
			每月超过 261kW·h 及以上	0.800	0.790	0.790				
		每年 5 月至 11 月执行统一电价		0.450	0.440	0.440				
	合表用户			0.510	0.500	0.500				
二、一般工商业及其他用电				0.663	0.653	0.613				
其中:中小化肥生产用电				0.534	0.524	0.514				
三、大工业用电				0.535	0.512	0.489	0.412	0.391	37	27
其中	化肥生产用电				0.422	0.400	0.389	0.383	30	20
四、农业生产用电				0.452	0.442	0.432				
其中:贫困县农业排灌用电				0.299	0.291	0.289				

29　贵州省电网销售电价单位表

单位：元/(kW·h)

用电分类			电度电价						基本电价	
			不满 1kV	1～10kV	20kV	35kV	110kV	220kV 及以上	最大需量 /元/(kW·mon)	变压器容量 /元/(kVA·mon)
一、居民生活用电	"一户一表"用户	第一档用电	0.4556	0.4456	0.4456	0.4456				
		第二档用电	0.5056	0.4956	0.4956	0.4956				
		第三档用电	0.7556	0.7456	0.7456	0.7456				
	合表用户，执行居民电价的非居民用户		0.4820	0.4720	0.4720	0.4720				
二、一般工商业及其他用电			0.7224	0.7124	0.7074	0.7024				
其中:中、小化肥生产用电			0.6196	0.6095	0.6046	0.5996				
三、大工业用电				0.5497	0.5397	0.5297	0.4952	0.4905	35	26
其中:中、小化肥生产用电				0.5073	0.4973	0.4873	0.4528	0.4482		
四、农业生产用电			0.4754	0.4654	0.4604	0.4554				
其中:贫困县农业排灌用电			0.3254	0.3204	0.3179	0.3154				